蔡镇楚 刘峰◎著

中华茶美学

世界图书出版公司

西安 北京 上海 广州

图书在版编目(CIP)数据

中华茶美学/蔡镇楚,刘峰著. —西安：世界图书出版
西安有限公司,2022.3
ISBN 978-7-5192-8994-2

Ⅰ.①中… Ⅱ.①蔡… ②刘… Ⅲ.①茶叶—美学—研究—
中国 Ⅳ.①TS971.21

中国版本图书馆CIP数据核字（2022）第052406号

中华茶美学
ZHONGHUA CHA MEIXUE

著　　者	蔡镇楚　刘　峰
责任编辑	李江彬
视觉设计	张洪海
出版发行	**世界图书出版西安有限公司**
地　　址	西安市锦业路1号都市之门C座
邮　　编	710003
电　　话	029－87214941 029-87233647（市场营销部）
	029－87234767（总编室）
网　　址	http://www.wpcxa.com
邮　　箱	xast@wpcxa.com
经　　销	新华书店
印　　刷	陕西龙山海天艺术印务有限公司
开　　本	787mm×1092mm　1/16
印　　张	32
字　　数	450千字
版印次	2022年3月第1版　2022年3月第1次印刷
国际书号	ISBN 978-7-5192-8994-2
定　　价	88.00元

序言

　　火之为用，使人类得以生存；茶之为饮，使人类得以文明。

　　茶，一片片树叶，何以如此神奇？茶是一种绿色饮料，何以影响人类文明？中国人品茶，何以积淀而成五千年中华茶文化？有了博大精深的茶文化，何以要上升到美学层面？介绍中国茶文化知识的著述甚丰，我何以要积十数年之功而撰著一部《茶美学》？

　　这一系列疑问，我们无以回答，因为你只需读完这部中国乃至世界第一部系统完备的《中华茶美学》著作，就迎刃而解了。

　　茶树上的一片片嫩芽，采摘下来，加工制作成干叶，与水巧妙地融合，就变成了可以饮用的茶水。这是甘露，这是玉液，是大自然与人工的天作之合，是人类的健康之饮、生命之饮。

1

　　茶之美，是天地自然的无私赐予，是历代茶人与文人骚客的美好憧憬。大诗人苏轼早就说过："从来佳茗似佳人"。茶是佳人，是美的荟萃，是美的拟人化。

　　（一）茶之为美，在于民生之真。茶是中国人的生活必需品，叫作"开门七件事：柴米油盐酱醋茶"；也是文人士大夫的一种生活方式和审美情趣，叫作"文人七件宝：琴棋书画诗酒茶"。

　　（二）茶之为美，在于自然之美。茶园叠嶂，云雾缭绕，郁郁葱葱，是自然生态环境的最佳选择，与当今工业化、城镇化的恶化环境形成鲜明对照。

（三）茶之为美，在于茶寿，在于绿色生命之饮，人类健康之饮。茶字拆开，可得一百零八之数，故古人把一百零八之寿称为"茶寿"，当工业化的碳酸饮料充斥市场，危害青少年儿童身心健康之际，茶之为饮，男人更健康，女人更漂亮，乃是二十一世纪无酒精健康饮料之冠。

（四）茶之为美，在于茶人之美。茶农是茶之根，茶工是茶之体，茶商是茶之媒，茶业是民生产业，是诚信产业，是为人类健康服务的长青之树，所以茶人之美，必须在于"真善美"，在于"仁、义、礼、智、信"。

（五）茶之为美，在于人格之美。《庄子》说："君子之交淡若水，小人之交甘若醴。"茶人是君子之交，注重人品，注重德操。当今之世，物欲横流，金钱崇拜，资本为王；茶人要特别注重人格尊严，不造假，不欺诈，守诚信，重民生。

（六）茶之为美，在于人生之喻。茶，以清苦为美，古人品茶谓之"啜苦咽甘"，如同人生，先苦后甜，苦尽甘来。先贤所谓"天将降大任于斯人也"，所谓"艰难困苦，玉汝于成"；唯有能吃苦耐劳者，方能成就大事业。

（七）茶之为美，在于以茶养廉。魏晋以降，名人志士大多提倡以茶代酒，以茶养廉，待人接物，不奢侈，不豪华，不贪腐，清茶如许，清静淡雅，廉洁守拙，克己奉公，为后人所称颂。湖南嘉禾县有珠泉，茶亭刻有清朝知县达麟一副对联："逢人便说斯泉好，愧我无如此水清。"贪官污吏，多是没文化、没修养、没德操、没人格尊严的无耻之辈；而珠泉涌月之美，泉水冲茶之香，与达麟勇于自我反省的清廉相照映，便知其乃精行俭德之人。

（八）茶之为美，在于中华茶文化的博大精深。2008年北京奥运会开幕式使用两个篆体汉字"茶"与"和"，显示出一个深邃的文化内涵："茶"是中华文化的重要载体和传播媒介，"和"是中华民族的文化性格与中华茶道的灵魂。鼎中茶，杯底月，天地人三才，儒道释三教，真善美三境，阴阳五行学说，五千年中华民族优秀传统文化，十几亿中国人的生活方式与审美情趣，尽在其中矣。这就是茶的魅力，这就是茶的美学内涵。

2

从美学的角度研究茶与中华茶文化，乃是一大学术命题。

古往今来，美学家们撰写过多少部美学著作，然而始终没有觉察到茶与酒所蕴涵着的美学价值。

酒之为饮，如大丈夫，其美学形态和审美风格，如雪雨雷电，风飞河奔，崇山峻岭，松涛海啸，日出东方，万马奔腾，逐鹿中原，雄伟，豪迈，奔放，激越，热情，直露，刚烈，壮美，博大，充满着一种阳刚之气。

茶之为饮，如骚雅之士，其美学形态和审美风格，如清风晴岚，晨雾云霞，惠风流水，杨柳堆烟，蓝天白云，幽林曲涧，烛影摇红，月印千江，优美，飘逸，淡雅，柔和，文静，含蓄，细腻，清新，自然，秀丽，蕴涵着一种阴柔之美。

苏轼有一首《题西林壁》，叫作"横看成岭侧成峰，远近高低各不同。不识庐山真面目，只缘身在此山中。"在日常生活之中，一般人每天都在品茶饮酒，司空见惯，习以为常，以致茶与酒所代表的两大古典美学范畴，也从他们的味觉之美与嗅觉之美中流失殆尽。尤其是茶，前人都认为茶似佳人，是绝代美女，唯有阴柔之美，并不关注茶尚有阳刚之美。这是茶美学的缺憾，是中国茶文化的遗憾。

我们通过专题研究，认为茶的美学形态，依然具有中国古典美学的两大审美范畴：阴柔之美与阳刚之美。这是一个重大的发现。

3

本人是中国古典文学与文艺学教授，长期从事中华传统文化的教学研究和文化传承，因为从文化学角度从事唐宋诗词研究，在撰著《唐诗文化学》《宋词文化学研究》和《唐宋诗词文化解读》《中国品茶诗话》等著作时而进入博大精深的中华茶文化领域。千禧之际，我与湖南农业大学茶学专家施兆鹏教授在一个座谈会相遇，两人开始合作，先后撰著有《中国名家茶诗》《乾隆皇帝茶诗与中国茶文化》等，而后又与湖南省茶业协会曹文成会长等结缘，成为湖南省茶文化高级顾问。这是一个虚名，却是一个机遇，有益于国计民生。

十几年以来，我本着顾炎武"文必有益于天下"的原则，以深厚的文化底蕴和古典诗词文赋创作功力，积极参与蓬勃发展的中国茶事活动，在全国茶业社团和茶学界同仁的积极支持下，我们先后做出了八大贡献：

第一，正本清源，认祖归宗，为中华茶祖神农文化奠定理论基础。2007年与曹文成、陈晓阳合作出版《茶祖神农》专著，与施兆鹏、庞道沐、曹文成、刘仲华等合作，先后举办两届全国性茶叶社团组织参与的"中华茶祖神农文化论坛"，起草《中国茶业星沙宣言》《中华茶祖神农文化论坛倡议书》和《茶祖神农炎陵共识》，正式确认炎帝神农氏为中华茶祖，解决了茶界争论不休的谁是中华茶祖的千年难题。

第二，确定以谷雨节为中华茶祖节。与曹文成、刘仲华等合作，在湖南省、株洲市与炎陵县各级政府的支持下，确定每年谷雨节为"中华茶祖节"，积极参与2009年谷雨节由湖南省人民政府、中国茶叶学会、中国茶叶流通协会、中华茶人联谊会、中国国际茶文化研究会、国际茶业科学研究会等联合主办、株洲市人民政府承办的"2009年中华茶祖节暨世界茶人首祭中华茶祖神农大典"。这是五千年以来中华茶人第一祭，这是三百年来世界茶人第一祭，为中华茶祖神农文化举行了史无前例的奠基典礼，在中华茶文化史上乃是一座巍峨的里程碑。

第三，以诗词文赋为中华茶业铸造灵魂和文化精神，本人先后撰写《武夷山茶韵》《中国茶业星沙宣言》《中国品茶诗话》《千两茶赋》、长篇小说《白沙溪》和《世界茶王》等，为中华茶业特别是湖南黑茶铸造了文化灵魂，为魅力湘茶之崛起，为湖南黑茶成功进入2011年上海世博会联合国馆，走向世界起到了推波助澜的积极作用，故被茶界认定为"蔡镇楚教授：中国黑茶文化的擎旗人"[1]。

第四，从来佳茗似佳人，在中国古典美学的两大美学范畴之中，茶属于阴柔之美；本人以《千两茶赋》等诗词文赋，从安化千两茶的制作工艺、外形包装、内在气质等角度，充分展示了安化黑茶独特的阳刚之美，赋予茶美学以阴柔之美和阳刚之美两大审美范畴，填补了中华茶文化研究和中国古典美学的历史空白。

---

[1]《中国安化黑茶行业大家庭》，中国广播电视出版社2015本。

第五，确立"茶禅论"。本人从"诗禅论"研究出发，2003年秋冬石门县召开第一届茶禅文化论坛之际，全面研究茶与禅宗之缘，深入调查发掘石门夹山寺与北宋禅师圆悟克勤《碧岩录》与茶禅一味的历史背景和茶禅文化，撰写中国第一篇《茶禅论》的长篇论文，在常德师院学报发表。这是中国茶禅文化研究的奠基之作，开创了当代中国茶禅文化研究的一代风气。

第六，以古典美学之功底，率先提出"茶美学"的全方位研究命题。从千禧之际开始，本人着力从美学高度研究中华茶文化，积十年之功，发掘和研究茶美学，撰写中国乃至世界第一部《茶美学》专著①，初步构建中华茶美学的理论体系：并合作参与指导湖南农大茶文化博士朱海燕等从事茶美学的断代研究，开创了中华茶文化研究的新局面。

第七，为展现中华茶文化的历史和魅力，将中华茶文化的历史故事和重大事件以诗歌、绘画和书法艺术表现之，我潜心创作《中华茶文化史诗书画谱》108轴，以茶诗配以茶画和书法，融茶诗书画于一体，即108首茶诗、茶画、茶书法，茶史故事，合而为独具特色的《灵芽传·中华茶文化史诗书画谱》，在中华茶文化的发展传播之中，具有开创创新意义。

第八，充分发掘湖南茶文化的历史底蕴，全面总结湘茶文化在中华茶文化史上的重要地位，撰写《湘茶文化的十八大贡献》，从历史、理论和实践几个方面，为湖南茶人提高文化自信，为湖南省打造千亿茶产业，提供强有力的文化和理论的支撑。

4

原本《茶美学》的撰写，曾经历时十几年之久。从世纪之初的初稿，到十年之后的定稿。当时福建人民出版社的编辑刘进社先生风雨兼程，亲自来到长沙约稿，并率先将此稿出版发行，虽然印数不多，却成就了中国乃至世界第一部理论体系较完备的《茶美学》之美誉。

此部《中华茶美学》，是根据北京师范大学刘峰博士之意，在拙著《茶美学》的基础上反复修正补充而成的，以适应刘峰博士与西班牙大

---

① 蔡镇楚《茶美学》，福建人民出版社2014年4月本。

学共同发起创办的"茶美学与艺术研究"硕士学科之教学与研究需要。我作为"茶美学"的始创者，作为刘峰博士发起的"茶美学与艺术研究"硕士学科的首席学术顾问，在已经绝版的拙著《茶美学》基础之上，故而为之《中华茶美学》，凡十六章，兼顾域外，概述中华茶美学的历史与学术文化诸多命题。

2020 年 3 月，刘峰博士被阿联酋迪拜世博会中华文化馆聘为 2020 迪拜世博会"中华茶文化全球推广大使"。他忠实积极，年富力强，视野开阔，博学多才，富有开拓创新精神，将"茶美学"研究的学术成果，落到学科建设的实处，着力于国际茶美学与艺术专业人才的培养。老夫欣欣然予以支持，期待这种国际性的"茶美学与艺术研究"硕士学科，能够立足中国，面向世界，让茶美学别开生面，人才辈出，兴旺发达，让博大精深的中华茶文化插上新的翅膀，注入新的活力，成为传播中华文明的和平使者、灵芽使者、文化使者。

茶美学，不是舶来品，而是中国茶人所创造，是中华茶文明传播的产物，是茶叶改变世界的累累硕果。我们师徒俩能够与国家"一带一路"全面对接，以茶为媒，以茶文化为纽带，为实现中华民族伟大复兴的中国梦，为构建和谐、幸福、安康的人类命运共同体而努力，乃是人生之大幸，茶美学之大幸也。

石竹山人蔡镇楚

于岳麓山石竹山房

2021 年 2 月 28 日

目录
CONTENTS

3

第一章

茶与美学

美学，是云岚之飘逸，溪流之潺潺，琥珀之流香，凤凰之翔翔。

美学，属哲学，似乎高大上，又平易近人，如才子佳人，就在我们身边，依你，亲你，爱你，难以分舍，终生相许。

茶美学，是中华茶文化研究和传播的最高层次，将茶科学、茶文化、茶艺术和茶生活提升到美学高度来审视。

茶美学，是美学家族之中特别富有生命力的绝代佳人，倾城倾国，艳压群芳，魅力无限。

第一节　美的含义

美，是世界上最引人注目的字眼，让人心醉，令人向往。

"美"字的结构形态，是全开放性的，笔笔向外，没有封闭，没有障碍，没有阻隔，给人以无限宽广的想象空间。

人类诞生以来，无论是原始人类，还是现代人类，都在追求其形体之美、饮食之美、服饰之美、生活之美、居住环境之美、理想人格之美、社会和谐之美。真善美，乃是人类共同的审美追求。

何谓美？人类各个民族都有自身的解读。在汉字文化体系之中，中华民族对"美"的诠释，最早起源于对饮食之美的执着追求。

中国先贤创造一个"美"字，主要包含三个层次的意义：

其一，美的最初含义，是把羊羔放在柴火上烤熟而食。考古证明，中国先民于新石器时代就已经应用炊煮火食。殷商人喜爱烧烤的食物，甲骨文中的"美"字"𦍌"，如同以火烧烤一只全羊或小羊羔，表明人类由生食进入熟食时代的饮食革命已经完成，审美情趣也相应转化。

其二，美的第二层含义，就是"羊大为美"。《礼记·月令》

云："食麦与羊。"许慎《说文解字》云："美，甘也，从羊从大。"中国先民以肥羊肉为最早的美食。羊者，祥也。羊大，则肥美，肥美之羊，食之甘美，又预示富贵吉祥，表明中国人由熟食到美食的热切追求。

其三，美的第三层含义，是"羊人之言"，与"善"字相通，具有美善之意，这是中国先民的巫术崇拜。巫术，以巫师为乐，巫师装扮成羊人，头戴羊角，载歌载舞，口里念叨着符咒，为族人求神祈福，消灾祛病。其形如羊，其声如羊人之言，善哉美哉，反映中国先民对羊图腾崇拜的审美心理。

无论何种意义的解释，"美"的终极关怀，乃是人类健康。健康之谓美，茶之为饮有益于人类健康，属于绿色健康之饮。故而茶美学与食品美学一样，可谓之为真正意义上有益于人类健康的绿色生态美学。

一株株茶树，长出一片片茶叶，与水融合，得天地之灵气，聚日月之光华。茶之为美，是天地自然的无私赐予；品茶论道，是历代茶人与文人骚客的美好憧憬。

茶是嘉木之英，是自然美的荟萃，也是美的拟人化。其之所以美，主要在于以下几个方面。

（一）茶之为美，在于国计民生

茶是中国人的生活必需品，叫作"开门七件事：柴米油盐酱醋茶"；也是文人士大夫的一种生活方式和审美情趣，叫作"琴棋书画诗酒茶"。

（二）茶之为美，在于自然之美

茶园叠嶂，云雾缭绕，郁郁葱葱，是自然生态环境的最佳选择，与当今工业化、城镇化的污染环境形成鲜明对照。

（三）茶之为美，在于茶寿，在于绿色生命之饮，人类健康之饮

茶字拆开，可得一百零八之数，故古人把一百零八之寿称为"茶寿"，当工业化的碳酸饮料充斥市场，危害青少年儿童身心健康之际，茶之为饮，男性更健康，女性更漂亮，乃是二十一世纪无酒精健康饮料之冠。

（四）茶之为美，在于茶人之美

茶农是茶之根，茶工是茶之体，茶商是茶之媒，茶业是民生产业，是诚信产业，是为人类健康服务的长青之树，所以茶人之美，必须在于真善美，在于仁义礼智信。

（五）茶之为美，在于人格之美

《庄子》说："君子之交淡若水，小人之交甘若醴。"此中的水，即茶水。茶人是君子之交，注重人品，注重德操。当今之世，物欲横流，金钱崇拜，茶人要特别注重人格尊严，不造假，不欺诈，守诚信，重民生。

（六）茶之为美，在于人生之喻

茶，以清苦为美，古人品茶谓之"啜苦咽甘"，如同人生，先苦后甜，苦尽甘来。先贤所谓"天将降大任于斯人也"，所谓"艰难困苦，玉汝于成"；唯有能吃苦耐劳者，方能成就大业。

（七）茶之为美，在于以茶养廉

魏晋以降，名人志士大多提倡以茶代酒，以茶养廉，待人接物，不奢侈，不豪华，不贪腐，清茶如许，清静淡雅，廉洁守拙，克己奉公，为后人所称颂。湖南嘉禾县有珠泉，茶亭刻有清朝知县达麟的一副对联："逢人便说斯泉好，愧我无如此水清。"贪官污吏，多是没文化修养、没道德情操与人格尊严的无耻之辈；而珠泉涌月之美，泉水冲茶之香，与达麟勇于自我反省的清廉相照映，便知其为精行俭德之人。

（八）茶之为美，在于中华茶文化的博大精深

2008 年北京奥运会开幕式使用的两个篆体汉字"茶"与"和"，显示出一个深邃的文化内涵："茶"是中华文化的重要载体和传播媒介，"和"是中华民族的文化性格与中华茶道的灵魂。

鼎中茶，杯底月，茶是中国人不可或缺的生活资料与生活方式，是中华民族优秀传统文化的主要载体与传播媒介。这就是茶的魅力，也是茶的美学内涵。

第二节　茶美学

　　一片片绿叶，何以如此神奇；一杯杯茶水，何有如此神韵；茶是一种绿色饮料，何以影响人类文明；茶叶何以改变世界；中国人品茶，何以积淀而成五千年中华茶文化……

　　一片绿叶，一杯茶水，日月星辰、阴阳八卦、天地人三才、儒道释三教、真善美三境，金木水火土五行，五千年中华民族的优秀传统文化，十几亿中国人的生活方式和审美情趣，"以和为贵"的君子人格之美，人际关系乃至民族关系与国际关系，尽在其中矣。

　　道法自然，茶和天下。茶叶因天地自然而生，故效法天地自然；茶的本质特征是以和为美，以和谐天下为贵。

　　茶界是一个美丽而神奇的王国，得天地之灵气，聚日月之光华。

　　茶树之美，有茶圣陆羽《茶经》"南方嘉木"之称；

　　茶园之美，有云海雾缭、翡翠璧玉之绿；

　　茶叶之美，有苏轼"从来佳茗似佳人"之喻；

　　茶水之美，有翡翠碧玉、琥珀流香之色；

　　茶女之美，有红裙翠袖、温柔含蓄之颜；

　　茶艺之美，有枕流漱玉、赏心悦目之心；

 中华茶美学

 6

茶道之美，有日月星辰、天地人和之融；

茶缘之美，有君子之交、人际和谐之意；

茶禅之美，有"不著一字，尽得风流"之妙；

茶寿之美，有生命哲学、人生哲理之归。

美人捧香茶，茶香溢美人；茶是美的荟萃，茶美学乃是茶叶王国的冠冕，是博大精深的中华茶文化皇冠上一颗璀璨的明珠。

古今中外，人们对美学的研究，仅仅停留在美学原理、范畴、审美观念、美学价值体系的范围之内，未能跳出美学自身的窠臼，许多美学现象、审美范畴被大家忽略或遗忘，茶美学就是其中之一。这是美学界的缺憾，也是美学研究领域之中的一大空白。

茶美学，是关于茶的美学研究，是文化哲学的美学，是以茶为审美对象的实用型生命美学，是茶文化与美学相交叉的一门边缘学科，是自然科学与社会科学、生命科学、实用学科与基础学科有机整合的一个美学分支学科。

以中国茶文化建立的哲学基础是"天人合一"这一中国哲学的基本问题，故有别于"茶道美学"，可谓之"文化哲学的美学"。

以审美对象是人皆饮之的茶，以及由此而出现的茶馆、茶楼及其所从事的茶道等茶文化生活、茶事活动和审美情趣，因而谓之为雅俗共赏的大众化生命美学。

正宗的美学隶属于哲学。茶本身就是天人合一的产物，是天地自然之美与人工之美的荟萃，是天地人共同创造的美的渊薮。从茶叶形态之美、茶树生长的自然生态环境之美，到茶叶鉴、茶事审美，都一一闪现着茶美学的独特光芒。

茶美学，是以美学的视野来审视和研究茶叶科学和茶产业的一门学科，是中国美学的重要分支学科。茶美学的崛起，是

中华茶文化的博大精深与现代茶业蓬勃发展和提高中华民族文化软实力的一种必然趋势，是美学与茶学相互交叉、融合的必然产物，也是中国茶文化研究的一种最高境界。

我们所说的"茶美学"，其概念之内涵与外延，涵盖了茶科学和博大精深的中华茶文化两大学科领域，大体包括茶、茶文化与美学三个相互关联的理论范畴。

茶叶，是一种植物的叶芽；茶，是茶叶与水沏成的一种生活饮料。二者都是属于物质的范畴，具有实用价值与审美价值。

茶文化，是因茶而确立的中国人的生活方式和审美情趣，是民族文化性格和人文精神在饮茶生活习俗上的历史积淀，属于文化与精神的范畴。

茶道，注重的是道，即基本法则、本质特征和发展规律。茶艺，是茶的品尝方式和审美感受，是品茶的艺术美和品茶人的审美情趣的反映。茶艺不注重茶文化的宏观考察和整体研究，可以忽略茶的缘起、风格特质、采制工艺、历史演变轨迹、茶俗、茶人、茶学与茶文化传播等研究内容和中介环节。

茶美学，是中华茶文化的理论升华。它以茶之国饮、茶乡、茶香、茶韵、茶礼、茶缘、茶寿、茶品、茶律、茶道、茶禅、茶祖为主题，分别从神话学、民俗学、环境美学、工艺美学、审美语言学、礼仪美学、审美境界、生命美学、比较美学、艺术鉴赏美学、文化传播和茶的审美艺术载体等各种不同的角度，对中华茶文化进行全面系统的科学分析和美学阐释，将自然科学与社会科学、基础学科与实用学科、茶学与文化学、美学（哲学）有机结合起来，使传统的中华茶文化和新兴的现代茶学研究有一个新的突破。

第三节　茶美学的理论体系

美学的基本范畴与理论体系，是一个复杂而多变的话语体系。这个体系，多因标准不同与研究对象之异而有所差异。一般而言，茶美学的美学标准与理论体系、文化内涵与审美特征，大致由以下十个方面来构成。

一、物质基础

茶美学的物质基础是茶树、茶园、茶叶制作工艺、茶叶烹煮、茶饮品、茶叶深加工等，以茶叶和茶水为物质支撑。离开了茶科学，则无所谓的茶美学。

二、哲学基础

茶美学的哲学基础是中国哲学中的"天人合一"学说，所谓"饮食之道，乃天人之合"。饮食，是天地人和的产物，是天道、地道、人道的三位一体。以之论茶道，则强调天道、地道与人道的"三位一体"。

三、审美主体

茶美学的审美主体是"人"。人是天地之心，人类的饮食文化必须以人为本。纵观中国茶叶悠远绵长的数千年发展演变史，中国茶叶、中华茶文化大致经历了中华茶祖神农氏→茶圣陆羽→现代茶人这三个主要阶段。

四、美学标准

茶美学注重茶的色香味形，集中体现了茶叶的色彩美学、工艺美学、感官美学、形态美学特征，是饮食美感的集中体现，也是茶叶生产、加工工艺、茶叶流通、茶叶品牌、茶叶品评和审美鉴赏的主要美学标准。

五、美学灵魂

饮食主"和"，体现在注重饮食的中和之美、和合之美。"和"是中国茶文化、中华茶道的灵魂，也是茶美学的最高境界。茶道注重的是一个"和"字，是"天地人"的三位一体。这种"天人合一"的哲学思想，深深地积淀在中国人的文化心理结构之中，形成了一种强大的集体意识。茶，是天地人和的集中表现，最能体现中华民族文化的内涵；和，是中华文化的精髓，也是茶美学的灵魂。

六、美学人格

茶美学强调人格之美，所谓"君子之交淡如水"，这句话也显示出茶美学的人格魅力，是饮食哲学的伦理化，是品茶所追求的人生境界与人格修养。

七、美学关怀

茶是人类的绿色之饮、健康之饮、生命之饮；茶美学集中

反映了人的生存意识与生命意识。倡导茶饮的根本目标在于以茶养生，在于人的健康延年。因此，生命哲学是茶美学的终极关怀。

八、美学价值

中华茶文化，是中华民族儒道释三大主流文化的重要载体和传播媒介，天地人三才、儒道释三教、阴阳五行学说，尽在其中矣。中国乃至世界茶文化中"天地人和"以及中华文化的两大学说"茶禅论"和"诗禅论"，乃是茶美学价值之所在。

九、美学境界

茶美学是中华茶文化的理性升华，以"和"为美学核心，以"真善美"为审美追求，以人类健康的生命之美为终极目标。因此，构建茶美学的文化体系，有助于弘扬中华文化，有助于建设和谐社会与和谐世界。

十、茶的美学精神

茶美学，是对中国茶文化进行美学分析和总体研究而产生的一门边缘学科，中国茶文化因美学升华而富有无与伦比又难以超越的艺术修养和人文境界。

茶的美学精神，主要表现在四个方面：一是绿色生态之美，二是君子人格之美，三是廉洁俭德之美，四是阳刚阴柔之美。这四大美学精神，构建成茶美学的审美范畴、理论体系与文化性格，展示出茶美学的学术文化价值与实践意义。

第四节　茶美学的风格特征

茶美学研究的主要对象是茶叶生长的自然环境之美、茶叶的形态之美、茶叶包装之美、茶叶产销的质地之美、茶艺表演之美、茶叶鉴赏品评之美、茶饮料的健康生命之美，中华茶道的三种境界，茶文化经典的美学内涵，等等。

当茶为国饮、茶叶成为人类最健康的绿色饮料而为全人类所接受、所普及之际，茶美学就成为美学家族之中不可或缺的成员了。这就是茶美学研究的普遍意义和生命价值之所在。当你在品尝茶的芳香尽情品味人生的时候，当你在实验室对茶叶进行化学分析和基因研究的时候，你如果有缘读到《茶美学》这部书（叫作"茶缘"），也许你会拍案惊奇，发现这司空见惯的中国茶叶除食用价值之外，还有如此深厚的文化意义和审美价值！不要崇拜日本茶道，那是宗教化的茶道；不要迷信印度与冈比亚茶叶，那是中国茶叶的宁馨儿。唯有中国茶道，才是哲学化的茶道，属于美的哲学，是茶道之正宗。然而中国茶道，只是"茶美学"的组成部分；只有"茶美学"才可能涵盖完阔，包罗总杂，具有一种宏观气势，属于真正意义上的绿色生命美学。茶、茶文化、茶美学三者之间的关系，可以做这样的概括：

茶是茶文化得以繁荣发展的物质载体；茶文化因茶而滋生，是中国人饮茶生活的文化积淀；茶美学乃是中华茶文化的理论升华与最高境界，茶因茶文化而高雅，因茶美学而富有文化内涵和哲学意义。由此可见，我们所理解的"茶美学"，其基本风格特征，可以概括为以下五个方面。

一、注重茶叶的质地之美

茶叶是中国茶文化的母体，没有茶叶就没有作为饮料的茶，没有茶就无所谓茶文化。茶，是中国茶文化赖以建立的物质基础。茶美学特别注重茶叶本身的质地之美。

一般而言，茶叶的质地之美取决于"天、地、人"三要素："天"者，代表茶叶采撷的时间性，茶叶之佳品多在春分过后采撷；"地"者，代表茶树生长环境的地域性，佳茗多出于最佳的自然生态环境之中；"人"者，代表茶叶采撷和加工制作者的心灵手巧，优质茶叶多系手工制作而成，凝聚着茶工们的智慧和心血，代表着茶人的审美情趣和工艺美学风格。

二、注重沏茶的水质之美

水为茶之母。黎美周云："泉以茶为友，以火为师。火活，斯泉真味不失。"明人钟惺作《茶诗》三首，其一言茶与水的密切关系，诗云：

水为茶之神，饮水意良足。
但问品泉人，茶是水何物？

茶缘于水，水是茶的寄托，茶因水而溶化；茶艺是人的艺术，也是茶水的艺术；茶与水相依为命，生死与共，从而成就了中国茶道，积淀了中国茶文化。

13

许次纾《茶疏》亦曰："精茗蕴香，借水而发；无水不可论茶也。"

中国人沏茶品茶，特别注重水质之美，好茶需好水，清泉配佳茗。明人田艺蘅在《煮泉小品》中称："甘，美也；香，芬也"，"凡水泉不甘，能损茶味"。可见水的质地之美，在一定程度上决定了茶的品质。

天下名泉，各有品味，然而古人对沏茶用水的基本要求，乃是宋徽宗《大观茶论》所说的："水以清、轻、甘、冽为美。轻甘乃水之自然，独为难得。"

这种水，一则来自天水，即雨、露、冰、雪；二则来自地水，如井水、溪水、河水。好水多出于名泉，故古人常以寻访名泉为乐，苏轼《惠山谒钱道人烹小龙团登绝顶望太湖》诗中云：

踏遍江南南岸山，逢山未免更流连。

独携天上小圆月，来试人间第二泉。

这"第二泉"，是指惠山泉。据唐人张又新《煎茶水记》载，刘伯刍论水，以扬子江南中冷水为第一，无锡惠山名泉为第二。

三、注重品茶的审美情趣

品茶，就是品味人生。故茶美学认为，茶在于"品"，因品得神，神余形外，趣在其中。审美情趣，始终是品茶质量高低的尺码。然而，人生经历和生活遭际的不同，造成了品茶过程中茶人心态和审美情趣的差异性。明人史谨《煮雪轩为陶别驾赋》诗云：

自扫冰花煮月团，恨无佳客驻雕鞍。

香浮石鼎琼瑶花，春入诗怀宇宙宽。

学士漫夸风味别，将军不放九杯干。

庭前一白休烹尽，宜与诗人醉后看。

自古以来，学士夸茶，将军嗜酒。史谨以冰花煮茶，香浮茶鼎美如琼瑶，饮茶后如春入胸襟，顿觉宇宙宽广、博大无比。可惜无佳客对饮，只能留下一些冰花，让自己醉后观赏。史谨饮茶的这种心态和情趣，足以令读之者陶醉！

中国人常奉茶为"真物""善物""灵物""仙物"，晚唐诗人郑愚称颂茶叶以"香且灵"为本质特性，是草中之英，因作《茶诗》云："嫩芽香且灵，吾谓草中英。"明代诗人谭元春《三茶》诗云："生意穷三摘，纤毫贵一针。采山牙笋外，不慕远峰春。"

茶如人，以真为贵，以善为美。欧阳修《尝新茶呈圣俞》诗云"由来真物有真赏"，认为茶是"最灵物"，是"真物"，因而是"宜其独得天地之英华"者。这种文化心态，显然是出于独钟情于茶的审美情趣。

四、注重中华茶道的文化品位与美学风格

道，有天道、地道、人道，是天地万物的本原和发展规律。道是严肃的、神圣的。中国人不轻易言道，儒家言道，道家言道，释家言道，都是遵循天地自然法则的表现。人们品茶悟道、以茶论道，因而倡言茶道，妙悟茶道。

茶美学之关注茶道，注重其文化品位和审美情趣。茶道的文化品位，体现在茶理、茶艺、茶趣、茶禅、茶境上面，来源于茶道对中国茶文化精神的发扬光大；而茶道的审美情趣，在于幽雅的环境、精美的佳茗、雅致的茶具、文静的采茶女、高雅的茶艺、知心的茶友、平和的心态、高尚的茶德、优美的茶情、恬淡的茶禅、清寂的茶境，等等。

五、茶美学重在"天人合一"

孔子贵天，老子法天；儒道互补，先秦诸子百家融合为一，而成就了中国哲学的"天人合一"学说，为中国茶美学奠定了深厚的哲学基础。

唐人独孤及《慧山寺新泉记》云："夫物不自美，因人美之。"这样构成的"天时、地利、人和"的三维式的自然环境和人文环境，则造就了中国茶美学的艺术大厦。因而从这个意义上来说，"茶道"就是"人道"，是天道、地道、人道的"三位一体"。

中国人的这种茶学观念和审美理想，源于中国古典哲学中的"天人合一"之说。这个学说，认为"天人之际，合而为一"，强调天道与人道或自然与人事的和谐统一，而以人为天地之心。据《礼记正义》疏，人为"天地之心"者，其内涵如董仲舒所言有二：一指人生存于天地中央，犹"人腹内有心"；二指人"动静应天地"，是万物之灵，犹如"心"是五脏中之"最灵"者，能"动静应人"一样。

像昆仑山的皑皑白雪，像神州升腾而起的七彩祥云。2008年北京奥林匹克运动会开幕式上，当"茶"与"和"两个篆体汉字出现在世界眼前的时候，人们清楚不过地感觉到，"茶"与"和"两个最伟大、最神奇的汉字，茶以和为灵魂，和以茶为载体，分别代表着一种物质文明、一种精神文明，将中华民族优秀文化的全部意蕴、思想灵魂和基本精神，完美无缺地展现在全世界面前。

第五节　茶的审美属性

　　中国是茶的故乡，是茶树的原产地。悠悠乾坤，朗朗神州，形成四大茶区，即西南茶区，华南茶区，江南茶区，江北茶区。地域不同的中国四大茶区，虽然茶树品种有所不同，但是茶的审美属性基本相似。每一片茶叶，每一株茶树，每一个茶园，每一泓泉水，每一壶清茶，每一杯玉液，就是一片净土，一斛甘露，一垠绿洲，都是一个美丽雅致、生机勃勃的绿色王国。

　　"茶"为何物？茶的审美属性是什么？这是我们首先要解决的问题。

一、茶的自然属性

　　唐人陆羽《茶经》云："茶者，南方之嘉木也。一尺，二尺，乃至数十尺；其巴山峡川，有两人合抱者，伐而掇之，其树如爪芦，叶如栀子，花如白蔷薇，实如栟榈，叶如丁香，根如胡桃。"这一连串形象的比喻，既概括了茶树的类别，包括灌木、小乔木和大乔木三大类别，又显示了中国茶树出自南方，是中国南方特定地理环境生长出来的美好树种，为天地万物之精灵，是自然之美的荟萃，自然美乃是其地理环境赋予茶的一种审美属性。

中国茶叶，以其大地域环境而论，则以秦岭、淮河为界，盛产于广大南方地区，而北方较少出产。中国茶叶的最佳产区，在北纬22度到北纬32度之间，而横亘湘、鄂、黔、渝的武陵山、雪峰山脉为标志的北纬30度地带，从四川的雅安东移到江西婺源大鄣山、安徽黄山、浙江天目山与福建武夷山，属于中国茶叶生产的黄金纬度带。湖南、重庆、贵州、四川等地，即是中国茶叶的起源地之一。古籍记载着的炎帝神农氏"尝百草，日遇七十二毒，以荼（茶）而解之"神话传说不是空穴来风，而是历史的积淀，文化的认同，出自楚湘、巴蜀、云贵地区。神农氏用以解毒之茶，应该属于远古时期生长在江南地区的野生茶树。巴蜀亦然，据中国最早的地方志《华阳国志》记载，川

云南哀牢山1号野生茶树王

茶早在殷周时代就成为巴人缴纳的"贡品"之一，并说巴地为"园有茗香"，称广汉"山出好茶"、涪陵"惟出茶"、南安与武阳"出名茶"。

按地理环境而论，茶是尊贵之物，对生长环境的要求相当苛刻。前人所论如："茶产平地，受土气多，故其质浊"，而产于高山，"浑是风露清虚之气，故为可尚"（《岕茶汇抄》）。又称"产茶处，山之夕阳胜于朝阳"（《岕山茶记》）。《茶解》云："茶地南向为佳，向阴者遂劣；故一山之中，美恶大相悬也。"又称："茶固不宜加以恶木，唯桂、梅、辛夷、玉兰、玫瑰、苍松、翠竹与之间种，足以蔽覆霜雪，掩映秋阳，其下可植芳兰幽菊之物；最忌菜畦相逼，不免渗漉，滓厥清真。"

宋人叶清臣《述煮茶泉品》云："夫渭黍汾麻，泉源之异禀；江橘淮枳，土地之或迁。诚物类之有宜，亦臭味之相感也。若乃撷华掇秀，多识草木之名；激浊扬清，能辨淄渑之品。斯固好事之嘉尚，博识之精鉴。自非笑傲尘表，逍遥林下，乐追王濛之约，不让陆纳之风，其孰能与于此乎！吴楚山谷间，气清地灵，草木颖挺，多孕茶荈，为人采拾。"吴头楚尾，乃是茶叶的最佳产地。而"气清地灵"，是茶叶对自然地理环境的基本要求。北宋诗人秦观《茶》诗云：

> 茶实嘉木英，其香乃天育。
>
> 芳不愧杜蘅，清堪掩椒菊。
>
> 上客集堂葵，圆月探奁盝。
>
> 玉鼎注漫流，金碾响杖竹。
>
> 侵寻发美鬯，猗狔生乳粟。
>
> 经时不销歇，衣袂带纷郁。

幸蒙巾笥藏，苦厌龙兰续。

愿君斥异类，使我全芬馨。

茶叶，是嘉木之英。秦观此诗的前四句赞美茶叶，称其是南方嘉木之英华，认为其芳香如杜蘅，清香超过了椒菊；次写茶的烹煮艺术效果和饮用功能，这都是天地自然的孕育和造化之功。结句"愿君斥异类，使我全芬馨"，以拟人手法充分表达了茶对饮茶君子们的殷切期望与美好意愿。

陆羽《茶经》笔下的"茶"，生于"南方之嘉木"。《尔雅·释诂》云："嘉，美也。"嘉木者，木之美者也。茶之生长于"南方之嘉木"者，在于突出茶叶本身的质地之美。其木之所以美，根源于南方水土之美；之所谓"嘉"者，就在于天地自然对人们的一种无私的恩泽和赐予。所以，古往今来，茶叶被人们尊奉为"灵芽""灵草""灵叶""灵荈""灵物""瑞草""仙草"等，一个"灵"字则足以突出茶之珍贵与高雅、灵性与功效。

二、茶的植物属性

茶树，是一种植物，第四季冰川以来就在中国南方生长着。这种植物，大致分为大乔木、小乔木与灌木三种类型。其中生命力较强的是大乔木，云南省西双版纳地区至今保存着千年茶树王。中国南方生长更多者，则属于灌木型茶树。湖南、浙江等地古文化遗址出土的野生茶树，足以证明江南地区在六七千年以前曾大量生长着灌木型野生茶树。

茶的审美属性，来源于植物的生命之美。植物的基本属性，在于植物的绿色生命。与其他植物一样，茶树的绿色生命，出

中华茶美学

自天地自然。北宋梅尧臣的《南有嘉茗赋》描写茶叶生长发育的过程时，曾经生动地说："南有山原兮，不鉴不营；乃产嘉茗兮，嚣此众氓。土膏脉动兮，雷始发声；万木之气未通兮，此已吐乎纤萌。一之日雀舌露，掇而制之，以奉王庭；二之日鸟喙长，撷而焙之，以备乎公卿；三之日枪旗耸，搴而炕之，将求乎利赢；四之日嫩茎茂，团而范之，来充乎赋征。"茶叶之生，随着土膏脉动，春雷发生，由一日之"雀舌"、二日之"鸟喙"、三日之"枪旗"、四日之"嫩茎"……与日俱进，因时俱进，功用迥异，归宿不同，充分反映其不同的生命价值，然而其生命属性却是完全一致的。

以茶的植物绿色生命属性而言，"茶以枪旗为美"（李诩《戒庵老人漫笔》）。所谓"枪旗"，是指茶树上生长出来嫩绿的叶芽，以其叶芽的形状如一枪一旗而得名。唐人陆龟蒙《奉酬袭美先辈吴中苦雨一百韵》自注云："茶芽未展曰'枪'，已展者曰'旗'。"

茶叶，是茶树的绿色生命；而"枪旗"，是茶的一种蓬勃旺盛的绿色生命力的表现。故苏轼《叶嘉传》称茶叶如"一枪一旗""当为天下英武之精"者。嫩绿的茶叶，溶入泉水而重新获得了一种高雅的生命属性；人在草木中，在品茶时，将自己的生命意识、审美意识、时间意识、价值意识，统统融入茶水一饮而尽，人的生命则又融注了茶的绿色基因。茶与品茶人融为一体，茶人因茶赋诗言志，于是就有了审美载体，有了审美主体，有了美感传播媒介，因而造就了茶的绿色生命属性和饮茶的审美价值。

三、茶的饮用属性

饮食，是生命之源，是人类生命得以健康发育与延续的物质基础。

茶是一种大众化的绿色饮料，所以人们对茶的质地、品性、口感的要求比较严格，以质量为第一生命。

茶的饮用之美在于口感。饮茶的最佳口感，多以为"清苦"。茶，以清苦为美。"清"者，明也，净也，洁也，纯也，和也；清和明净、纯洁秀美之谓也。"苦"者，味也，良也，甘也，美也；甘美良味谓之"苦"。

陆羽《茶经》卷五云："其味苦而不甘，栟也；甘而不苦，槚也；啜苦咽甘，茶也。"茶"啜苦咽甘"食用性的审美属性，使人感到好茶入口时有清苦之味，而咽下时却生甘甜之美。乾隆皇帝为"味甘书屋"题诗曰《味甘书屋》（二首），谓"甘为苦对殊忧乐，忧苦乐甘情率然"；又谓"味泉宜在味其甘""即景应知苦作甘"，自注云："茶之美，以苦也。"茶以苦为美，"啜苦咽甘"，先苦而后甘甜，既是古今茶人品茶的一种共识，又是茶的食用价值和审美属性。

文人士大夫爱茶、嗜茶，把茶拟人化，人格化，审美化，尊称为"清苦先生""茶居士""茶苦居士"等，为之树碑立传。如元人杨维桢以茶味清苦而作《清苦先生传》，明人徐爌作《茶居士传》，支中夫作《茶苦居士传》。皮光业，字文通，最爱茗饮。友人请尝新柑，延具甚丰，簪绂丛集。他一到场，就大呼上茶，亲自端来一个巨觥，一边饮茶，一边题诗云："未见甘心氏，先迎苦口师。"众人都说皮文通"清高"。这所谓"清苦先生""茶苦居士""苦口师"之号，集中突出了中国人对茶的本质特征和审美属性的理性思考。

清人杜濬，嗜茶如命，且为茶作《茶丘铭》道："吾之于茶也，性命之交也。"以茶为"性命之交"，生死相依，肝胆相照，宁可绝粮而不愿绝茶，"与物无缘，唯茶为恩"。这种至情至性的饮茶情结，是中国人的生活方式与审美情趣的一种反映，是中华民族文化性格的一种历史积淀。

四、茶的文化属性

茶的文化意蕴，是极其深邃而厚重的，因而由历代中国人饮茶的生活方式而升华到一种独具特色的中国茶文化。

在中国文人的心目中，茶之饮者重在品赏，以茶品人、品物、品性、品文、品诗，品人生，品世道，品家国，品历史，品宗教……以茶参禅，以茶感悟社会人生，以茶品评历史沧桑。茶水映日月，杯中有乾坤，这才是高雅的品茶生活。

中国茶文化，是儒家文化、道家文化、佛教文化三大主流文化的重要载体和传播媒介。从天子祭祀到民间茶饮，从宫廷茶宴到寺院茶寮，从道观清茶到文人论道，中华民族的主流文化从外部形态到内在意蕴，无处不与茶结下不解之缘。

李唐王朝，三教合流，元人王旭《题三教煎茶图》诗之一云：

石鼎风香松竹林，三人同坐不同心。

从渠七碗浇谈舌，争似忘言味更深。

三人同坐松竹林煎茶，然而同坐不同心。儒道佛三教，以茶为媒，欲辩忘言，融合各家，三合为一。这就是茶的审美效果和社会文化功效。

1. 茶有九难：治茶之道，与治国之道相通

唐人苏廙在《十六汤品》中曾提出"茶有九难"之说："茶有九难，一曰造，二曰别，三曰器，四曰火，五曰水，六曰炙，七曰末，八曰煮，九曰饮。阴采夜焙，非造也；嚼味嗅香，非别也；膻鼎腥瓯，非器也；膏薪庖炭，非火也；飞湍壅潦，非水也；外熟内生，非炙也；碧粉缥尘，非末也；操艰搅遽，非煮也；夏兴冬废，非饮也。"这是纯粹的饮茶之道，

2.《叶嘉传》：茶的人事化

嘉木生嘉叶，茶叶因"嘉木"而生；嘉木之英，就是嘉叶，"嘉叶"又为"叶嘉"，是因大文豪苏轼将茶叶拟人化，因作《叶嘉传》而得。苏轼将茶事拟人化，赋予茶叶以旺盛的生命力。《叶嘉传》以茶叶比拟人事，是中国茶叶史上的一篇千古奇文。论其身世，以"其先处上谷，高不仕，好游名山，至武夷，悦之，遂家焉"；论其人品，皇帝称"叶嘉，真清白之士也，其气飘然若浮云矣"；论其才华，称其"风味恬淡，清白可爱，颇负盛名，有济世之才"；论其遭遇，叶嘉以布衣遇天子，封侯晋爵，备受皇帝赏识，说"久味之，殊令人爱，朕之精魂不觉洒然而醒"；论其影响，谓"今叶氏散居天下"，"有父风，其志尤淡泊，人皆德之"。在苏轼笔下，叶嘉的传奇，叶嘉的命运，就是茶的写照，是茶叶的奇缘，是中国茶文化的希望之星。

茶，因"南方之嘉木"而烹制，种之者如天地嘉惠于人类，饮之者似甘露滋润着心田。人们爱茶，种茶，煮茶，饮茶，品茶，评茶，论茶，甚至将茶事神化，如叶嘉者，"志尤淡泊，人皆德之"，在茶中寄托着自己的生活情趣和审美情趣。

中华茶美学

3. 以茶喻理

宋人以茶喻理，以茶参禅，更赋予饮茶以深刻的文化意蕴。

宋代理学家朱熹，别号"茶仙"。他以茶喻理，给弟子讲学时常以茶为喻，深入浅出地讲解社会人生的深刻道理。宋人煎茶，多有唐人遗风，常在茶里掺杂葱姜桂椒之类，有如大杂烩。朱熹以茶喻学，主张治学要诚意专一，不要被假象所迷惑，反对掺杂其他学派观点，犹如茶之一味，不可掺杂别的滋味一样。

4. 以茶论道

品茶以论道，乃是中国文人士大夫的一种生活方式和生活情趣。金人马钰从全真教的教义出发，以茶论道家道教。其《长思仙·茶》词云：

> 一枪茶，二旗茶，休献机心名利家，无眠为作差。
>
> 无为茶，自然茶，天赐休心与道家，无眠功行加。

此词咏茶，内涵极为深刻。上篇写茶休献机心名利家，以其饮茶后无眠更便于钻营也；下篇倡言道家"自然无为"之旨，首次提出"无为茶""自然茶"之义。

5. 以茶喻社会人生

自古以来，人们多爱把茶拟人化，以茶比喻社会人生。茶，以清苦为美。"清"者，明也，净也，洁也，纯也，和也；清和明净、纯洁秀美之谓也。"苦"者，味也，良也，甘也，美也；甘美良味之谓"苦"。茶以苦为美，"啜苦咽甘"，先苦而后甘甜，既是古今茶人品茶的一种共识，又是社会人生的真实写照。

宋代多制作团饼茶，煮茶之前需要将茶饼碾成茶末。一个

25

形如团月的茶饼被碾碎，在宋人诗笔之下，这粉身碎骨的茶团已经预示着一种人格，一种尊严，一种民族精神。张扩有《碾茶》诗云：

何意苍龙解碎身，岂知幻相等微尘。

莫言椎钝如幽冀，碎璧相如竟负秦。

蔺相如"完璧归赵"的故事（《史记·廉颇蔺相如列传》），早已家喻户晓，深入人心。此诗写碾茶，以比喻出之。"苍龙"，指印有苍龙的茶团饼。前两句描写茶饼被碾碎成茶末；后两句以战国时代蔺相如"完璧归赵"的故事反驳"椎钝如幽冀"之言。全诗旨在以茶饼粉身碎骨为喻，歌颂历史上以蔺相如为代表伸张正义、不畏强权、敢于抗争的自我牺牲精神。

中华茶美学

第六节　茶的美学形态范畴：
　　　　阴柔之美与阳刚之美

美学形态，是美的物化和美学意蕴的外化，也是审美情趣的形式化。世间的人与事物的千姿百态变化万千，决定了美学形态的多样性。

在世界艺术殿堂，各种艺术之所以显示出不同的美学形态特征，起决定作用的不是其艺术门类的结构形式，而是审美情感的存在方式的差异性。这种审美情感的存在方式，是各种艺术家审美情感物化了的审美经验图式，是内向的情感体验方式与外向的情感表现形式的统一体。

由于每个艺术家的审美情感物化过程中的思维方式不同，各种艺术门类显示出了各自不同的形态特征。诸如音乐家的审美情感以听觉形态存在，画家以视觉形态存在，诗人以语言形态存在。

茶与酒，代表着中国古典美学的两大美学范畴：茶为阴性，以阴柔之美著称，酒为阳性，以阳刚之美传世。

所谓"阳刚之美"，即西方诗学中所说的"壮美"，包括雄浑、豪放、壮丽、刚烈、博大等艺术风格，语言上表现为"雄伟"，情感上表现为激越、奔放，如掣电流虹，喷薄而出。其审美特

27

征如清人姚鼐《复鲁絜非书》所形容的那样："其文如霆，如电，如长风之出谷，如崇山峻崖，如决大川，如奔骐骥；其光也，如杲日，如火，如金镠铁；其于人也，如冯高视远，如君而朝万众，如鼓万勇士而战之。"

所谓"阴柔之美"，正是西方诗学之所谓"优美"，包括修洁、淡雅、柔和、细腻、文静、飘逸、清新、秀丽等艺术风格，语言上表现为徐婉淳朴、柔美多姿，情感上表现蕴藉含蓄，绵密婉丽，如烟云舒卷，温文而出。其审美特征如姚鼐《复鲁絜非书》所说的那样："其文如升初日，如清风，如云，如霞，如烟，如幽林曲涧，如沦，如漾，如珠玉之辉，如鸿鹄之鸣而入寥廓；其于人也，暧乎其如叹，邈乎其如有思，暖乎其如喜，愀乎其如悲。"

茶与酒，正是中国古典美学的"阴柔之美"与"阳刚之美"两大审美范畴的集中体现者。这是中国古典美学史上的奇观，也是西方美学难以媲美的美学现象。

中国哲学，强调阴阳学说，所谓"一阴一阳谓之道"。酒主阳，茶主阴；酒尚刚，茶尚柔。所以，在中国饮食文化的审美范畴中，酒与茶是一对双胞胎，一阳刚，一阴柔。其文化内涵，正好代表着中国古典美学两种不同的美学形态：代表着中国哲学中的"阴阳"之道和中国美学中的"阴柔之美"与"阳刚之美"。这种文化哲学内涵，乃是我们从事茶美学研究的基本依据。

"从来佳茗似佳人"。茶是佳人，是绝代佳人，这是大文豪苏轼《次韵曹辅寄壑源试焙新芽》诗对茶的一个绝妙比喻。比较而言，唐人奔放豪爽，多好饮酒；宋人儒雅理性，多喜品茶。唐诗蕴涵着中国酒文化的热烈刚毅之气，宋词包容着中国茶文

化的灵动流丽之美。

酒如唐诗，似唐才子；酒之饮者，如大丈夫，其美学形态和审美风格，如雪雨雷电，风飞河奔，崇山峻岭，松涛海啸，日出东方，万马奔腾，逐鹿中原，雄伟，豪迈，奔放，激越，热情，直露，刚烈，壮美，博大，充满着一种阳刚之气。

茶如宋词，茶似佳人；茶之饮者，如骚雅之士，其美学形态和审美风格，如清风晴岚，晨雾云霞，惠风流水，杨柳堆烟，蓝天白云，幽林曲涧，烛影摇红，月印千江，优美，飘逸，淡雅，柔和，文静，含蓄，细腻，清新，自然，秀丽，蕴涵着一种阴柔之美。

诚如大诗人苏轼《次韵曹辅寄壑源试焙新芽》诗云：

> 仙山灵草湿行云，洗遍香肌粉末匀。
> 明月来投玉川子，清风吹破武陵春。
> 要知冰雪心肠好，不是膏油首面新。
> 戏作小诗君勿笑，从来佳茗似佳人。

这是一首美丽的茶诗，一首以茶为佳人的诗篇。在诗人笔下，壑源新茶如绝代佳人，用不着涂脂抹粉，膏油首面，她如仙山灵草，香肌粉匀，明月玉川，冰雪清风，令人倾倒。结句点题"从来佳茗似佳人"，比喻贴切，形象生动。

台湾出产一种乌龙茶，名叫"白毫乌龙"，以新竹、峨眉、北埔受小绿叶蝉为害的茶树一芽一叶精制而成。外形芽毫肥壮，白毫显露，色泽鲜艳而带红黄白绿褐五色；内质香气浓郁，具熟果香与蜂蜜香；汤色呈琥珀色，杯边现晕；滋味圆滑醇和，回甘深长；叶底淡褐有红边，叶基部呈淡绿色，叶片完美，芽叶成朵。英国查理二世皇后品饮此茶，赞不绝

口，誉之为"东方美人"。

宋人袁文《瓮牖闲评》卷六指出："自唐至宋，以茶为宝。有一片值数十千者；金可得，茶不可得也。其贵如此，而前古止谓之苦荼，以此知当时全未知饮啜之事。"宋人饮茶之习和雅趣远远超过了唐人，从宫廷到市井，饮茶乃整个宋代一种普遍的社会风尚。以茶会友，以茶饯别，以茶庆功，以茶祝寿，以茶赋诗，以茶填词，以茶明志，以茶参禅，以茶论道，以茶修身，以茶易马，以茶敌国，几乎是宋代朝野共同关注的经济之策，也是宋代文人士大夫共同的生活方式和审美情趣。

前人都认为：茶属阴性，茶固有的特性是阴柔之美，因美其名曰"灵芽""灵草""灵叶""瑞草英"，苏轼更以"从来佳茗似佳人"的比喻将茶的阴柔之美体现得淋漓尽致。但是，如果忽略或否定茶亦然富有阳刚之美，那就有失偏颇了。从茶美学的高度来审视，茶具有中国古典美学的两大审美范畴，不仅具有阴柔之美，也富有阳刚之美。

茶的阳刚之美，主要体现在六个方面：

1. 旗枪

旗枪者，亦名"枪旗"，是茶叶的别名，指茶叶之一芽一叶，如枪如旗。"旗枪"，是茶的一种蓬勃旺盛的生命力的表现。旗枪之喻，出于对茶叶的一芽一叶的形象化，属于形态美学范畴。故苏轼《叶嘉传》称茶叶如"一枪一旗""当为天下英武之精"者，赋予茶叶以勇猛武士形象，显然是对茶叶具有阳刚之美的肯定。

2. 茶商军

茗有旗枪，一芽一叶，如旌旗，如标枪，能驱睡魔，能祛疾病，能敌西人，能壮阳刚，气势可卷云，威力如茶商军。茶商军，中国茶农茶商自发组建的一支武装贩茶的军队，是世界茶叶史上的一大创举。

茶商军之名，最早出自宋代。《宋史·郑清之传》中记载：湖北茶商，群聚暴横，清之白总领何炳曰："此辈精悍，宜籍为兵，缓急可用。"（何）炳亟下招募之令，趋者云集，号曰茶商军，后多赖其用。真正意义上的茶商军，出现在南宋的湖广地区，其领袖是茶商赖文政，字赖五。湖广荆南（今湖南常德）人。茶贩出身。南宋末年，朝廷加重对赣、湘、鄂等地茶商茶农的茶叶赋税，引发茶商与朝廷的对抗。茶商出身的赖文政和黎虎将，于乾道九年(1173)前参加湖南茶商军起义，声势浩大，有三四千人马。被朝廷污为"茶寇"，因此派出军队，在安化资水边的龙塘设寨，控制私茶水陆运输要道，打击茶寇武装。在龙塘寨，至今还有茶叶战争的遗迹。淳熙二年(1175)四月，在湖北荆州被推为茶商军首领，率众攻打潭州(今湖南长沙)，转战湖南、江西，以永新县禾山为据点，屡败官兵。赖文政部茶商军进入广东受挫。辛弃疾担任江西提点刑狱，六月辛弃疾奉命率军残酷镇压茶商军。八月复返江西兴国，被王宣子帅官军招降，被杀于江州(今九江)。南宋大词人辛弃疾特写有《满江红·贺王宣子平湖南寇》一词云：

> 笳鼓归来，举鞭问：何如诸葛？人道是、匆匆五月，渡泸深入。白羽风生貔虎噪，青溪路断猩鼯泣。早红尘、一骑落平冈，捷书急。
>
> 三万卷，龙韬客。浑未得，文章力。把诗书马上，笑驱锋镝。金印明年如斗大，貂蝉却自兜鍪①出。待刻公，勋业到云霄，浯溪石。

词中的"浯溪"，在道州的祁阳境内。中唐时代，元结担任道州刺史之际，在浯溪刻有《大唐中兴碑》。从此词来看，湖南的茶商军，是王宣子平定的，辛弃疾高度评价其平定湖南茶商军的社

---

①兜鍪(móu)：古代武将的头盔。

会意义，故有"浯溪石"之誉。

3. 大乔木茶树

中国是野生茶树的原产地，云贵高原野生茶树的大乔木，粗壮高大，形同参天雨伞，如云如盖，大气磅礴，是世界茶山翠叠中的茶树之王，显示出中国茶树的阳刚之气。

4. 安化茶商军

元末明初，安化黑茶被朝廷列为官茶，鉴于安化茶乡匪盗猖獗，安化知县报请湖广行省茶马司批准，正式成立安化茶商军。安化茶商军，始建于元末明初，是经官府批准组建的一支特殊的地方武装，以维护社会治安、保护安化黑茶和各地官茶商贩安全为己任，由习武尚勇的青壮年组成，接受安化知县领导，一千丁编制，纳入县财政补贴。安化茶商军，亦茶亦商，亦农亦军，与北宋时期赖文政为首与朝廷对抗的茶商军，有着本质性的区别，乃是中华茶文化史之唯一，世界茶业之创举。其纪律严明，军威显赫，如秦汉之金吾卫，世界茶王的守护神。2018年笔者曾出版的黑茶小说《世界茶王》，就是安化茶商军的历史传奇故事。

5. 茶叶战争

烽火连天，硝烟弥漫，战鼓轰鸣，杀声动地，血流成河，尸首遍野，胜者欢呼，败者哭嚎，残垣断壁，生灵涂炭，哀鸿千里，怨声载道……这就是残酷的战争！

饮食，是人类生存与发展的根本性问题，是人类漫无休止的一切争端得以发生的总根源。日本史学家曾经指出："一部中国历史，就是汉民族与周边少数民族争夺生存与发展空间的历史。"从秦汉时期的匈奴到清王朝的入主中原，汉族政权与北方少数民族政权的争夺与战争，绵延了一千多年，都是围绕着饮食、资源、土地与主宰中国

政治权利而展开的。在人类历史的悠悠长河之中，从原始人类的争夺到现代世界战争，战争作为一种普遍的社会历史现象，其发生的根源乃是饮食。"民以食为天"，人一旦离开饮食，生命之树就会枯竭。所以，古往今来，人类历史上的许多争议与诉讼、掠夺与战争，大多因饮食之需而发生，因争夺生存与发展权而产生。茶是日常生活必需品，所以茶叶战争也是这样。

战争是力量的拼搏，实力的较量，是人类阳刚之气的宣泄。茶叶战争，不绝于人类的历史长河。1773 年北美殖民地因"波士顿茶党案"而引发了北美独立战争；1840 年因中国与英国茶叶贸易逆差而引发了两次鸦片战争。此时此刻的茶叶，是灵芽，更是旗枪，是饮料，更是利剑。这两大战争，皆因茶叶贸易而引起，属于典型的茶叶战争，为茶美学范畴注入了一股股血腥气味以及浴血拼杀的阳刚之气。

6. 黑茶皇后：普洱茶饼

云南普洱茶饼，如七子饼之类，以其茶叶来源、采制工艺、包装设计和收藏功效，天圆地方，象征七子团圆，不啻是世界茶叶中的黑茶皇后。

7. 世界茶王：安化千两茶

千两茶，是茶美学中具有阳刚之美的标志性产品。湖南安化千两茶的造型与外包装，具有一种粗犷阳刚之美。其形如张家界的镇海神针，貌如顶天立地的擎天柱，威力如孙悟空巨大无比的金箍棒，具有一种阳刚之气，既有浓郁的地方特色，又有粗犷博大之美。其包装用的花格篾篓，取材于中国楠竹之乡的益阳地区的楠竹，一根楠竹编织一个篾篓，内壁又有一层棕片、一层蓼叶，而后紧压成千两茶。故千两茶的包装，是中国茶叶包装中最具特色的工艺，其外包装的古朴原始之美，是力的展现，是质的飞越，是茶叶与大自然的融合为一，

显示出男性的粗犷与大气，豪放与博力，成熟与完美，是中华民族的文化性格、完美人格与奋发精神的象征。

安化千两茶，属于紧压黑茶，经过千锤百炼和七七四十九个日晒夜露才能出厂的千两茶，是真正的世界茶王。安化千两茶的出现，彻底改变了酒独占阳刚之美的历史，使本来属于阴性的茶类，因为安化千两茶的历史存在，也获得了一种难得的阳刚之美，改变了茶酒代表中国古典美学两大审美范畴的美学结构。

第二章

茶祖：茶与神话美学

　　神话美学，是美学的滥觞。

　　神话美学，是从共同审美角度来研究神话传说，属于文化原型美学、文化人类学的美学范畴。每一个优秀的民族，都有自身发展的神话美学；神话美学，是民族文化的根基。

　　神话美学的基本审美特征，一是虚幻飘逸，富有朦胧之美；二是文化基因，如同喜马拉雅山的皑皑白雪，具有文化原型之美；三是口耳相传，绵绵不绝，历史悠久，具有一个民族文化的集体无意识。否定神话传说，就意味着否定悠久的民族文化源头，使之成为无源之水、无本之木。

　　茶美学研究，首先必须认祖归宗，搞清楚谁是茶祖。

第一节　中国神话

中华民族，是一个伟大的民族，其繁衍发展也有一部令世人仰慕的神话。

每一个伟大的民族，都有自身的创世神话体系。许多人否定神农氏为中华茶祖，以为神农氏出自神话传说，虚无缥缈，不足为信。其实这是对神话的误解与误读。从司马迁《史记》以降，连《中国通史》都把神话传说中的"三皇五帝"写入正史，都认定炎帝神农氏为中华民族的第一个人文初祖，世界华人都认定自己是炎黄子孙，我们后世子民何以要否定中国神话？何以要数典忘祖？

神话，是美学的文化基因，是美学的长河之源。研究茶美学，研究人类的审美愉悦，都必须从神话入手。

中国神话，形成于中国延绵久远的原始时代，是原始中国人的生存、生活、幻想与憧憬的生动记录，是中国原始文化的一种集体无意识，是中国文学艺术乃至中华民族传统文化的生命之源。

神话美学，是美学的一个重要的分支，甚至可以说是美学的渊源所自。没有神话美学，就没有古典美学。离开了神话美学，古典美学就成了无源之水，无本之木。

比较以古希腊神话为代表的西方神话，中国神话具有鲜明的民族文化与美学特点：

第一，中国原始神话美学以女性为审美主体，如女娲造人、女娲补天、精卫填海、羲和生日、嫦娥奔月等，都以女神崇拜为中心，都是美丽动人的传说，充分反映了中国原始母系氏族社会的文化心理、价值取向和审美特征。

第二，中国原始神话美学中的英雄崇拜，与西方神话美学有某些共通之处，如夸父逐日、后羿射日、鲧禹治水、共工怒触不周山、炎黄大战中原等，以男性英雄神和神性英雄为中心，反映了中国社会形态进入阶级社会和由女性主宰向男权主义过渡的转变。

第三，中国神话美学，是中国农业文化的产物，非常关注自然生态美学，关注田园美学、园林美学，关注自然，关注农业，关注人的生存环境和生活环境之美。如女娲补天、神农尝百草、羿射十日、鲧禹治水，以及日神、月神、雷神、雨师、风神、谷神、河伯神、土地神、五方神等神话传说。这种神灵崇拜，都着力于自然与自然力的神化，反映中国古代社会以农为本的农业文化特色，与西方神话注重于疆土开拓和民族纷争的战争之神和爱情之神有所不同。

第四，中国神话美学，与神学、人学与史学紧密结合在一起，将神话原型与历史传说熔为一炉，强调神与人合一，属于广义的神话美学体系。所谓"神话"，是神的人化。人物变形的神话多，即使是神的形象也大多被塑造成半人半兽形态，如《山海经》中农神神农氏是"牛角人身"，雷神为"龙头人身"，水神共工为"人面、蛇身、朱发"，而某些自然神竟在神话中

被历史传说中的人物所替代，如洛神、宓妃为伏羲之女，湘君、湘夫人为唐尧之女，取代了洛水女神与湘水女神。西方神话是狭义的神话学范畴，多注重神话原型，所谓"神话"，乃是神化的故事。比较而言，中国神话似乎更贴近文化人类学本体与科学体系。

正确认识中国神话传说，对于中国茶叶及其茶文化的繁荣发展而言，至少有以下几点益处：

第一，正确认识中国神话，则不会因为神农氏"尝百草"而以茶解毒属于神话传说，而否定炎帝神农氏为"茶祖"之说，因为神话传说是中华民族文化之源，也是中国茶文化的长河之源。

第二，神话传说属于文化人类学的文化基因，中国神话属于中华文化的长河之源，正确对待中国神话传说，既可以了解中华文明的起源与发展演变轨迹，又为中国茶文化的深入研究找到了更丰富、更深邃的文化论据。

第三，正确认识中国神话，有助于在中国乃至世界茶学与茶文化界拨乱反正，正本清源，正确对待茶祖神农氏。何为"茶祖"的争议，实质上源于中国茶学与茶文化界思想观念的混乱与地方保护主义的劣根性。如果我们不着眼于中华茶业的全局而追求局部性的地方利益，就必然将地方志里面的"茶树之祖"吴理真抬出来作为中国乃至世界"茶祖"，以地方志取代中华正史，以吴理真取代中华民族人文始祖的炎帝神农氏，其结果必然损害中国茶叶与中国茶文化的大局与长远利益，损害全世界炎黄子孙的根本利益。正确认识中国神话传说，才能将众人的思想统一到"茶祖神农"的旗帜之下，以科学史观与发展观指导中国茶叶的发展，实现中国茶业与中华茶文明的盛世辉煌。

第二节　茶与神话美学

神话美学，是美学的滥觞。

神话美学以神奇、神秘为美，以人类的文化基因为根，以朦胧之美为花，以远古文明为原型，如同昆仑山的皑皑白雪，是中华古典美学的长河之源。

中国茶叶，本身就是一部美丽的神话，是神话美学的重要组成部分，渊源于神话传说，与远古神话传说结下不解之缘。

在中国，火是神话，有"火神"燧人氏；农业是神话，有"农神"神农氏；黍稻是神话，有"稷神"（谷神）；炊饭是神话，有"灶神"；酒是神话，天上有"酒星"，人间有"酒仙"；茶叶是神话，是灵芽，是叶嘉，是茶仙，神农氏尝百草而以茶解毒……中国这种饮食文化现象，我们称之为"饮食神话学"。

饮食神话学，是研究人类饮食生活与神话传说密切关系的一门学问，是神话学的一个分支，属于文化人类学的学术范畴。其基本内涵，主要是研究人类饮食的起源，对饮食文化作神话原型的分析。

茶是神奇的绿色饮料。在中国，几乎每一种名茶都有一个动人的神话故事或民间传说。从神农氏发现茶叶的饮食功能与

医药价值开始，茶叶就属于中国先民的饮食之一。

茶叶仙子从神农时代翩翩走来，茶作为神话美学的一种学科现象，历来是十分丰富的，我们大致梳理了一下，主要包括以下内容：

一、神农氏

神农氏是农耕文化之祖，是茶祖，是中国乃至世界的茶祖。

陆羽《茶经》指出："茶之为饮，发乎神农氏，闻于鲁周公。"神农氏在潇湘大地，遍尝百草，以茶解毒，乃是中国饮茶之始。功高千秋，惠泽后人。

神农氏，即炎帝。高诱《淮南子·时则训》注云："赤帝，炎帝，少典之子，号为神农，南方火德之帝也。""神农"是神之农，就是"农神"，是农业之神，是中国绿色文明之神，因而是中国饮食文化的始祖。

清人马骕《绎书》卷四引《周书》曰："神农之时，天雨粟。神农遂耕而种之；作陶冶斧斤，为耒耜锄耨，以垦草莽。然后五谷兴助，百果藏实。"

晋王嘉《拾遗记》卷一云："炎帝时，有丹雀衔九穗禾，其坠地者，帝乃拾之，以植于田，食者老而不死。"大诗人曹植《神农赞》诗云：

> 少典之胤，火德承木。
>
> 造为耒耜，导民播谷。
>
> 正为雅琴，以畅风俗。

神农氏"造为耒耜，导民播谷"，是农耕文化之神，也是中国人的饮食之神。

二、火食

火食，就是熟食，以火炊制食物，改变了人类的生活方式，使人类得以生存，顺利进入饮食文明时代。茶的发现与煮泡饮用，使人类得以文明。

原始人类的饮食生活，属于野性的，非文明的，"未有火化，食草木之实、鸟兽之肉，饮其血，茹其毛"（《礼记·礼运》）。远古人类，以生食为尚；火被用于饮食，改吃生食为熟食，乃是人类饮食生活的一大革命，是人类进入文明时代的主要标志之一。

火的运用，是人类文化学的重要特征。

火食也是神话。在西方，希腊神话中的普罗米修斯是人类的火神，曾从天上盗取火种带到人间，为人类生活造福。在东方，中国神话中的祝融，是人们心目中的火神。颛顼氏，是古代传说中的部族首领，号高阳氏。命其子黎为火正之官，掌管民事。祝融，以火施化，号赤帝。葬于衡山之阳，故湖南衡山有祝融峰。

与西方神话不同，中国神话所追求的是自己的创造，而非从天上盗取火种。故有燧人氏钻木取火，教人熟食，使中国先民的饮食生活由野蛮的"茹毛饮血"进入饮食文明。燧人氏，是东方人类火食之祖。

这是神话传说，属于饮食神话学的文化范畴。《礼记·礼运》记载："夫礼之初，始诸饮食，其燔黍捭豚，污尊而抔饮。"当时的先民将猪肉与黄米煮熟吃，掘地为坑以贮水，用双手捧水而饮。考古证明，中国先民于新石器时代就已经应用炊煮火食。周代的饮食业已经相当繁荣，《周礼·天官冢宰》记载负责天子饮食者，有酒人、浆人、凌人、醢人、醯人、盐人、膳夫、

庖人、内饔、外饔、食医等，各行其责，分工精细，合作有序。

三、仙茶

茶叶仙子，是茶叶的神话。

据《古小说钩沉》所辑《王浮神异记》："丹丘出大茗，服之生羽翼。"大茗，即仙茶。又称云："余姚人虞洪，入山采茗，遇一道士，牵三青牛，引（虞）洪至瀑布山，曰：'吾丹丘子也。闻子善具饮，常思见惠。山中有大茗，可以相给，祈子他日有瓯蚁之余，不相遗也。'因立奠祀。后令家人入山，获大茗焉。"

四、舜帝与九嶷山制茶

舜帝南巡，过洞庭湖，涉湘江水，来到九嶷山。

舜皇山与九嶷山，素产茶，但当地山民不知制茶技术，舜帝就教民众制茶。据《湖南茶叶大观》记载：九嶷山有个镰刀湾，盛产茶叶。一天，荷花姑娘正在晒茶叶，舜帝路过此地，向姑娘讨了一碗茶喝。姑娘问他好不好喝，舜帝说："茶叶是好，就是没有制作好，所以茶不香，味不甜，还有点苦涩。"姑娘说："您老人家会制茶？"舜帝点点头说："来，我教你制茶吧！"于是，舜帝在镰刀湾稍住时日，教全村人茶树管理与制茶技术。镰刀湾的茶叶质量提高了。舜帝将要离开，荷花姑娘送给舜帝一双草鞋，全村人目送这位老者离去，他们哪里知道，这就是众人景仰的舜帝！

如今，舜皇山盛产的野生茶，被蔡镇楚教授命名为"帝子灵芽"，是湖南红茶的著名品牌，也是历史神话故事与现实的紧密结合。

五、君山茶

君山茶，源于一个美丽的传说。相传君山茶的第一颗种子，是远古时代舜帝的二妃娥皇、女英亲自播种的。

君山银针，是中国唯一一种茶叶能在茶水中竖立而舞的黄茶，早在唐代就被列为贡品。据《名茶掌故》与《湖南茶叶大观》介绍，君山茶还有不少美丽的故事传说，其中之一说：后唐第二个皇帝李嗣源首次上朝，侍臣用君山茶为之泡茶。开水倒进茶杯时，一团白雾袅袅升起，化作一只白鹤。这只白鹤向皇帝点头三次后飞向蓝天。茶杯中的茶叶，渐渐融入茶水中，然后一片片茶叶如银针一样悬空且直立于茶水中，一上一下，犹如白鹤上下起舞，美不胜收。此景此情，令后唐君臣十分惊讶。皇帝询问其故，侍臣说："这是用君山柳毅井水冲泡黄翎毛（即银针）之故。白鹤点头飞上青天，预示皇帝洪福齐天；翎毛竖立而舞，表示臣民对皇帝的景仰。"皇帝一听，心中喜悦，当即指定君山黄翎毛（即君山银针）为湘茶贡品。笔者曾专门考察君山茶，历史文化深厚的君山，除了古迹景观，就是茶园。欣喜之余，特为之填写一阕《梦江南·题君山茶》，词曰：

> 君山乐，秋色洞庭波。莫道湘山斑竹老，醉煞佳丽一青螺，湖柳亦婆娑。
>
> 楚天梦，湘妃祠前过。常对西风思故友，杯中白鹤舞香莎，霜月为伊多。

这一阕词，没有一个茶字，字里行间却包含着无限的茶韵。笔者将君山茶比喻为茶叶仙女和故友，朝思暮想，相思无限，祝福无限。

六、茶树与神话

茶树由野生发展至人工栽种，也与神话传说相关。

茶树，最初是野生，是"南方之嘉木"。神农氏以茶解毒，此茶乃是湖湘野生茶。

据四川《名山县志》与《雅州府志》记载，西汉宣帝甘露年间，邑人吴理真在蒙山之巅上清峰种茶树七株，"高不盈尺，不生不灭"，能治百病。被老百姓奉为"仙茶"，其七株茶树被尊为"茶树之祖"，而吴理真则被宋孝宗追封为"甘露禅师"。

然而，当代宁波茶文化专家竺济法在《农业考古》2016年第2期发表《以讹传讹非学术，科学严谨学之本——简评几项茶史学术错误及其影响》一文，严肃指出西汉吴理真乃是后人虚构杜撰出来的茶树之祖，不可以讹传讹。

七、琴高与琴鱼茶

琴高，是古代神话人物。据《列仙传》卷上记载，他是赵国人，以鼓琴为宋廉王的舍人。曾在安徽泾县境内一山上炼丹，药渣倒入琴溪，而化为琴鱼。宋代大文豪欧阳修有一首和梅尧臣叔父梅询（字公仪）的茶诗《和梅公仪琴鱼》，云：

> 琴鱼一去不复见，神仙虽有亦何为。
> 溪鳞佳味自可爱，何必虚名务好奇。

这首唱和诗，主要是从饮食方面写琴高的琴鱼之美。安徽泾县一带，却早已流行着琴鱼佐茶的饮茶习俗。琴鱼，长不盈寸，虎头凤尾，无鳞片，晒干后其形状酷似炒青绿茶。饮茶时嚼琴鱼，清香而味美，回味无穷。故在泾县民间，饮茶时必以琴鱼佐茶。

中华茶美学

八、茶与图腾崇拜

图腾崇拜，是远古人类的一种文化心态。

茶叶，乃是德昂族的图腾崇拜。德昂族种茶、制茶且嗜茶，相传茶叶仙子便是德昂人的始祖母。

传说远古的天界，生长着一棵茶树，枝繁叶茂。茶树之神想到人世间繁育发展，智慧之神达然为考验它，便让狂风吹落茶树的102片茶叶，其中单数变成精明能干的小伙子，而让双数变成美丽动人的德昂族姑娘。当他们准备下凡时，却遭到了恶魔的百般阻挠破坏。经过坚苦卓绝的斗争，他们终于如愿以偿地到达了人世间。茶树生长，造福于人间。茶叶仙子们兴高采烈地庆祝丰收时，一阵狂风大作，其中50个姑娘与50个小伙子被收归于天界，留下一个最聪明的小弟弟与一个最美貌的小妹妹，让他们两个在人世间结为夫妻。男的叫达檳榔，女的叫亚楞。他俩就是茶叶仙子化成的德昂族始祖。他们生儿育女，使茶树遍种于人世间。

中国人对茶的崇拜，对茶树的神化，对种茶人的神化，虽然只是一些历史悠远的神话传说而已，而唐人陆羽因一部《茶经》竟被后人尊为"茶圣""茶神""茶仙"者，却是毋庸置疑的历史事实。

九、"大红袍"

"大红袍"，系武夷山岩茶之王，也是乌龙茶中的"茶中之王""茶中之圣"，产于武夷山天心岩九龙窠的悬崖峭壁上，至今已有三百多年的采制历史。其名称由来传说有三：一曰春天茶树萌发茶芽时呈紫红色，如同一团火焰，故名之"大

红袍"；二曰崇安县令重病，饮此茶而奇迹般痊愈，为感其恩德，即以红袍覆盖茶树，历久而祀之，故名之"大红袍"；三曰大红袍茶为元代皇帝所青睐，"大红袍"为皇帝所赐，以表彰茶叶泽被天下苍生之功。

十、蒙顶茶

蒙顶茶，因产于雅州蒙山之顶而得名。五代毛文锡《茶谱》则记载了这样一个故事传说："蜀之雅州有蒙山，山有五顶，顶有茶园。其中顶曰上清峰。昔有僧人病冷且久，尝遇一老父，谓曰：'蒙之中顶茶，当以春分之先后，多构人力，俟雷之发声，并手采摘，三日而止。若获一两，以本处水煎服，即能祛宿疾；二两，当眼前无疾；三两，因以换骨；四两，即为地仙矣。'其僧因之中顶，筑室以候。及期获一两余，服未竟而病差。年至八十余，气力不衰。"故称蒙顶茶为"仙茶"。

十一、贡茶与龙凤神话

宋代贡茶，多以"龙凤"命名。以龙凤为贡茶之名者，是一种以"龙凤"为标志的原始图腾在中国茶文化领域中的象征性反映，也是以龙文化为代表的阳刚之美与以凤文化为代表的阴柔之美的和谐统一。

宋代贡茶有"龙凤团茶""龙凤英华""龙园胜雪""龙苑报春"等。其中"龙凤团茶"者，又有大小龙凤之别，因团饼表面饰以龙凤花纹而得名，为蔡襄所造，是贡茶中的极品，宋代人雅称之为"凤髓龙骧"，明代人称誉其为"龙团凤爪"。而"龙凤英华"者，制造于宣和二年（1120），竹模、竹圈，

中华茶美学

方一寸二分。"龙园胜雪"者，也制造于宣和二年，银模、竹圈，方一寸二分，以龙纹饰面。"龙苑报春"者，制造于宣和四年（1122），银模、铜圈，圆形，直径一寸七分，以龙纹饰面。这些雕龙饰凤的贡茶极品，正是一种生命之喻，其中蕴涵着人们祈求吉祥如意的生命意识和文化心态。

龙凤，是中华民族富有代表性的原始图腾。以"龙"为男性，以"凤"为女性，龙凤呈祥，阴阳调和，正是中华民族所追求的人生福寿祥和之美。"中国龙"是中国神话的一种民族文化性格与民族风格。原始神话中的神话原型，多为人面龙蛇之身。如王逸《楚辞·天问》中的"女娲人头蛇身"；王延寿《灵光殿赋》"伏羲鳞身，女娲蛇躯"；《伪列子·黄帝篇》庖牺氏"蛇身人面"；《帝王世纪》庖牺氏"蛇身人首"；《淮南子》"共工，天神，人面蛇身"；《大荒西经》注"共工，人面蛇身，朱发"；《海外西经》黄帝"人面蛇身，尾交首上"；《大荒北经》祝融"人面蛇身而赤，身长千里"；《海内东经》雷神"龙身而人头"；《中山经》首山至丙山诸神皆"龙身人面"。

龙图腾，成为中华民族的标志，整个华夏民族和周边夷狄民族也成为龙的传人。从这个意义来说，中华文化乃是龙的文化，代表着中华民族奋发进取的人文精神。闻一多说："夏为龙族""夏文化是我们真正的本位文化，所以数千年来我们自称为'华夏'，历代帝王都说是龙的化身，而以龙为其符应，他们的旗章、宫室、器用，一切都刻画着龙纹。总之，龙是我们立国的象征"（《伏羲考》）。

凤凰，乃是美丽、善良与吉祥幸福的象征。湖南有凤凰县，这是中国唯一以凤凰命名的县份。五四运动时期，大诗人郭

沫若有长诗《凤凰涅槃》，歌颂凤凰浴火的思想境界与牺牲精神。

十二、擂茶与伏波将军

擂茶，是湖南湘西地区流行的茶饮食习俗。

擂茶，有健脾、祛风、防治风寒等功效。

擂茶是历史，也是历史传说。

相传始于汉朝马援将军出征交趾之际，制作擂茶而食，以防止江南山乡之暑气与瘴气。清嘉庆《常德府志》记载："乡俗以茗叶、芝麻、姜合阴阳水饮之，名'擂茶'。《桃源县志》名'五味汤'，云'伏波将军所制，用御瘴疠'。"马援，字文渊，东汉扶风茂陵（今属陕西兴平）人。东汉建武十一年（35）任伏波将军，后出征湖南湘西"五溪蛮"，病死于军中。

擂茶的另一种传说，是南北宋之交时由岳飞创制的。岳飞的岳家军屯集湖湘，将士们水土不服，纷纷患病。为防止暑气与瘴气，岳家军始以茶叶、生姜、食盐、黄豆、芝麻等食物和煮，熬成茶汤，让将士们共饮。因其须以擂钵将生姜、黄豆、芝麻与茶叶煮熟后捣碎而成酱汁，故称之为擂茶，又名姜盐芝麻豆子茶。这种茶，实际属于茶羹、茶食，至今湖南桃江、桃源、岳阳、常德、汨罗、湘阴、张家界等地，亦然盛行此种茶俗。

十三、碧螺春

江苏太湖洞庭山出产的名茶"碧螺春"，就有一个动人的传说。据清人陈康祺《郎潜纪闻》卷五记载：洞庭东山碧螺峰石壁，岁产野茶数株，当地人称曰"吓煞人香"。康熙乙卯（1675），车驾幸太湖，抚臣宋荦收购此茶以进贡康熙。皇上品尝后，觉

中华茶美学

得茶味甘甜可口，因其名不雅致，于是题名为"碧螺春"。

关于"碧螺春"，民间还流传着一个优美的神话传说：当年太湖西洞庭山有孤女名碧螺，为东洞庭山青年渔民阿祥所爱，但碧螺并不知自己被阿祥所爱。碧螺善歌，阿祥常愿闻其歌，忽出一恶龙，为害百姓，扬言要选一美女为夫人。百姓不从，恶龙将碧螺劫去。阿祥为救碧螺，潜入西洞庭，与恶龙交战七天七夜，两败俱伤，奄卧湖滨。众人斩杀恶龙，救回勇士。碧螺亲自护理阿祥，阿祥因伤势过重，生命垂危。一天，碧螺觅药草于湖滨，看见阿祥与恶龙交战流血处，长出一小茶树，枝叶特别茂盛。于是将它移植于山巅，以纪念阿祥与恶龙的生死一战。春分，清明刚过，茶树长出新芽。阿祥伤势未愈，茶饭不进。碧螺口含茶叶，泡成香茶一碗，让阿祥饮之，顿觉精神倍增。碧螺即将茶树上的新芽全部以口含下，揉搓烘干，泡制成香茶，阿祥饮用后，伤势好转，身体复原，而碧螺却因劳累导致元气殆尽，终于憔悴而死。阿祥悲痛欲绝，与乡亲们一道将碧螺安葬在茶树下，且定居于此，守护碧螺与茶树。后人以春时采摘此茶，制成名贵香茶，名为"碧螺春"。

十四、铁观音

铁观音，是福建安溪县出产的一种乌龙茶。

铁观音名茶的由来，包含着古代茶人对观音菩萨的一种虔诚祝福。

据说清朝乾隆年间，安溪茶农魏饮信奉佛教，每天清晨都要以一杯清茶敬奉观音菩萨。一天夜晚，他梦见石缝中长出一株茶树，枝繁叶茂，散发出一股兰花的芳香。次日上山砍柴，

果然遇见那株梦中所见的茶树。茶农就将这株茶树移栽在自家茶园之中，精心培育。制成的茶叶，沉重似铁，色香味俱佳，美如观音重似铁。茶农以为茶树是观音菩萨所赐予，则命名为"铁观音"。

铁观音之名，又有一说是为乾隆皇帝所赐。传说安溪茶农王士谅，制茶手艺精湛，被选作清代闽茶贡品。乾隆皇帝品尝后，则赐名"南岩铁观音"。

十五、碣滩茶与唐睿宗

碣滩茶，是湖南沅陵县出产的一种历史名茶，因出于碣滩而得名。

相传初唐时期，唐高宗第八子李旦被武则天贬谪到辰州，流落在胡家坪胡员外家，与员外之女胡凤姣产生爱恋之情，私订终身，后中宗退位，李旦回朝当皇帝，称睿宗。即位不久，则派船迎接胡凤姣进京。官船由沅陵顺流而下洞庭湖，沿途百姓向胡凤姣进献茶叶等土特产，途径碣滩时，呈献的是著名的碣滩茶。胡凤姣将碣滩茶带至京城，深得皇帝与大臣喜爱。朝廷下令碣滩大种茶树，每年指派官员监制为贡茶。并以碣滩茶为国礼，分赠各国使者。据说在 1973 年，日本首相田中角荣首次访华时，还曾特意向周恩来总理问及碣滩茶。

第三节　茶祖神农故里

神农氏，属于远古时代的一个农业部族，其活动范围之广，几乎涉及半个中国。据刘安《淮南子·主述训》记载，炎帝神农氏部落的活动范围，"南至交趾（今岭南一带），北至幽都（今北京以北），东至旸谷（山东西部），西至三危（今甘肃敦煌）"，炎帝神农氏部落联盟，威震神州。在这个偌大的中国领域之中，各个诸侯部落，"莫不听从"。

炎帝神农氏部落的势力范围如此广博，炎帝神农氏的万古英灵，游荡在广袤的神州大地。那么茶祖故里就难以确定。在中国历史上，炎帝故里历来有陕西宝鸡、山西长治、湖北随州与湖南炎陵之说，而今又冒出湖南会同县是炎帝故里之说。孰是孰非，难以认定。

如果从炎帝神农氏部落活动范围和神农氏八世逾五百余年的文献记载来考察，所谓"故里"，大凡包括出生地、居住地、活动地、归葬地。因此我们认为，在中国历史悠远绵长的远古神话传说之中，炎帝故里就有多处。何光岳《炎帝八代考》认为炎帝一代在陕西宝鸡，炎帝二代柱在湖北随州，三代承在河南温县（承之弟庆甲在湖北神农架），四代魁在河南辉县，五代明在山西长治羊头山，六代直在河南淮阳，七代厘在山东曲阜，八代榆网战败后南走湖南，葬于茶山之尾，是曰茶陵。这些考证，未必完全可靠，但是炎帝故里的说法中最重要的有以下五处：

【陕西宝鸡说】

根据多处文献记载，陕西宝鸡乃是炎帝神农氏一世的出生地。《国语·晋语》云："昔少典娶有蟜氏，生黄帝、炎帝。黄帝以姬水成，炎帝以姜水成，故黄帝为姬，炎帝为姜，二帝用师以相济也，异德之故也。"《晋语》将炎黄视为兄弟，以为都是少典之妻有蟜氏生的，出生地在陕西，黄帝因姬水而为姬姓，以土德王，炎帝因姜水而为姜姓，以火德王。其实不然。据《帝王世纪》记载，将《晋语》兼称而模糊之处表达清楚了：黄帝有熊氏是少典之子，姬姓，其母为附宝；其母是炎帝之母有蟜氏之女。及神农氏末，少典氏又娶附宝为妻，生黄帝于寿丘，长于姬水，因以姬姓。此地有炎帝陵、神农庙，以及神农尝百草处等遗迹。

【山西高平说】

根据 2004 年山西高平市举办的炎帝文化学术研讨会，多数论文认为山西长治高平的羊头山，是炎帝神农氏出生与活动之地，还有专家认为其出生的古姜水，不是陕西宝鸡的岐水姜水，而是高平西北的绛河。这里有羊头山，有《元和郡县志》记载的神农庙、神农井，还有神农城、炎帝陵、炎帝岭、洗药池、五谷庙、炎帝神农殿、唐碑等遗迹。

【湖北随州说】

司马迁《史记·五帝本纪》《索隐》引《括地志》云："厉

山，在随州随县北百里，山东有石穴，昔神农生于厉乡，所谓列山氏也。"列山氏，也为烈山氏，是神农世诸侯，名柱，尚农，善于农耕，而被后世称为稷神。湖北是炎帝神农氏部落主要活动之地，鄂西老君山有神农架，随州有炎帝陵、神农尝药处等皆是炎帝神农氏部落后裔的归宿之地。

【湖南炎陵说】

炎陵，原属茶陵，因炎帝神农氏第八代榆网崩葬于茶山之尾而得名。据《酃县志》记载，西汉时已有陵，时称"炎陵山""天子坟"。西汉末年，绿林、赤眉起义，邑人怕陵墓被毁，故意将其夷为平地。晋人皇甫谧《帝王世纪》指出：炎帝神农氏"在位一百二十年而崩，葬长沙。"唐人司马贞《补史记·三皇本纪》也说炎帝神农氏"崩葬长沙"。宋太祖赵匡胤建立宋朝，奉炎帝有感，派大臣遍访炎帝，在茶陵乡白鹿原寻到炎陵，予以修葺，立庙奉祀。于是罗泌《路史》详细记载炎帝神农氏尝百草，"崩葬长沙茶山之尾，是曰茶陵，所谓天子墓者"，而后王象之《舆地纪胜》记载的更加具体，称"炎帝陵在茶陵县南一百里康乐乡白鹿原"。

【湖南会同说】

会同，是神农氏会见天下诸侯以求同存异、会合同心、天下大同之意。出自《尚书·禹贡》："九州攸同：四隩既宅，九山刊旅，九川涤源，九泽既陂，四海会同。"根据会同之历史文献、地理名胜、风土人情、民间传说，怀化学者提出会同神农故里新说，2010年召开"会同炎帝故里文化研讨会"，结集出版《华夏同始祖，天下共连山》一书。怀化文史学者阳国

胜提出炎帝神农故里会同连山说：认为"神农"是距今 9000 年左右起源于环洞庭湖地区的一个农耕氏族，炎帝神农氏，乃是这个氏族鼎盛时期的一个杰出军事联盟制首领。他认为"炎帝故里"在会同连山，主要有五个方面的证据：

其一，从春秋至西汉的所有史料记载，"炎帝"是出自"南方""南方之极""楚之南"的，直到晋代著名史学家习凿齿还提到"神农炎帝生于黔中"。

据怀化地方志记载，古代会同县正好处在"楚之南""南方之极"和"黔中"之地的中心区域。而陕西宝鸡说、湖北随州说等所持的有效史料依据大多是晋代以后的，其说服力远不及会同说。

其二，炎帝因发明《连山易》又号称"连山氏"，与会同"连山"地名相同。

会同连山还遗存有一批古庙、古庵遗址，其中有八座古庙与炎帝首创的"连山八卦"方位和所代表的物象完全一致。近年来，在贵州水族民间发现失传两千年的《连山易》手抄本，手抄本所载的"连山八卦"又与会同连山八座古庙的方位及所处的地貌特征完全吻合，说明"连山八卦"是根据会同连山的地貌发明的。炎帝能够发明"连山八卦"，说明他对连山了如指掌，也证明炎帝出生于会同连山。

其三，史料载炎帝生于"常羊山"，陕西宝鸡有"常羊山"的说法但无史据。

成书于春秋末年的《山海经》明确记载"常羊山"在"洞庭山首"的南方，并说"常羊山""有金山""大巫山"三座山是并存的。调查发现会同连山正好有座山叫作"常羊山"，

中华茶美学

与会同相距不远的城步县境内有座"大巫山"、隆回县境内有座"有金山",此三山的坐落方位与史料一致。史载炎帝有"火神"和"太阳神"之称,连山境内又正好有"火神坡"和"太阳坪"古地名。会同境内尚有38处古地名具有炎帝文化特征。

其四,晋代以后有传记,"神农"炎帝生于古荆州境内的湖北随州厉山的"神农穴",洞穴"长两百丈、高三十丈",还有九个井,"吸一井而九井动",炎帝出生时九井塌陷为一井,即后来所称的"九龙泉"。

实地调查,湖北"厉山"根本没有九井塌陷形成的"九龙泉",也没有"长两百丈、高三十丈"的"神农穴"。关键是随州"厉山"属海洋沉积性砂砾岩地质,从科学角度讲几乎不可能形成大型溶洞和"九井自穿"的地貌奇观。并且,会同连山属石灰岩地质、地下水丰富,又有"长两百丈、高三十丈"的天然溶洞,也有"九井塌陷"的地貌遗痕(现仍有九个出水眼),还有"九井出九龙"的传说。会同古代也属荆州,湖南历史上也有"历山国"的记载,这说明湖北"厉山"之说,是因其与"连山"读音相近张冠李戴造成的。

其五,沅水流域近二十年的考古为会同"炎帝故里"提供了强有力的支持。

会同连山境内,有距今1~10万年的旧石器遗址6处、新石器至商代遗址4处。怀化境内发现1~30万年的旧石器遗址113处,新石器遗址18处,且大多新石器遗址分布在连山周边直线距离50公里范围内。著名的洪江高庙遗址区域内有距今6000年左右的贵族夫妻合葬墓和四人合葬墓,其中有距今约7800年的"太阳纹""凤鸟纹"和具有易经八卦特征的"八角星纹"

彩陶；在距今 5000 ~ 5500 年之间怀化高坎垅遗址，发现大量农耕工具和栽培水稻遗存；在靖州斗篷坡遗址发现距今 5000 年左右的竹制饭篓，等等。这些，为神农氏族的炎帝部落在中国历史上最早进入父系社会建立军事联盟制度、改进农耕"教民耕种"、发明历法八卦及崇拜火神、太阳神等提供了实物证据。而陕西宝鸡、湖北随州等地却没有类似的考古发现。

阳国胜认为，晋代以后之所以真正的"炎帝故里"被历史尘封，是因为沅水流域是苗、瑶、侗少数民族的世居地，秦汉以后，特别是两晋以后，中原汉人南侵，土著民族奋力抵抗，持续两千余年的战乱，让世人误以为这里自古是"狼烟瘴雨"的不发达地区。中华一统，大多建都中原，歧视少数民族的文人政客，追根寻祖时难免产生偏见，以致"炎帝故里"遍地开花，众说纷纭。

总之，炎帝故里之多，原因很复杂：一是炎帝神农氏部落联盟阵容之大，活动范围之广；二是神农氏作为一个时代、一个部落联盟的象征，历史学家们经过考证，认为炎帝神农氏前后历经八代，执柄达五六百年之久，而在与黄帝轩辕氏部落的争夺之中，必然涉及中国广袤的地域，也会留下许多神话传说和历史遗迹；三是基于炎帝和黄帝作为中华民族人文始祖的历史地位，炎黄子孙，不忘祖先，人人敬仰，处处祭奠，凡是炎黄遗迹一经发现，必然与旅游产业结合，予以张扬，此举有利于提升炎黄始祖的凝聚力和中华民族传统文化的弘扬光大。

第四节　中华茶祖神农氏

茶有茶祖，有茶圣，有茶神，有茶仙……茶祖是巍峨的，茶圣是崇高的，茶神是神圣的，圣洁的，茶仙是美丽的，美好的……

茶与神话传说因此结下了不解之缘。

何谓茶祖？谁为茶祖？这是中国茶文化界争论不休而又亟待解决的重大问题。古往今来，有人以在四川蒙顶山移植茶树的吴理真为茶祖，有人以在南诏教人作姜茶的诸葛亮为茶祖，有人以书写第一部《茶经》的陆羽为茶祖。众说纷纭，莫衷一是。我们认为，茶祖并非别人，而是炎帝神农氏。从中国神话而言，中华民族的伟大始祖炎帝神农氏，是中国第一个发现茶叶与尝茶的先哲，是中华茶叶之祖。从神农氏尝百草而以茶解毒，到茶叶仙子的美丽传说，茶叶的美丽风采里始终浸透着神话的文化基因。

茶圣陆羽在《茶经》中权威性地指出："茶之为饮，发乎神农氏，闻于鲁周公。"《茶经》属于茶学经典，其权威性是后人难以动摇的，而且有此一说，就足以证明早在唐代，神农氏就被先贤认定为中华茶祖了。竺济法先生考证，以神农氏为

茶祖者，是茶圣陆羽《茶经》，而后世人继之。

中国地图赫赫地标志着一个以茶命名的"茶陵县"，古籍记载其为茶山之尾，也就是茶乡之陵。此"陵"字为何意？有人解释为陵谷生茶。其实陵者，帝王之陵寝也。茶乡之陵，乃是炎帝神农氏的陵寝之地。无可争辩，有历史可证，有文献可查，有神话可考，有地名可稽。

巍巍兮，穆穆兮。湖南茶陵县（后又分出为炎陵县），是中国历史上第一个以炎帝与茶命名的行政县域。炎陵——华夏第一陵。中华民族的第一位人文初祖——炎帝神农氏归葬于此，成为中华大地炎帝神农氏陵园的正宗之地，长眠着中华民族伟大的英灵，膜拜着炎帝神农氏"心忧天下，敢为人先"的茶祖文化精神。

被誉为"中华第一茶歌"的《神农茶歌》，在神州大地回响着，这就是笔者 2006 年创作与咏叹的七言歌行体茶歌。歌词云：

> 三月桃花谷雨天，嘉木灵芽满山川。
>
> 神农大帝尝百草，以茶解毒万口传。
>
> 林邑之野作耒耜，播雨耕云教种田。
>
> 农耕之神化春雨，江南江北各争先。
>
> 天降嘉禾成福地，白鹿芳原啼杜鹃。
>
> 茶陵今日多香烛，千古神话飞清泉。
>
> 问苍天：神农兮何缘？香茶丝韵湘妃弦。
>
> 问大地：茶祖兮何焉？月映千江水涓涓。
>
> 叶嘉传人醉春风，皎如玉树洁如仙。
>
> 卢仝生风七碗茶，茶禅一味碧岩泉。
>
> 东坡佳茗似佳人，茶中三昧吐云烟。

君子之交淡如水，文人斗茶诗百篇。

茶马古道走四海，悠悠乾坤结茶缘。

盛世长祭炎帝灵，五谷丰稔太平年。

君不见茶中圣，陆羽经，

茶之为饮发神农，挥毫落笔惊世贤。

君不见壶中茶，杯中月，

茶祖穆兮巍巍然，茶仙美兮舞翩跹。

　　这支悠远高亢的神农茶歌，采用古代七言歌行体形式，是现代茶歌的典范之作。2009 年谷雨节，是第一个中国茶祖节，世界茶人首次在湖南炎陵祭奠中华茶祖炎帝神农氏，此茶歌为大典之主题曲，由 727 人歌唱，以歌颂茶祖神农大帝为主旋律，描写中国茶叶的悠久的历史与辉煌的现状，寄托着中华茶人与海内外华夏儿女对茶祖神农氏永恒的赞颂与缅怀。

　　茶叶仙子，是茶叶的文化原型，是神话美学的化身。

　　许多人一提及神话传说，总以为是虚无缥缈、不可捉摸的，更有人以为神话传说是子虚乌有，不可为据，因而不值得一提。其实不然，中国神话是中华文化的长河之源，是研究中国史前文化的重要依据之一。因此，正确对待中国神话传说，也许有助于我们更好地理解中国传统的饮食文化。

　　何谓神话？神话，产生于远古时代，是中国先民的一种生存观念、自然观念和宇宙观念，是天人合一的一种文化理念、想象意识和民族文化性格的表现，是人类童年时代的文化心理与思想智慧的结晶，是被认知的自然客体在万物有灵的人类主体心理上的最初投影。

　　人类繁衍发展的历史，本身就是一部伟大的神话，这部神

话属于文化人类学的研究范畴；每一个民族在自己繁衍发展的历史进程中，都有本民族的神话传说，用以阐释自己民族产生发展的伟大历史，这部历史就是文化民族学的研究范畴。

神话传说，赋予了一个民族、一种文化深邃的文化底蕴，蕴涵着千古传诵的文化精神。没有神话的民族，是浅薄的民族；没有神话的文化，是浮泛的低俗文化。

巍巍中华，悠悠茶业。谁为中华茶祖？乃是中国茶文化乃至国际茶文化研究必须解决的一个方向性问题。然而，茶学界与茶文化界一直争论不休，各自根据其地域文化特征，打出不同的旗号：或以吴理真为茶祖，或以诸葛亮为茶祖，或以陆羽为茶祖……我们以科学发展观为指导，从尊重历史与茶叶科学理论，比较神农氏与吴理真、诸葛亮、陆羽等后世茶人在中国茶业发展史上的历史地位，认为中华茶祖乃至世界茶祖，非炎帝神农氏莫属。

首先，从农耕文化而论，茶树、茶叶，以及茶叶的应用，都是农业生产的发展与农耕文化的产物；神农氏是农业之神，中国农耕文化之祖，因而也是"中华茶祖"。

恩格斯指出："农业，是整个古代世界的决定性的生产部门。"[1]众所周知，饮食，是人类的生存之本，生命之源。饮食来源于农耕，来源于农业。中国是农业大国，历来以农立国，以农为本。中国农业的发展，离不开神农氏。所谓"神农"，就是农神，即农业之神，是中国农耕文化之祖。班固《汉书·食货志》云："辟土植谷曰农。炎帝教民植谷，故号神农氏，谓

① 恩格斯：《家庭、私有制和国家的起源》，《马克思恩格斯选集》第四卷第 145 页。

神其农业也。"许多人不理解神农氏画像为何头上生有两角，在中国古代农耕社会生活中，牛是农家之宝，是农民耕种田地的主要帮手，勤劳耕种，默默无声。炎帝神农氏及其部落，从事农业，倡导农耕，亦如耕牛一样勤劳奋发，任劳任怨，始终如一，因而取"人身牛首"为其形象特征。

远古时代，神农氏之所以首倡农耕，主要是因为农业是人类衣食之源。没有神农氏首倡并实施的农业生产，就没有茶树的栽培，茶叶的采摘与茶叶的应用。这种因果关系，决定了神农氏作为中华茶祖的历史地位，是不可动摇的。神农氏提倡的农业与农耕文化，为古代中国乃至现代世界茶叶产业的繁荣发展提供了基本前提，打下了深厚的社会基础；假如没有神农氏最先倡导的农耕文化，没有农业的发展进步，茶依然停留在远古时代的野生茶树阶段，自然也不会有后世茶叶的普遍利用与茶叶产业的繁荣发展。这就是当今的茶学专业仍然归属于农业科学，作为农学分支学科的基本依据之一。

其次，从历史文献而论，神农氏是中国远古时代最早发现与应用茶叶者，因而是"中华茶祖"。

开创农耕，是炎帝神农氏及其部落惠泽千秋的主要功绩与历史贡献。

神农氏的传说，最早见于《周易》，流行于战国时期。

《周易》是儒家"五经"之首，具有绝对的学术权威性。《易·系辞下》云："神农氏作，斫木为耜，揉木为耒。耒耜之利，以教天下"。耒耜，是古代农耕的工具，用以耕地翻土。耒是手柄，耜是犁头；后人则以"耒耜"为古代农具的总称。

战国末期，《吕氏春秋》卷二十一《爱类》指出："神农

之教曰："士有当年而不耕者，则天下或受其饥矣；女有当年而不绩者，则天下或受其寒矣。'故亲身耕，妻亲绩，所以见致民利也。"

西汉初年，著名思想家陆贾撰写《新语》，其中开篇的《道基》就将中华民族的历史分为先圣、中圣、后圣三个阶段：先圣为伏羲、神农、黄帝、后稷、尧、舜、禹，中圣为周文王、周公，后圣为孔子。至于论述到炎帝神农氏，陆贾肯定其开创农业，为人类解决衣食问题，指出："神农以为行虫走兽，难以久养民，乃求可食之物，尝百草之实，察酸苦之味，教民食五谷。"三国时期蜀汉谯周的《古史考》解释说："神农时，民食谷，释米加烧石上而食之。"其他，先秦还有《管子》《庄子》《孟子》《尸子》《越绝书》《逸周书》《商君书》《春秋元命苞》，而后又有大历史学家司马迁的《史记》、班固的《汉书》、刘安的《淮南子》、王充的《论衡》、晋人皇甫谧《帝王世纪》、唐人司马贞《史记·补三皇本纪》、韩国权鲁郁《训蒙诗话》，等等历史文献和学术著作，都曾记载过神农氏的事迹，肯定其历史功绩。

尊重历史，回归经典。茶经者，茶之经典也。茶圣陆羽《茶经》，是中国乃至世界上第一部茶学与茶文化著作，他明确指出："茶之为饮，发乎神农氏，闻于鲁周公。"承认神农氏是饮茶之祖，就意味着承认神农氏是"中华茶祖"。陆羽这种权威性的论述，明确肯定神农氏作为中华茶祖的历史地位，是后世学者难以颠覆的。

再次，从神话传说而论，炎帝神农氏是中国历史上令后人景仰的"三皇五帝"之一，又是中国历史上第一个发现茶叶与

食用茶叶的人，理所当然地乃是"中华茶祖"。

中国是农业大国，自古以农为立国之本，所以中国古代历史上的"三皇五帝"之说，神农大帝始终被列为"三皇"之一。

《尚书大传》以伏羲、神农、燧人为"三皇"；

《风俗通义·皇霸篇》引《春秋纬·运斗枢》以伏羲、女娲、神农为"三皇"；

《白虎通义》以伏羲、神农、祝融为"三皇"；

《通鉴外纪》以伏羲、神农、共工为"三皇"。

《淮南子》卷十九卷《修务训》指出："古者，民茹草饮水，采树木之实，食蠃（luǒ）蚌之肉，时多疾病毒伤之害。于是神农乃教民播种五谷，相土地之宜、燥湿肥墝（qiāo）高下，尝百草之滋味、水泉之甘苦，令民知所避就。"

《神农本草经》云："神农尝百草，日遇七十二毒，得荼而解之。"荼，即茶。茶的饮用与医药功能，就是在神农氏的亲口尝试中找到的。清人陈元龙《格致镜原》沿引《本草》云："神农尝百草，一日而遇七十毒，得茶以解之。今人服药不饮茶，恐解药也。"清人孙璧文《新义录·饮食类》沿引《神农本草》说："《本草》则曰：神农尝百草，一日而遇七十毒，得茶以解之。陆羽《茶经》亦谓'茶之为饮，发乎神农氏'。则其由来久矣。"陈元龙和孙璧文之引语，皆言其文出自《本草》，无论是何种《本草》，都代表古代茶人对茶祖神农的充分肯定和文化认同。

"民以食为天。"远古时代，先民们茹毛饮血，过着原始生活。为了让广大老百姓能够安全饮食，严防因饮食不当而疾病缠身，神农氏亲自尝百草，辨别百草的可食用性。神农氏之伟大，首先在于引导人类自己解决饮食问题。

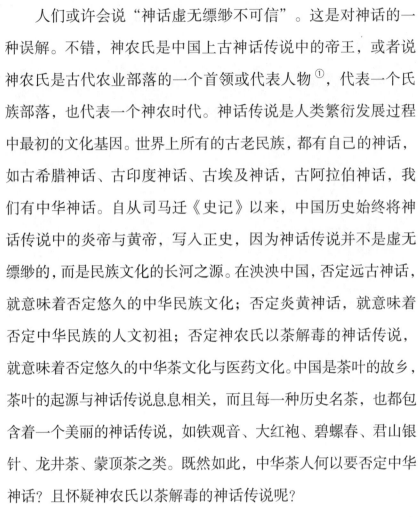

人们或许会说"神话虚无缥缈不可信"。这是对神话的一种误解。不错，神农氏是中国上古神话传说中的帝王，或者说神农氏是古代农业部落的一个首领或代表人物[①]，代表一个氏族部落，也代表一个神农时代。神话传说是人类繁衍发展过程中最初的文化基因。世界上所有的古老民族，都有自己的神话，如古希腊神话、古印度神话、古埃及神话，古阿拉伯神话，我们有中华神话。自从司马迁《史记》以来，中国历史始终将神话传说中的炎帝与黄帝，写入正史，因为神话传说并不是虚无缥缈的，而是民族文化的长河之源。在泱泱中国，否定远古神话，就意味着否定悠久的中华民族文化；否定炎黄神话，就意味着否定中华民族的人文初祖；否定神农氏以茶解毒的神话传说，就意味着否定悠久的中华茶文化与医药文化。中国是茶叶的故乡，茶叶的起源与神话传说息息相关，而且每一种历史名茶，也都包含着一个美丽的神话传说，如铁观音、大红袍、碧螺春、君山银针、龙井茶、蒙顶茶之类。既然如此，中华茶人何以要否定中华神话？且怀疑神农氏以茶解毒的神话传说呢？

另外，从茶叶科学而论，茶树是茶叶之本，茶叶科学是神农氏开创的中国农耕文化的产物。

陆羽《茶经》云："茶者，南方之嘉木也。"神农时代，南方生长着的是野生茶树。茶树由野生而栽培，是农耕文化的产物，也是茶叶科学的初始。

---

① 关于神农氏与史前文化的研究，是一个历史疑团，相当复杂，而又莫衷一是，争论不休。因为神农氏部族游历迁徙于各地，炎帝神农氏遗址也分散于全国，主要集中在陕西宝鸡、山西高平、湖北随州与湖南茶陵四地。我们在这里着重论述茶祖神农氏者，故涉及炎帝神农氏的其他方面，为避免是非争论，我们不予辨析，留给史学界去探究。

据四川《名山县志》与《雅州府志》记载：西汉宣帝甘露年间，邑人吴理真在蒙山之巅上清峰种茶树七株，"高不盈尺，不生不灭"，能治百病，因此被百姓奉为"仙茶"，其七株茶树被尊为"茶树之祖"，而吴理真则被宋孝宗追封为"甘露禅师"。无论这种尊奉是不是后世虚构，应该说这种尊奉寄托着后人对吴理真栽种茶树之功的肯定与赞许，但并不意味着吴理真就是中国乃至世界的"茶祖"。

这是因为，没有神农氏开创的农业与农耕文化，吴理真何以能够栽种茶树？而且，茶树育种、栽培、茶园管理、茶叶采摘、人工制作加工，等等，其中虽然涉及许多科学领域，但最初是茶叶科学，属于农学，属于先秦诸子百家中的农家学派。

农家学派重农，崇尚的是神农氏，主导思想是《四库全书总目》卷108"农家类"所说的四个字："重农贵粟"。炎帝神农氏的神话形象的塑造，农家学派起了相当大的作用。班固《汉书·艺文志》认为诸子百家中的"农家"，出自管理农业与粮食的官吏，云："农家者流，盖出于农稷之官。播百谷，劝耕桑，以足衣食。"其中关于"农家"有著述《神农》二十篇，班固自注云："神农氏因天之时，分地之利，制耒耜，教民耕作，神而化之，故谓之'神农'也。"班固一语道破天机，神农就是农神，是农业文化之神，是农家学派塑造的农神崇拜。于是，神农氏被理想化、神秘化，成为中国农业文化的象征，其道至大，其义至深，具有深刻的象征性意义。

古代的茶叶科学，本身就是神农氏开创的农耕文化的产物。直至今日，茶学依然隶属农学学科，茶学博士依然属于农学博士。没有神农氏倡导农耕，没有神农氏开创的中国农业文化，就没

有茶树人工栽种的可能性；没有神农氏对茶叶饮用与医药功能的发现，也就没有后人认知茶叶的医药价值与饮食功能，然后进行茶树的人工栽培了。

然后，从民族情感而论，炎帝神农氏的中华茶祖地位是不可动摇的。

中华民族历来尊重历史，尊重优秀传统，全球华人都认为自己是"炎黄子孙"。炎黄文化，是中华民族传统文化的最初渊源，是巍巍昆仑的皑皑白雪，是万里江河的悠悠源流，是浩瀚戈壁上的涓涓清泉。中华茶祖神农文化，乃是炎黄文化的重要组成部分。茶祖神农为先民"尝百草，日遇七十二毒，以茶解毒"的勇气，"心忧天下，敢为人先"的牺牲精神，是炎黄文化的精髓，也是中华民族文化的基本精神，千百年以来一直激励着亿万炎黄子孙为中华振兴而努力拼搏，奋勇抗争，终于迎来中华民族复兴的阳光。

"高山仰止，景行行止。"认定炎帝神农氏为茶祖，既是顺应民意，又是历史事实，还可以提升中华民族对人文始祖的民族情感，使世界华人特别是海内外中华茶人统一思想，集中在"中华茶祖"的旗帜之下，共同为振兴中华茶业贡献各自的智慧与力量。如果以炎黄子孙中的吴理真、诸葛亮、陆羽等为"中华茶祖"，让整个中华民族或海内外中华茶人来顶礼膜拜，他们能受得起吗？也许他们自己会说："折煞我也！"

最后，从文化人类学而言，认祖归宗，弘扬中华茶祖神农文化，乃是中华茶人不可推卸的神圣职责。

中国历来有"祖先崇拜"的传统美德，祖德流芳，泽被后人，绵绵瓜瓞，万世其昌，乃是中国古代宗法文化的反映。德国社

会学家恩斯特·卡西尔的《人论》指出："中国是标准的祖先崇拜的国家，在那里我们可以研究祖先崇拜的一切基本特征和一切特殊意义。"[①] 在中国，祖先崇拜具有渗透一切的特征，这种特征极其充分地反映并规定了中国人家庭乃至家庭中的全部社会生活。

中国人祖先崇拜的文化意识，渗透到茶学界与茶文化界，就要求中华茶人认祖归宗。那么，谁是中华茶祖？炎帝神农氏与黄帝轩辕氏，始终是中华民族的人文始祖。吴理真、诸葛亮、陆羽等，都是炎黄子孙中的优秀分子，他们对发展中华茶业与中华茶文化的卓越贡献，后人是不会忘记的。但是，我们不能将他们定为茶祖，从亿万炎黄子孙的民族感情出发，从文化人类学来进行文化分析，比较吴理真、诸葛亮等与茶祖神农氏的始祖地位与历史功绩，我们也不能将他们与茶祖神农氏平起平坐，只能让他们屈居下位。相反，如果毫无原则性地将他们任意抬高到一个并不适当的位置，也许他们这些先哲先贤并不领情，反而觉得后人无知无能，有辱贤哲固有的尊严。

---

① 《人论》，上海文艺出版社 1985 年版第 108 页。

第五节　弘扬茶祖神农文化的现实意义

确立炎帝神农氏为中华茶祖，是中华茶文化研究的一个重大突破，也是一座巍峨的历史丰碑。其历史价值与现代意义，是巨大而深远的。

一、有助于正本清源，还原历史的本来面貌

"炎黄"是中华民族的人文始祖，炎黄文化是中华民族文化的主体。悠悠中华，是炎帝神农氏、黄帝轩辕氏两大部族与九黎诸族相互融合，而成就的一个伟大的华夏民族。黄帝属于黄老学派，是道家创始人。黄帝文明在于科技，如舟车、文字、服饰、度量衡、算数、音律、建筑等；炎帝属于农家学派，炎帝文明在于农业与医药，主要功绩在劝农耕、尝百草、医药、市场、火食，以及茶的饮食医药价值。中国自古以农业立国，后人理应颂扬炎帝神农氏的历史功德和伟大人格；然而，现实生活中的炎黄祭典，实际是重黄帝而轻炎帝。这种厚此薄彼的文化偏差，是缺乏历史观念的表现。中华茶祖神农文化研究，设立中华茶祖节，有助于还原历史本来面貌，树立中华民族第一人文初祖的崇高形象，突破炎帝陵祭典的单一化格局，使其成为海内外茶人共同向往的精神家园。

二、有益于正确解决"三农"问题,加速新农村建设

神农氏是中国农业文化的奠基者,是农业文明的开创者。远古时代,先民们茹毛饮血,为了让广大百姓能够安全饮食,神农氏亲尝百草,辨别百草的可食用性。神农氏之伟大,首先在于引导人类开创农业,自己解决饮食问题。饮食是人类生存之本,是人类各集群之间争夺生存与发展空间的焦点,也是引发战争的根源。尽管当代中国将工业化与城镇化作为现代化的发展目标,但农业始终是党和政府全力关注的重中之重,农业、农民、农村问题,依然是中国实现现代化的根本之所在。确立炎帝神农氏的中华茶祖地位,加强茶祖神农文化研究,坚持国以农为本、民以食为天,无疑可为国家在解决三农问题、建设新农村方面,提供新的思路与决策依据。

三、有利于弘扬"心忧天下,敢为人先"的中华茶祖神农文化精神,促进和谐社会、和谐世界的建设

遥想当年,茶祖神农氏为先民"尝百草,日遇七十二毒,以茶解毒"的探索勇气,"心忧天下,敢为人先"的自我牺牲精神,正是炎黄文化的精髓,也是中华民族文化的基本精神,是中华民族伟大复兴的强大动力。2008年北京奥运会开幕式显示出"和"与"茶"两个汉字,"和"是中国茶文化的灵魂,"茶"是"和"的物质载体与文化使者,既彰显了中国茶文化"和"的文化意蕴与无穷魅力,又集中展示出中华民族的文化品格与伟大胸襟。且看今日世界,战争与饥饿,霸权与掠夺,金融风暴引发出的全球经济衰退,环境污染带来的人类生存危机,无时无刻不在威胁着人类的生存与发展。我们要高举"茶祖神农"的伟大旗帜,发扬光大中华茶祖神农文化的基本精神,与时俱进,开拓创新,

以实际行动构建和谐社会与和谐世界。

四、有益于发展现代中国茶业

弘扬茶祖神农文化，目的在于发展中华茶业。人的生命，是世界上一切美的荟萃；而健康之美，才是人类生命之美最本质的内涵。饮茶何为？在于延年益寿。茶是绿色食品，有机饮料，健康饮料。发展茶叶产业，目的在于人类健康。茶叶，是继四大发明之后的另一大发现，是中国贡献给人类最佳的健康饮料。茶叶生产与销售的质量好坏，直接关系人类健康与饮食安全。当今之世，国际茶业，群雄并起；中国茶业，适逢盛世，希望与困难并存，机遇与挑战同在。面对经济全球化的格局与世界金融危机，中国茶叶又面临着激烈的国际市场竞争。我们要像中华茶祖神农氏那样，以"济苍生为己任"，增强生命意识和时代责任感，以科学发展观为指导，以人为本，以人类健康为旨归，努力培育优秀人才，创新科技，提升文化软实力，不断追求卓越，做大做强做优中国茶业，为中华腾飞作贡献，为人类健康谋福祉。

五、有利于民族团结和边疆稳定，实施和平外交，合作双赢，构建中国以"一带一路"为纽带的国际倡议

茶叶是健康礼物，是友好使者。古往今来，以茶为外交礼物，几成惯例。文成公主远嫁西藏，带去的礼物就有茶叶。赵宋王朝与北方少数民族政权之间的外交关系，自1005年宋辽两国于澶州签订"澶渊之盟"后，外交使节送上辽主的礼品中有茶叶一项，据《宋会要》记载，北宋祝贺辽主生日，礼品中有"滴乳茶十斤，岳麓茶五斤"。明人谈修《滴露漫录》云："茶之为物，西戎吐蕃，古今皆仰给之。以其腥肉之食，非茶不消；青稞之

中华茶美学

热，非茶不解。是山林草木之叶，而关系国家大经。"安化黑茶，从元明开始定为官茶，西北少数民族因饮食结构的差异，历来有"宁可三日无粮，不可一日无茶"的生活习俗。我国政府也曾将安化黑茶确定为边销茶，计划输送大西北少数民族地区。湖南、湖北、四川、云南、广西的黑茶，为增强民族团结、确保边疆社会稳定作出了巨大贡献。

中国政府以茶为国礼，茶成为国际之间相互沟通、建立外交关系的友好使者。1972年，美国总统尼克松访华，毛泽东主席以武夷山的大红袍和西湖龙井相赠；日本首相田中角荣访华时，周恩来总理以湖南湘西的碣滩茶相送。

【茶祖神农】

树有根，水有源，人有祖；在人类发展繁衍史上，不可能有无本之木、无源之水、无祖之人。中华茶祖神农氏的确立，自从陆羽《茶经》之后，争论不休，历时千年，而湖南茶学界为之不懈努力，比较集中的研究也达半个世纪之久，大致分为三个阶段。

1. 初创期

二十世纪六十年代，湖南省茶叶研究所王威廉和刘继尧研究员经过实地考察，于1963年夏撰写而成《茶陵与茶叶史话》，率先对茶陵与神农氏的关系进行专题研究，从茶陵的历史沿革和茶叶生产等方面，为湘茶探寻出一条"神农——茶陵——茶叶"的茶史发展历程。同期还有彭哲干的《湖南茶史资料》（1962年）、周靖民的《湖南茶叶主要历史资料辑》（1982年）。

2. 发展期

二十世纪末叶，湖南茶人王建国、王淦的《茶文化论》，

1991年4月在文化艺术出版社出版，其中《湘茶文化初探》，从人文地理与民俗风情几方面，来探索湖南茶文化与炎帝神农的密切关系，认为湖南是中华茶文化的发祥地。同时期还有王融初等的《悠久灿烂的湖南茶文化》（1992年）。二十世纪九十年代后期，笔者在唐宋诗词研究中将唐宋茶文化，先后写进《唐诗文化学》（1996）、《宋词文化学研究》（1998）著作之中。二十一世纪之初，2003年，笔者在撰写《中国品茶诗话》一书时，从历史文献学角度为"湘茶"正名，进一步阐明茶陵与茶祖神农氏的密切关系，明确指出：①神农氏是中国茶饮之祖，是有稽可查的发现茶叶第一人；②神农是农业之神，是农耕文化之神，没有神农氏倡导的农耕文化，也就不可能有中国茶叶的繁荣发展。2006年5月在"中国星沙茶文化节"上，中国茶叶流通协会、中国茶叶学会、中国国际茶文化研究会和全国茶叶行业社团组织负责人联席会议共同讨论通过的《中国茶业星沙宣言》，将炎帝神农氏提升到中华茶叶人文初祖的高度，明确指出：

> 茶之为饮，发乎神农氏；神农尝百草，以茶解毒，源自潇湘，炎帝神农氏乃是中华茶叶之人文初祖。

3. 定型期

在此期间，主要标志性成果是《茶祖神农》一书。2005年6月，曹文成会长在湖南省茶业协会成立大会上提出"茶祖在湖南，茶源始三湘"的口号式命题，湖南农大茶学专家并不认同，认为神农氏尝百草只是神话传说，虚无缥缈，不可为据。为此，我在茶叶研究所做了《茶与中国神话》的专题报告，深入讲述中国神话与中华文化的关系，统一思想认识。施兆鹏教授带头

中华茶美学

讲述茶祖神农对茶文化的开创之功，随后四川雅安将吴理真作为中华茶祖的一尊铜像赠送给青岛市政府。于是，笔者开始《茶祖神农》的撰著，历经一年后，由蔡镇楚、曹文成、陈晓阳署名的《茶祖神农》专著于2007年4月在中南大学出版社正式出版发行。这部以历史文献考证为主，立论说理、正本清源、拨乱反正的中华茶文化著作，在中华茶业几千年历史上是具有开创意义的里程碑之作。三个月后，时值第七届国际茶业大会在长沙召开，如春雷滚滚，如甘露降临，《茶祖神农》一书在此次国际茶业大会引起巨大反响。

2009年，全国第二届"中华茶祖神农文化论坛"在炎陵县成功举行（参会人员从左至右依次为：蔡镇楚、施兆鹏、林治、杨亚军、陈彬藩、庞道沐、陈文华、姚国坤、程启坤）

2009年，全国首届"中华茶祖神农文化论坛"在湖南星沙成功举办，与会代表求同存异，共同发表了《中华茶祖神农文化论坛倡议书》。2009年，中华茶祖节暨世界茶人首祭中华茶祖神农氏大典在炎帝陵胜利举行。2009年谷雨节前夕，第二届全国性的"中华茶祖神农文化论坛"在炎陵县成功举行，论坛

由刘仲华教授主持，株洲市副市长黄曙光致辞，姚国坤、陈彬藩、庞道沐、林治、陈文华、施兆鹏、蔡镇楚、杨亚军、王志远等来自国内外的十几位专家发言，通过反复论证分析、现场答问，程启坤就论坛的核心论点进行总结，曹文成会长宣读国家级六大茶叶社团与世界茶人代表共同发表的具有里程碑意义的《茶祖神农炎陵共识》，正式确认神农氏是中华茶祖，陆羽是茶圣，其他都是茶人；确定每年谷雨节为"中华茶祖节"。中华茶祖神农和中华茶祖节的正式确立，开创了中华茶祖神农文化研究的崭新局面，在五千年悠悠中华茶史上矗立起一座巍峨的历史丰碑。

【中华茶祖节】

中华茶祖节，是中华茶人对千古茶史和中华茶祖的一个历史交代和文化认同。正如程启坤先生2009年4月在第二届中华茶祖神农文化论坛总结发言中所说："茶祖神农文化，是中华茶文化的源头和根基，是中华茶人乃至世界茶人的精神支柱和伟大旗帜。"确立中华茶祖节，不是个人行为，是中国茶人的集体意志，是全国六大茶业社团和专家与湖南省人民政府共同确定的。确立中华茶祖节，为中华茶人寻根问祖，目的在于正本清源，拨乱反正，认祖归宗。因此，茶祖神农及中华茶祖节的确立，是中华茶文化及其茶美学的最高境界。

2008年与2009年谷雨节前夕，湖南省茶业协会与湖南省茶叶学会两次联手中国茶叶流通协会、中国国际茶文化研究会、中国茶叶学会、中华茶人联谊会、国际茶叶科学文化发展促进会等六大茶叶社团，主办两次全国性的"中华茶祖神农文化论坛"。第一次论坛之后，曹文成电话问我："教授，你看茶祖节定在哪天好？"我思考着，谷雨前后，有雨前茶和雨后茶之分，

就回答道："谷雨节呀！五谷丰登，吉祥如意。"曹会长欣然赞同："好！就定在谷雨节。"

2009年谷雨节前夕，来自联合国的官员与海内外五千茶人会聚湖南省炎陵县。第二届"中华茶祖神农文化论坛"在炎陵县召开，来自全国六大茶叶社团的专家，顺利通过由我起草的《茶祖神农炎陵共识》，正式确立炎帝神农氏为"中华茶祖"，确定每年谷雨节为全国性的"中华茶祖节"。这是中华茶史上开天辟地的伟大事件，为中国和世界竖立起一座巍峨的历史丰碑。

经过一年的紧张筹备，由湖南省人民政府和全国六大国家级茶叶社团组织联合主办，株洲市人民政府承办，规模空前浩大的"2009中华茶祖节暨世界茶人首祭中华茶祖神农大典"，于谷雨节如期在炎帝陵举行。

谷雨节那天，来自联合国及中央部委的官员与五大洲的世界茶界精英，共计五千余人，身披黄色绶带，雅集炎陵县炎帝陵广场，奉佳茗三牲、奏神农茶歌。这是两千年来中华茶人第一祭，三百年来世界茶人第一祭，是神话美学与中国现代茶美学紧密结合的产物。说来也怪，那天早餐之后，风雨大作，雷声滚滚，祭典车队在雨水中行驶，来到白鹿原炎帝陵。大家担心天气，准备好雨衣。然而9点钟左右，风雨骤停，云开雾散，天公作美，首届中华茶祖节在阳光明媚之中，准时有序，顺利进行。身着盛装的炎陵县一中的千名师生，整齐地排列在神农大殿的三层阶梯上，齐唱《炎帝颂》与《神农茶歌》，而后礼炮齐放，湖南省人民政府代表徐明华副省长恭读茶祖神农祭文：

> 神农大帝，巍巍昆仑；中华茶祖，奕奕清芬。躬尝百草，悠悠茶韵；心忧天下，泱泱乾坤。农耕文明，茶园乃兴；谷雨灵芽，济济佳茗。唯尔茶祖，炎陵缤纷；唯其茶经，

五洲是尊。穆穆茶祖，泽惠子孙；殷殷茶业，盛德日新。景祚昌年，叶嘉含馨；世界茶人，三礼严禋。皇皇神农，福佑生民；绵绵瓜瓞，四海归心。美哉尚飨，且格且欣。

中午 12 点钟，祭祀大典准时结束，长长的车队回到县城，天又下起大雨。大家感慨万千，这是奇迹，是感恩，是惠泽；这是茶祖神农保佑，呵护天下茶人；这是一座巍峨的丰碑，是中华茶史上天下茶人同心同德而抒写的最为辉煌的伟大篇章。

巍巍兮，茶祖神农；煌煌兮，中华茶祖节！

中华茶业复兴，以国运之昌、国力之盛、国势之强为基本前提。也就是说，唯有盛世兴茶，科技兴茶，文化兴茶，像鸦片战争之后的旧中国，国之不国，民不聊生，满目疮痍，何以兴茶？当今之世，中华茶业复兴，应该以中华茶祖为旗帜，以中国政府宏观指导为纲要，以"中茶"之类大型茶企为龙头，以茶农、茶工、茶商、茶专家为主体，以茶科技与茶文化为两翼，全面落实"茶为国饮"的战略决策，大力普及茶科学与茶文化知识，努力营造以茶养生、与茶同乐、与茶同寿的社会文化氛围，将历史悠久的茶叶大国打造成举足轻重、影响世界的茶叶强国，为实现中华民族的伟大复兴之梦，为人类饮食健康作出更大的贡献。

第三章

茶饮：中国人的生活方式与审美情趣

　　火之为用，使人类得以生存；茶之为饮，使人类得以文明。

　　济济苍穹，悠悠中华。中国是古老的茶叶大国，是历史悠久的茶的故乡，是博大精深的茶文化的发祥地。

　　茶为国饮，茶是人类的生命之饮、健康之饮。与造纸术、印刷术、火药、指南针四大发明一样，茶叶是中国人奉献给全人类的第五大发明。其社会意义和生命价值之重大，也许远远超越了中国人在科学技术方面的"四大发明"。

　　从"柴米油盐酱醋茶"到"琴棋书画诗酒茶"，品茶论道，品茶悟道，品茶既是中国人的交际关系，也是中国文人士大夫的一种审美情趣。这种审美情趣，是茶缘天地，是艺术天地，也是心灵感应，是修身养心，是人生感悟。

第一节 "茶"的字源学分析

"茶"字，从其字源学来分析，最早为"荼"字，故"茶"的篆体字形为""。中国第一个以茶命名的"荼陵"县，其印章为"荼陵"，有长沙马王堆汉墓的出土文物为证。所以，《诗经》之中出现的"荼"字，古代注释而成"苦菜"，而忽略"采摘茶叶"之意，显然是片面的。

【六经无茶辨】

《诗经·七月》云："采荼薪樗，食我农夫。"

《诗经·谷风》云："谁谓荼苦？其甘如荠。"

人们常说"六经无茶"，唯有茶之异体字，故前人以为《诗经》中之"荼"只是一种苦菜之类天然植物食品，并非后世品饮之"茶"。这是一种误读和误解，殊不知在先秦文献典籍中，"荼"与"茶"字是相通的，属于先秦最早出现的"茶"字。

中国茶史上，先秦两汉地方典籍即曰"荼""槚""蔎""茗""荈"者，大都是因秦汉时代地域方言俚语而出现的一种文化现象。

唐人陆羽也承认这种文化现象的合理性，其《茶经》卷一，说茶的异名有好几种："一曰茶，二曰槚，三曰蔎，四曰茗，五曰荈。"

《说文解字》释"茗"云："茗，茶芽也。从草，名声。"作者许慎直称"茶芽"为"茶芽"，可以作证秦汉人谓"茶"为"茶"。

虽然"茶"字被《说文解字》解释为"苦菜"，但是五代徐铉《说文解字》校注云："此即今之'茶'字。"

出现在西汉前期的《尔雅》是中国最早的训诂学辞书，诠释先秦经典之词，被列为"十三经"之一。《尔雅·释木》："槚，苦茶。"晋人郭璞注疏曰："今呼早采者为茶，晚采者为茗，一名荈。"

明人陆深在《河汾燕闲录》中称："茶之用始于汉"，而"茶之名始见于此"。汉代"茶""荼""槚"等字，并行于世，故《诗经》中的"荼"字，亦可以解释为"茶"。

清人陶澍有《印心石屋试安化茶成诗四首》云："我闻虞夏时，三邦列荆境。包匦旅菁茅，厥贡名即茗。"他提出中国茶叶最早出自《尚书·禹贡》之说，认为"包匦旅菁茅，厥贡名即茗"。包匦与贡名均出自《尚书·禹贡》："三邦底贡厥名，包匦菁茅。"厥同"蕨"，即蕨菜；名同"茗"，即茶叶；匦（guǐ）即杨梅。这里是指三邦进贡的野菜、茶叶、水果之类，是陶澍的一个新的重大发现。

"茶"之名，至少在中古时期以前就出现了。一般人认为出自汉代蜀人王褒《僮约》。王褒此文已经记载了中国最早的一个"烹茶"和"买茶"的故事：资中男子王子渊，从成都寡

妇杨惠手里买了一个女仆，名叫"便了"。主仆之间签订了一个"买券"，规定便了每天必须"烹茶尽具，已而盖藏"，或"贩于小市"，或"牵犬贩鹅，武阳买茶"。晋人郭璞《尔雅》注云："蜀人名之苦茶。"

西汉初年，"荼"字就已经出现，这就是"荼陵"。荼陵是中国唯一一个以茶命名的行政县。西汉初，荼陵为诸侯国，属于长沙国。元溯二年（前124），长沙定王在荼陵筑建"荼王诚"，即"荼王城"；元封五年（前106）设置荼陵县。长沙出土文物中有一枚石章，上面镌刻着"荼陵"二字，这是汉文帝时期的殉葬实物。

西汉荼陵印章

从采撷第一片茶叶到煮制第一壶茶水，从栽种第一棵茶树到经营第一座茶园，从第一个尝茶的先行者到饮茶之风遍及国中，中国人采茶与饮茶绵长悠远的历史，前人早已做过比较详尽的考证，虽众说纷纭，但茶之源至少可以追溯到夏商周三代，甚至追溯到神农尝百草的远古时代。

"茶"的异名与别名甚多，本是地域方言的产物，却严重影响中国茶叶的发展与茶文化的传播。故有必要对茶的文字符号加以统一规范化。"茶"字至唐代而最终统一，逐渐规范化。唐玄宗为《开元文字音义》作序，以"荼"为"茶"，"茶"之名称，因此而统一并规范化，比较合乎茶的本质属性及人类与茶的密切关系："茶"字的本义，一是指茶属于绿色饮料，如同"人在草木之中"；二是指茶是健康饮料，饮茶可以健康

长寿，如同"茶"字拆开可得108之数，象征着108岁。至于陆羽《茶经》卷一谓茶有多种异名，反映的只是茶叶产地与方言对中国茶文化的影响之深。

茶之为"茶"者，其文字符号从先秦两汉而至于唐代，经历了一段漫长曲折的历史演变过程。这是中国茶文化孕育繁衍的历史，是中国人的生活方式、审美情趣与中国茶文化结下不解之缘的历史。唐人陆羽的《茶经》，正是这一历史进程中的一种阶段性的总结，在中国茶文化史上具有里程碑的意义。

茶是中国人的"国饮"。宋代李新《上皇帝万言书》云："摘山以为茶，民之朝暮不可阙也。"茶是采摘山中茶叶而煮制的茶水，老百姓在日常生活中都是不可或缺的饮料。

中国人与茶结缘，已经有几千年之久。以茶敬客，以茶祝寿，以茶为礼，以茶敬神，以茶参禅，以茶论道，以茶主婚嫁，以茶喻人生，以茶祭祖宗。古往今来，茶之为饮，是中国人的一种生活方式和生活习俗。

茶不仅是民众所必需的饮料，还具有医药功能与礼仪价值。

宋人黄裳《茶法》云："茶之为物，祛疾也灵，寤昏也清，宾客相见，以行爱恭之情也。天下之人不能废茶，犹其不能废酒，非特适人之情也，礼之所在焉。"黄裳认为，茶之为饮，可以祛病，可以使人头脑清醒，可以用来待客，表达主人对来宾的关爱恭敬之情。天下的人不能废茶，犹如他们不能废弃酒一样，是因为茶不仅适应人的生理需要，而且还寄托着人们所必须遵循的礼仪规范。

清人曹寅有《过无锡卖茶器处》诗云：

白石垂杨岸，香泥燕子家。

春归如昨日，茶兴满天涯。

此诗因作者路过无锡卖茶器处有感而作。前二句写景，垂杨岸，燕子家，白石香泥，一派田园风光；后二句写过无锡卖茶器处之所见所感，一句"茶兴满天涯"，写尽了中国人嗜茶之好。

中华茶文化，是雅文化，也是俗文化；是文人士大夫文化，也是大众文化，是雅俗共赏的一种文化形态，是中华民族儒道释三大主流文化的重要载体和传播媒介。

唐宋以来，世道沧桑，时代变迁，但是中国文人的生活方式，始终是"琴棋书画诗酒茶"；普通老百姓的日常生活，还是"开门七件事，柴米油盐酱醋茶"。无论是文人士大夫还是普通百姓，其生活方式和审美情趣，都离不开一个"茶"字。这是几千年形成的生活方式和审美情趣，也是一种难以割舍的文化积淀、生活传统和民族意识。所以清代诗人张璨（灿）有诗云：

书画琴棋诗酒花，当年件件不离他。

而今七事都更变，柴米油盐酱醋茶。

古往今来，中国人的日常生活，片刻也离不开"柴米油盐酱醋茶"。茶与可可、咖啡并称当今世界的三大非酒精饮料，其中茶是最有益于人类健康长寿的绿色饮料，也成为中国人的"国饮"。

济济苍穹，悠悠中华。在历史悠久的中国，饮茶之习绵延

几千年，成为亿万中国人的一种生活方式，一种审美情趣，一种生命符号。茶字之形，象征"人在草木之中"，是人类与自然融合为一体的形象表现。古往今来，从神农"尝百草，日遇七十二毒，得茶（荼）而解之"的远古神话传说，到唐朝陆羽撰写世界上第一部《茶经》，再到唐宋元明清时代中国人饮茶之习的勃兴，中国人的日常生活方式与审美情趣，始终离不开一个"茶"字，这就是中国茶的魅力！

第二节　茶叶命名之术

茶叶命名，是一种艺术，是成就茶叶品牌的一种艺术手段。

自古以来，中国茶叶的命名，特别注重其语言艺术之美，是审美语言学中美的荟萃。

茶叶命名的基本要求：一要醒目，使人一见就难以忘怀；二要富有个性，足以概括茶叶本身特征，避免雷同混一；三要雅致，富有美感和文化内涵，又雅俗共赏，不平庸俗套。

中国茶叶命名的主要类型为：

第一，以颜色命名。体现的是一种色泽之美。如茶以色分为六大茶类：绿茶、红茶、青茶、黄茶、黑茶、白茶，属于色彩美学。

第二，以原产地命名。此类最多，几乎占中国茶叶的半数以上，不胜枚举。如"湘茶""蜀茶""闽茶""滇茶""蒙古茶""湖北茶""岭南茶""君山银针""普洱茶""安溪铁观音""安化黑茶""六堡黑茶""台湾冻顶"等，以及茶以山地命名者，例如蒙顶茶、眉州茶、武夷茶、君山茶、苍山茶，等等。这些属于地理自然之美的象征。

第三，以国别命名。这是国家形态美学的表征。中国茶叶，原先统称为"华茶"。华茶是中国茶叶的国别标志，而今这个

标志被"中国茶叶公司"的注册商标所替代。

第四，以民族命名，如侗族茶，蒙古族奶茶等。

第五，以形状命名，有桂东"玲珑茶""君山银针""珠茶""毛尖"之类，体现的是一种形态之美。如仙人掌茶，属于唐代名茶，以其叶"拳然重叠，其状如手，号为仙人掌茶"是茶史资料中最早见到的晒青茶。大诗人李白有《答族侄中孚赠玉泉仙人掌茶并序》，其中诗云："丛老卷绿叶，枝枝相连接，曝成仙人掌，似拍洪崖篇。"

第六，以价值命名，如唐宋时代 以"圣赐花""吉祥蕊"命名的 蒙顶名茶；宋代以"金钱"命名的贡茶，宋代后妃赏赐给进士的"七宝茶"，宋代士大夫之间互赠而又包含"君子之交"的"七品茶"，宋代以"灵草""灵川""胜金"命名的片茶；云南少数民族以"多子多富贵"之意命名的"七子饼茶"，等等。

第七，以时令命名，如以谷雨节为界的"雨前茶"和"雨后茶"，以寒食节为界的"火前茶""火前春"，因寒食禁火之前采摘而得名。宋人王观国《学林》卷八云："茶之佳品，摘造在社前；其次在火前，谓寒食前也；其下则雨前，谓谷雨前也。"又如"骑火茶"，唐代名茶，产于四川绵州龙安。五代毛文锡《茶谱》云："龙安有骑火茶，最上，言不在火前，不在火后作也。清明玩火，故曰'骑火'。"湖南黑茶中的茯砖茶，其命名为"茯砖茶"，一则是时令，二则是功效，茯者，伏也，因其三伏天制作，故名伏茶；因其伏茶的功效如茯苓，故为茯茶；因其形态如砖块，故称之为茯砖茶。

第八，以祥瑞之物命名，一般为龙凤、璧玉、瑞雪，等等。这种命名方式追求的是一种祥瑞富贵的心灵之美，如"茶龙""密云龙""乌龙茶""绿玉团""敬亭绿雪""绿雪芽""紫璧""瑞云翔龙""宜年宝玉""承平雅玩"之类贡茶，都是中华祥瑞

文化的集中展现。

第九，以名贵花木命名者，体现的是一种自然花卉之美。其中以掺杂之鲜花名之者，如茉莉花茶，白兰花茶，玫瑰花茶，珠兰花茶，玳玳花茶，桂花茶，菊花茶等。还有以名贵花木直接命名者，如水仙茶，茶以水仙花名，有武夷水仙、水仙王、闽北水仙等。茶以玉桂名者，有武夷肉桂，这里所说的玉桂即肉桂。

第十，以茶味命名者，体现的是一种滋味之美。如香茶，又名"孩儿茶"，产于清代福建泉州，加入脑子、麝香等名贵药材而制成；还有甜茶、苦丁茶之类。

第十一，以制作方法命名者，体现的是一种制作工艺之美。如晒青绿茶，以茶叶晒青方法命名；挪茶，以人工捻揉等方法加工制作而成；细嫩炒青，依照茶叶炒青加工而成；细嫩烘青，采用烘青加工方法而成；蒸青绿茶，由蒸汽杀青、除湿、粗揉、中揉、精揉、烘干等工序制作而成。陆羽《茶经·三之造》记载蒸青绿茶制法："晴，采之，蒸之，捣之，拍之，焙之，穿之，封之，茶之干矣。"湖南黑茶通过人工或机器压制而成砖、饼、片、柱之类形状，故有紧压茶之名。

第十二，以比喻命名者，亦属于茶叶形态美学。如"罗汉茶""竹叶""卷耳"茶之类，产于安徽歙县。民国《歙县志》卷三云：歙县产茶，"其种类有罗汉、竹叶、卷耳、麦黄、天烛红等。称罗汉者，叶分层而密似罗汉松也；竹叶者，叶狭长略肖竹叶也；卷耳者，叶肥厚如耳之卷也；麦黄者，收拣较迟，麦黄时始萌芽也；天烛红者，嫩叶鲜红，色若南天烛也。"歙县茶多以象形比喻或采茶季节为据命名。

第十三，以名人命名，如"皇帝茶"，产于福建漳浦太武山，相传因南宋亡国之君赵昺而得名。康熙《漳浦县志》卷四云："太

中华茶美学

武山有皇帝茶，乃宋帝赵昺所遗也。"如"坡山凤髓"，产于江西兴国，以纪念宋代大文豪苏轼而名之。清同治《兴国州志》卷二："坡山，治东南七十里，峭壁十丈，顶平如楼，崭然出众……原名碧云山。东坡由兴国往江西筠州，视其弟子由，尝登此，因名。里人于此制茶，名'坡山凤髓'。"又如"文君绿茶"，产于四川邛崃市，是卓文君与司马相如"当垆卖酒"之地。当地人为纪念其爱情故事，以卓文君命名其绿茶。茶以名人命名，以求广告效应，古已有之。还有"叶家白"，宋代建州极品白茶，因其茶园多为叶姓焙人而得名（《东溪试茶录·茶名》）。

第十四，以斤两命名，如安化的"千两茶"。清顺治元年，陕西泾阳开始筑制茯砖茶，湖南生产的黑茶大量运至泾阳筑制成茯砖茶后，再销往西北各省。清代道光年间，陕西商人在安化本地加工天尖等篓装黑茶，称为"百两茶"；晋商在"百两茶"基础上，加大重量，用棕篾捆筑成圆柱形，以老秤一千两为标准，约36.25公斤，故直称"千两茶"。以其外包装为花格篾篓，故又名"花卷"。这是世界上包装最重最具特色的茶叶，因而被誉为"世界茶王"，粗犷、博大、豪气，具有王者之尊。

第十五，以种植茶树方法命名者，如竹间茶，产于永州龙兴寺，因茶树与竹间种而得名。永州龙兴寺首创中国历史上茶园庇荫栽培法。如柳宗元于唐永贞元年（805）作《巽上人以竹间自采新茶见赠酬之以诗》。

中国茶叶的命名，五花八门，类型繁复，但鉴于历史文化方面的原因，则具有以下三个突出的审美特点：

其一，茶叶与茶水的命名特别注重色彩感官的视觉之美，是色彩美学对茶学的直接反映。如中国茶以色彩之美而分为六大茶类：绿茶、红茶、青茶、黄茶、黑茶、白茶。

其二，一般茶命名带有浓厚的地域文化色彩。产茶的地域性，决定了茶叶命名的地域文化内涵。所以，历史上的中国名茶，大多数以地域、地名、山名来命名，如九龙山茶、三角山茶、南岳茶、沩山茶、顾渚茶、大旭山茶、丰都茶、天目山茶、六安茶、双井茶、祁门茶、阳羡茶、君山茶、龙井茶、湘茶、闽茶，云茶、川茶、祁红、建红、湖红、滇红等。这种命名，简便明了，众人皆知，地理观念极强，不易混淆。美中不足之处是其略显单调平淡，缺乏文化气息。

其三，贡茶命名则带有文人化色彩之美，具有浓厚的宗法文化色彩与人文主义的祥瑞文化气息。宋代贡茶尤为突出，如"大龙""大凤""龙茶""龙芽""小龙茶""小龙团""龙凤英华""龙凤团茶""龙团凤爪""龙团凤饼""龙园胜雪""龙苑报春""玉华""玉叶长春""玉清庆云""玉除清赏""长寿玉圭""万寿龙芽""万寿银叶""风韵甚高""太平佳瑞""无疆寿龙""无比寿芽""天尊贡芽""宜年宝玉""南山应瑞""御苑玉芽"，等等。这种贡茶之命名，是文人或臣子对帝王的崇敬与祝福之心的反映，也是封建宗法制度与中国宗法文化的体现；其制作的形态与印制的图案花纹，多以龙凤呈祥为主，突出其"福"与"寿"的文化内涵，富贵之意、吉祥之心、瑞丽之美，乃是中国祥瑞文化的结晶。

中华茶美学

第三节　茶叶雅名之灵

古往今来，文人骚客钟情于茶，倾心于茶，无不以博大的智慧、美好的心态、靓丽的辞藻之美，给茶叶提出许多最雅致的别名，让人陶醉，令人神往。

茶叶的雅名，大多是用形象化的比喻，这类雅名，有近百种，如紫英、紫芽、翘英、嘉草、瑶草、仙掌、龙芽、凤草、鹰嘴、兰英、新英、岳华、晓露、玉液、甘泉、美人、鸟嘴、凤爪、玉笋、紫萼、麦粒、谷粒、云旗、琼蕊、瑞芽、雾芽、粟粒、芳芽、嫩蕊、琼乳、雪涛、玉乳、绿云、云华、流华、春雪、云液、露华等，不胜枚举。明人黄一正的《茶类》一书，对茶叶的古今名号记录甚为详尽，见《事物绀珠》和《中国茶文化经典》，充分说明中国历代文人茶客，都以最美丽的辞藻来形容比喻茶叶，简直让人目不暇接。

茶叶的灵瑞之气是天地自然的赋予，是自然之美的荟萃。我们择其要者，从美学角度予以分析，考察其中的美学内涵和文化精神。

【灵草】

灵草，是茶叶的第一雅名。古人不知茶树为木本植物，晚唐诗人陆龟蒙《茶人》诗云："天赋识灵草，自然钟野姿。"灵草则成为茶叶的雅名。古人信仰神灵，又期望长生不老，于是对"灵"字格外憧憬，格外崇尚。中国神话里有灵山、灵芝、灵寿之类。曹植《灵芝篇》曰："灵芝生天地，朱草被洛滨；荣华相晃耀，光采焕若神。"灵芝则灵草，西汉张衡《西京赋》有"神木灵草，朱实离离。"薛综注释说："灵草，芝英，朱赤色。"古人以芝英为仙草，故称颂这种草为灵草或灵芝，说它有使人驻颜不老及起死回生之功。茶叶被称为灵草，是古人对茶叶使人驻颜不老之神奇功效的认同，也是茶人饮茶时所寄托的一种生命期盼，属于生命美学的范畴。

【灵芽】

灵芽，是茶叶的第二雅名。以"灵芽"比喻茶叶，乃是唐代大诗人柳宗元的一大创造。其《巽上人以竹间自采新茶见赠酬之以诗》云："芳丛翳湘竹，寒露凝清华。复此雪山客，晨朝掇灵芽。蒸烟俯石濑，咫尺凌丹崖。圆方丽奇色，圭璧无纤瑕。呼儿爨金鼎，馀馥延幽遐。涤虑发真照，还源荡昏邪。犹同甘露饭，佛事熏毗耶。咄此蓬瀛侣，无乃贵流霞。"甘露饭：佛家语，指如来佛的食物。佛事：指佛教寺院举办的祈祷、追福等活动。毗耶：即毗耶娑，印度佛教传说中的圣人。蓬瀛侣：指居住在蓬莱和瀛洲的仙人。流霞：即流霞仙酒。柳宗元茶诗甚少，而此首茶诗之赞美巽上人赠送的新茶。首写茶叶生长与采摘的自然环境之美，再写茶的制作之精美，后写茶的烹煮、饮用、祈

中华茶美学

福之功用，最末二句点明蓬瀛仙人不贵茶而贵流霞仙酒之可叹。是为中国茶诗之大手笔也。此诗中以"灵芽"写茶叶者，在中国茶诗史上尚属首次。

北宋诗人蔡襄《茶垄》诗云："千万碧云枝，取敢抽灵芽。"此灵芽，就是生长在茶树枝头上的茶芽，嫩绿，灵动，如同千万朵飘忽在茶树枝头的云彩，富有灵气，充满生机。"灵芽"这个雅称，与"灵草"一样，显示出茶叶的贵重与地位，突出人们对茶叶的深爱和敬重。与灵草有所不同者，茶叶是嘉叶，是茶树叶，而不是草本，"灵芽"生长在茶树的枝头上，而灵草独立生长在地上，所以，灵芽之喻更符合茶叶的本质属性，更能够体现茶叶芽头的美学形态。

【旗枪】

旗枪，亦名"枪旗"，茶叶之如枪如旗，是茶叶的第三雅名。旗枪之喻，出于对茶叶的一芽一叶的形象化，属于形态美学范畴。

茶诗中首次提出"枪旗"一说者，是晚唐诗人陆龟蒙，其《奉酬袭美先辈吴中苦雨一百韵》"茶枪露中撷"句自注云："茶芽未展曰'枪'，已展者曰'旗'。"茶叶，是茶树的绿色生命；而"枪旗"，是一种茶的蓬勃旺盛的生命力的表现。

嫩绿的茶叶，溶入泉水后重新获得了一种高雅的生命属性；人在品茶之中，将自己的生命意识融入茶水而饮，人的生命则又融注了茶的绿色基因。茶与品茶人融为一体，铸就了茶的绿色生命属性和饮茶的审美价值。

【瑞草魁】

瑞草魁，是指茶叶为百草中的佼佼者。瑞草，是代表祥瑞的草本。魁，是魁首，就是百草之王。古人皆以茶为百草之王，也就是百草之中最富有吉祥瑞丽的草类。

杜牧曾到宜兴监制贡茶，因作《题茶山》诗，此诗写得情调饱满，真切绮丽。作者以时间为序，先写到茶山之由，次写茶山之美，再写紫笋茶入贡，最后写依依惜别之情。其茶美学意义，是首次称茶叶为"瑞草魁"。

【草中英】

草中英，即百草之英华。这是茶叶的一个雅名。唐人以为茶叶为草本植物，故名之为"草中英"。晚唐诗人郑遨《茶诗》诗云："嫩芽香且灵，吾谓草中英。夜臼和烟捣，寒炉对雪烹。唯忧碧粉散，常见绿花生。最是堪珍重，能令睡思清。"此诗首次称赞茶叶为"草中英"，是其审美价值之唯一。

【叶嘉】

叶嘉，是茶叶的另一个雅名。嘉木生嘉叶，茶叶因"嘉木"而生；"嘉叶"而为"叶嘉"者，大文豪苏轼因此作有《叶嘉传》，将茶事拟人化，赋予茶叶以旺盛的生命力。这是中国茶叶史上的一篇千古奇文。论其身世，以"其先处上谷，高不仕，好游名山，至武夷，悦之，遂家焉"；论其人品，皇帝称"叶嘉，真清白之士也，其气飘然若浮云矣"；论其才华，称其"风味恬淡，清白可爱，颇负盛名，有济世之才"；论其遭遇，叶嘉以布衣遇天子，封侯晋爵，备受皇帝赏识，说"久味之，殊令人爱，

中华茶美学

朕之精魂不觉洒然而醒"；论其影响，谓"今叶氏散居天下"，"有父风，其志尤淡泊，人皆德之"。在苏轼笔下，叶嘉的传奇，叶嘉的命运，就是茶的写照，是茶叶的奇缘，是中国茶文化的希望之神。

【云腴】

云腴，是茶水的一个雅名。宋庠，是北宋著名的"红杏枝头春意闹尚书"宋祁的兄弟，其《自宝应逾岭至潜溪临水煎茶》诗云："关塞云西路，僧庐左右开。过岩逢石坐，寻水到源回。天籁吟松坞，云腴溢茗杯。宫城才十里，导骑莫相催。"原注云："源溪禅寺西南二百里。"其中的"天籁"是指自然界发出的音响。"云腴"是唐宋人对茶的美称。因其煮茶泛起的茶沫洁白丰腴如青天白云之美，故而得名。最先以"云腴"喻茶者，是晚唐的皮日休。

【雀舌】

雀舌，形象地比喻茶芽之细小纤嫩。宋代著名科学家沈括有《尝茶》诗云："谁把嫩香名雀舌，定来北客未曾尝。不知灵草天然异，一夜风吹一寸长。"此诗以"雀舌"喻茶芽甚佳，突出茶叶作为天然"灵草"嫩香。

【佳茗似佳人】

美人与茶，皆主阴，以阴柔之美见长。大文豪苏轼有《次韵曹辅寄壑源试焙新芽》诗云："仙山灵草湿行云，洗遍香肌粉未匀。明月来投玉川子，清风吹破武陵春。要知冰雪心肠好，不是膏油首面新。戏作小诗君勿笑，从来佳茗似佳人。"

此乃中国茶史上最富有艺术魅力的一首茶诗，或曰是茶诗中的绝代佳人。茶为何物？"灵草""明月"，前人中称誉茶叶者，已经使用了天地间最优美的词汇，然而皆以"灵物"比喻之；苏轼却别出心裁，以"美人"比喻佳茗。"从来佳茗似佳人"，真是千古绝喻！

【嘉木英】

嘉木英，是茶叶的重要雅名。陆羽《茶经》谓茶为"南方之嘉木"，北宋词人秦观把茶叶比喻为"嘉木英"。其《茶》诗云："茶实嘉木英，其香乃天育。芳不愧杜蘅，清堪掩椒菊。上客集堂葵，圆月控奁盃。玉鼎注漫流，金碾响杖竹。侵寻发美鬯，猗狔生乳粟。经时不销歇，衣袂带纷郁。幸蒙巾笥藏，苦厌龙兰续。愿君斥异类，使我全芬馥。"其中"美鬯"即美酒。鬯，古代祭祀降神所用之酒，以郁金草酿黑黍而成。"猗狔"同"旖旎"，茂盛貌。"巾笥"是指用布巾包好藏之箱中。"龙兰"指加入茶中的香料。蔡襄《茶录》云："茶有真香，而入贡者微以龙脑和膏，欲助其香。建安民间试茶，皆不入香，恐夺其真。若烹点之际，又杂珍果香草，其夺益甚，正当不用。"此诗之咏茶，以"茶实嘉木英，其香乃天育。芳不愧杜蘅，清堪掩椒菊"四句，盛赞茶香，是中国茶诗中的得意之作。因对茶叶天然本质的深切理解，故作者于诗末以"愿君斥异类，使我全芬馥"表明自己反对在茶中掺杂其他香料之法，以保持茶的本色真香。

凡此种种，不一而足。由此我们可以得出这样的三点结论：

其一，从修辞学而言，中国古代文人对茶叶的雅名之比喻，大多采用博喻、群喻的修辞手法，不惜用汉语最美好的词语来

描写和赞美茶叶。

其二，美学原理而言，中国文人对茶叶的比喻，大多出于观赏美学范畴，以各种事物来对茶叶作形象化的比喻，贴切而逼真，形似而生动。

其三，从美学哲学而言，中国文人对茶叶的种种生动比喻，大多能够上升到哲学高度，将茶叶拟人化、人格化，栩栩如生地刻画茶叶的审美特征和品格内涵。

中国人更有把茶拟人化，以茶比喻社会人生者。比如宋代多制作团饼茶，煮茶之前需要将茶饼碾成茶末。一个形如团月的茶饼被碾碎了，在宋人诗笔之下，这粉身碎骨的茶团已经预示着一种人格，一种尊严，一种民族精神。故而张扩有《碾茶》诗云："何意苍龙解碎身，岂知幻相等微尘。莫言椎钝如幽冀，碎璧相如竟负秦。"

蔺相如"完璧归赵"的故事（《史记·廉颇蔺相如列传》），早已家喻户晓，深入到中国人的心灵之中。此诗写碾茶，以比喻出之。"苍龙"，指印有苍龙的茶团饼。前二句描写茶饼被碾碎成茶末者；后二句以战国时代蔺相如"完璧归赵"的故事反驳"椎钝如幽冀"之言。全诗旨在以茶饼粉身碎骨为喻，歌颂历史上像蔺相如那样为伸张正义、不畏强权、敢于抗争的自我牺牲精神。

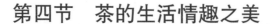

第四节　茶的生活情趣之美

中国人饮茶的习惯始于何时，已经难以考察清楚。然而从神农氏时代到夏商周三代，贡茶肇始于禹贡时代，湖湘地区早以茶叶、杨梅之类为贡品，加之流行经久不衰的秦汉擂茶，且朝廷以茶命名行政县域（茶陵县）等，以此看来，中国人的饮茶之习，应该始于先秦时代，兴盛于汉魏六朝。明人陈霆《两山墨谈》卷14中有过保守的估计："古人以饮茶始于三国时。按：《吴志·韦曜传》，孙皓每饮群臣酒，率以七升为限。曜饮不过二升，或为裁减，或赐茶茗以当酒。据此为饮茶之证。予阅《赵飞燕别传》，成帝崩后，后（妃）一夕寝中，惊啼甚久，侍者呼问，方觉。乃言曰：吾梦中见帝，帝赐吾坐，命进茶。左右奏帝云：向者侍帝不谨，不合啜此茶云云。然则，西汉时，已尝有啜茶之说矣，非始于吴时也。"就是说，西汉皇宫早有上茶之习。

然而，唐人陆羽《茶经》却追溯得更为遥远，直到远古神农氏时代，说："茶之为饮，发乎神农氏，闻于鲁周公。"清人刘源长《茶史》卷一引《食经》又云："茶之为饮，发乎神农氏，闻于鲁周公。齐有晏婴，汉有扬雄、司马相如，吴有韦曜，晋有刘琨、张载、陆纳、谢安、左思之徒，皆饮焉。"是说远古时代，神农氏发现茶之可饮；而后春秋时期，鲁之周公，齐之晏婴；两汉之扬雄、司马相如等，都有饮茶的记载，绝非始于三国时期。茶之为饮，乃是中国之国饮，是中国人日常生活之中的集体无意识。

所谓"茶趣"，就是指饮茶的生活趣味和审美情趣化。饮茶之习，而普及于中国，使饮茶至于生活化，又使社会生活而至于与茶文化结下不解之缘，这乃是中国人社会生活中的一件大事，是中国人生活方式的一大变革。这种变革之所以能够实现，主要有以下四个主要原因：

第一，茶之所以成为中国人的日常生活必需品之一，是中国人生活的自然地域所决定的。长江流域的气候环境，适应茶树的生长发育，为中国人的日常生活提供了可制饮料的自然条件。这是饮茶之习得以普及于中国的自然物质基础。

第二，神农氏发现茶叶的饮用功效之后，中国人的生活方式，从来没有离开过茶，特别是晋唐以来，就有百姓所谓的"开门七件事——柴米油盐酱醋茶"与文人士大夫的"琴棋书画诗酒茶"之说，也是中国人的审美情趣趋于生活化、雅致化的一个重要标志。

第三，中国人饮茶之习的普及，与佛教寺院的开设密切相关。晋唐人的社会生活，除民间饮茶之习外，饮茶之风之所以崛起于佛教寺院，是因为茶水之中含有咖啡因，具有醒脑的功能。为防止佛教僧徒念经诵课时打瞌睡，方丈设置茶寮，定时让僧徒们去喝茶。

第四，中国茶产业的发展，品茶行列之中文人骚客的参与，中华茶文化的积淀，提升了茶的品位、社会地位和国际影响力。

自先秦而至于宋元明清，中国茶文化的历史长河，滔滔滚滚，生生不息，茶因此而走出国门，与咖啡和可可并称，成为世界三大著名饮料之一。茶不仅被饮于中国，更走向世界，茶叶也成为外交使节相互馈赠的礼物。

品茶饮茶之习，由宫廷而走向社会，由寺院而走向民间，乃是茶生活化的一个重要标志，也是茶叶产业日趋社会化的一大进步。

寺院的饮茶之风，逐渐影响了一代文人骚客，他们出入禅寺，方丈以茶待客，于是品茶论道、品茶论诗之风随之风靡全国。故元人王旭《题三教煎茶图》诗之二云：

异端千载益纵横，半是文人羽翼成。
方丈茶香真饵物，钓来何止一书生？

茶是寺院与文人联络的情感纽带，佛教诸多学说之所以能够广为流传，多得力于文人的支持，而方丈正是以茶香为诱饵来吸引广大文人骚客的。文人骚客的参与，成就了博大精深的中国茶文化和茶美学。

茶作为一种生活必需品，经历了一个循环反复的过程：先由民间走进宫廷，又由台阁宫闱和佛教禅院而回到民间，走向社会大众生活，成为一种大众化的饮料，茶的普及大致是在中唐时代。

唐穆宗时代，饮茶已经初步形成一种社会风气。李珏云："茗饮，人之所资。（《文献通考》卷十八）"促成饮茶由高雅而转向大众化这一重大转变的直接因素，我们认为有三：一是人的日常生活需要；二是茶业生产的繁荣发展；三是陆羽《茶经》所产生的社会效应。

人们对茶树与茶的崇拜，演变而为一种图腾崇拜。德昂族种茶、制茶、嗜茶，相传茶叶仙子是德昂人的始祖母。

远古的天界，生长着一棵茶树，枝繁叶茂。茶树之神想到人世间繁育发展，智慧之神达然为考验它，便让狂风吹落茶树的102片茶叶，其中单数变成精明能干的小伙子，而让双数变成美丽动人的德昂族姑娘。当他们准备下凡时，却遭到了恶魔的百般阻挠破坏。经过坚苦卓绝的斗争，他们终于如愿以偿地到达人世间。茶树生长，造福于人间。茶叶仙子们兴高采烈地庆祝丰收时，一阵狂风大作，其中50个姑娘与50个小伙子被收回天界，留下最聪明的一个小弟弟与最美貌的小妹妹，让他两个在人世间结为夫妻。男的叫达檩榔，女的叫亚楞。他俩就是茶叶仙子化成的德昂族始祖。他们夫妻恩爱，生儿育女，使茶树遍种于人世间。

中国人对茶的崇拜，对茶树的神化，对种茶人的神化，虽然只是一些历史悠远的神话传说而已，而唐人陆羽因一部《茶经》竟被后人尊为"茶圣""茶神""茶仙"者，却是毋庸置疑的历史事实。至于宋代，饮茶之习则已风靡全社会。

唐宋时期，中国茶文化与茶美学之繁荣发展，大致有以下几个原因：一是饮茶之习风靡全社会；二是中国文人士大夫的审美情趣趋向于雅致，追求比较高雅的生活方式，故有"俗人饮酒，雅士品茶"之虞；三是佛教禅宗之崛起，"茶禅论"繁荣发展成为一种与"诗禅论"并举的重要学说；四是中唐陆羽撰写中国第一部《茶经》，成为中国茶文化和茶美学的开山之祖。

明代雅士唐寅、祝允明、文徵明、周文宾，以诗画并称，号"吴中四士"。一天游览浙江泰顺（今温州），饭后品泰顺

茶，祝枝山曰："品茗岂可无诗？今以《品茗》为题，各吟一句，联成一绝。"诗云：

> 午后昏然人欲睡（唐伯虎），
>
> 清茶一口正香甜（祝枝山）。
>
> 茶余或可添诗兴（文徵明），
>
> 好向君前唱一篇（周文宾）。

茶庄因此而声名大振，遂将泰顺茶重新包装，名之曰"四贤茶"。

一天夜晚，清代曹寅与家人围坐在堂阶上乘凉。天气炎热，蝙蝠在屋檐间飞动，大家挥汗如雨，一边饮茶，一边看月亮，询问月宫之事，燎火渐稀，更鼓初起，已经入夜了。曹寅赋诗一首，题为《护月与秋屏煎茶待旦》曰：

> 蝙蝠撩檐燎火稀，堂墀人拥汗交挥。
>
> 嵩夫驰告鼓初起，南陆仰瞻星乱飞。
>
> 泡影河山同地大，绕枝乌鹊亦心微。
>
> 书生莫问虾蟆事，小杓分泉试解衣。

前四句写景，后四句记茶事；不问月宫嫦娥之事，只管解衣喝茶，这是清人最为闲淡的生活情趣。

中国历代文人士大夫的生活方式，自晋唐以降，因茶而发生了重大变化，这就是与茶结下了不解之缘。

圣因寺大恒禅师与清人厉鹗以龙井茶交换《宋诗纪事》一书的故事，则充分反映中国文人士大夫的茶情诗趣。《宋诗纪事》100卷，由清人厉鹗所撰，是继宋人计发《唐诗纪事》之后又一部重要的纪事体论诗著作。圣因寺大恒禅师崇尚宋诗，因愿

中华茶美学

以龙井茶交换厉鹗之《宋诗纪事》一书。厉鹗有感于此，故作《圣因寺大恒禅师以龙井茶易予〈宋诗纪事〉，真方外高致也，作长句邀恒公及诸友继声焉》一诗云：

> 新书新茗两堪耽，交易林间雅不贪。
> 白甋封题来竹屋，缥囊珍重往花龛。
> 香清我亦烹时看，句活师从味外参。
> 舌本眼根俱悟彻，镜杯遗事底须谈。

一个爱书，一个爱茶，以新茶交换新书，这种交换心理，并无贪婪低贱之心，显得何等高雅别致。你看，老禅师将白色小瓷包装的龙井茶送来我的竹屋，我把以清白色书袋包装着的《宋诗纪事》送到了大恒禅师手中。茶与书的清香，各自可以通过味觉与视觉而感受到。而"舌本眼根俱悟彻"，个中道理与白居易"以镜换酒杯"的故事（按：白居易有《镜换杯》诗）不也如出一辙吗？

自唐宋以来，中国文人士大夫往往以茶为伍，以茶为乐；而对那些不饮茶者，则攻之为"恶客"。黄庭坚有《催公静碾茶》诗云：

> 雪里过门多恶客，春阴只恼有情人。
> 睡魔正仰茶料理，急遣溪童碾玉尘。

作者自注云："不饮者为恶客，出《元次山集》中。"斥责不饮茶者为"恶客"，始于唐人元结，而盛于宋人黄庭坚。以饮茶与否为交游标准，可见唐宋茶人的交游好恶与审美情趣的情绪化倾向。

茶的生活化，饮茶的大众化，奠定了中国茶文化深厚的社会基础。正是有文人士大夫的茶缘和茶事活动,才成就了深厚无比的中国茶文化。

苏轼《荔枝叹》诗云:"君不见,武夷溪边粟粒芽,前丁后蔡相笼加。争新买宠各出意,今年斗品充官茶。"苏轼针对丁谓、蔡襄等官吏以"斗品"为"贡茶"而争新买宠的社会现象,惊呼"我愿天公怜赤子,莫生尤物为疮痏"。

茶叶,因造福于人类而生,而今却成了"尤物"。因此,中国历代统治者也曾被迫立法明令宣布"禁茶"。据顾炎武《日知录之余》转引《金史》记载云:

泰和五年,尚书省奏:"茶,饮食之余,非必用之物。比岁上下竞啜,农民尤甚,市井茶肆相属。商旅多以丝绢易茶,岁费不下百万,是以有用之物而易无用之物也。若不禁,恐耗财弥甚。"遂命七品以上官,其家方许食茶,仍不得卖及馈献;不应食者,以斤两定罪赏。

金宣宗元光二年(1223)宣布禁茶,规定唯有亲王、公主和现任五品以上的官吏可以饮茶,余人均禁止饮茶。"犯者徒五年,告者赏宝钱一万贯"。

金国统治者以法"禁茶",多是出于其政治经济利益考虑,却剥夺了一般平民百姓正当的生活权益,抑制了茶的生活化和茶文化的普及与发展,其负面影响,也是相当显著的。然而,"青山遮不住,毕竟东流去"。茶的生活化,饮茶的大众化,中国茶文化的发展繁荣,乃是一种必然的历史趋势和审美价值取向,不可逆转。

第四章

茶乡：茶与生态美学

　　生态美学，是自然环境美学。它的基本特征，是对自然生态环境之美的美学追求。

　　茶树、茶叶、茶水，乃是美丽茶乡的纤纤骄子，是大自然中的嘉木灵芽，是优美自然生态环境的产物。

　　江南茶乡，青山绿水，云雾缭绕，鸟语花香，佳木葱茏，茶园叠翠，如绿海碧波，如翡翠玛瑙，如诗如画，是生态环境美学的典范之作。

第一节　茶乡之美

　　早春三月，青山绿水之间，云雾缭绕之中，一片片云霞滴翠，一座座茶园叠嶂，云岚飞渡，绿树成林，山灵水秀，青翠欲滴。这就是人间仙境般的中国绿色茶园，是绿色的海洋，是生命的张扬，是希望的霞光。

　　生态环境美学，是人类生存空间的美学，是以"天人合一"为哲学基础的美学，是"天地人"三位一体的美学。

　　茶乡的生态环境之美，如同美丽神奇的张家界。这是山水的灵动，云雾的飘逸，树林的翠绿，鲜花的芬芳，鸟儿的飞翔，都是生态环境之美的荟萃。当现代人面临着生态环境危机之际，美丽的茶乡，乃是现代都市人向往的理想家园。

　　宋徽宗《大观茶论》云："至若茶之为物，擅瓯闽之秀气，钟山川之灵禀，祛襟涤滞，致清导和，则非庸人孺子之可得而知也；冲淡简洁，韵高致雅，则非遑遽之时而好尚矣。"宋徽宗以帝王之尊，称颂茶的禀性灵气和品位韵致，所言所感，自有一种皇权至尊的学术权威性。

　　宋代宋子安《东溪试茶录·序》云："会建而上，群峰益秀，迎抱相向，草木丛条，水多黄金，茶生其间，气味殊美。岂非山川重复，土地秀粹之气钟于是，而物得以宜欤？"又说："以建安茶品，甲于天下，疑山川至灵之卉，天地始和之气，尽此茶矣。"

茶，集山川之灵气与土地秀粹之气、天地始和之气于一身，是绿色之精灵荟萃者，是山川大地的恩泽，是大自然对人类的赐予，是绿色自然环境的骄子。

茶叶，是灵芽，是瑞草，最注重自然生态环境之美。所以，研究茶学，研究茶文化，不可忽视环境生态美学。

茶叶与生态美学的关系，主要表现在以下几个方面：

一是茶叶的自然本质属性决定它对自然生态环境的选择是相当严格的，茶叶的最佳产区大多分布在北纬22度与32度之间，这里的自然环境、气候条件、土壤结构、雨量分布、光热资源等都非常适宜茶叶的生长。低纬度与高纬度即使也能够种植茶叶，但毕竟难以出产优质茶叶；而低处北纬25度到30度之间是以武陵山为中心的长江流域，正是中国出产优质茶叶的黄金纬度带与神秘文化带。

二是茶叶的种植、茶园的管理、茶叶的生产，要求严格遵循自然规律与科学规律，而这个自然规律与科学规律的基本依据就是环境生态美学，严格按照自然法则从事茶叶生产。

三是茶叶产销，要正确处理人与自然的关系，既要坚持以人为本的原则，又要顺应自然，保护自然生态环境，从人类的健康长寿出发，生产优质茶，不打农药，不施化肥，不掺假，不以次充好，讲求诚信，注重君子风度。

三是"击鼓喊山"，茶叶，是古代茶山人们的希望，每到谷雨时节，茶农期待着茶树早日发新芽，男女老少，聚集在茶山，

敲锣打鼓，齐声呼喊"茶发芽！"此种风俗，叫作"击鼓喊山"。古代茶乡"击鼓喊山"之习，始于唐而盛于宋。唐代顾渚山贡焙，每年惊蛰之际，湖州、常州二太守会聚于顾渚山境会亭，祭祀于涌金泉，祈求茶叶和泉水吉祥如意。祭祀结束后，则鸣金击鼓，二州太守随从和千万计茶农等众，齐声高喊"茶发芽！"这是对茶叶自然生命的呼喊，是对茶山美好前进的呼唤。此后，击鼓喊山之习，因贡焙地域之转移而转移。传承于宋代，则在福建建州凤凰山举行，千万众茶人齐声呼喊"茶发芽"，场面极为壮观。元明时代，贡焙转至武夷山，其御茶园尚存"喊山台"遗址。

第二节　茶树生长的自然生态环境之美

茶为何物？陆羽《茶经》云："茶，南方之嘉木也。"茶是嘉木，是自然界最美好的树木种类；茶叶吸天地之灵气，集日月之精华，是灵芽、灵草、灵叶、灵物。所以古人用一个"灵"字来赞美茶叶。

宋人叶清臣《述煮茶小品》云："吴楚山谷间，气清地灵，草木颖挺，多孕茶荈，为人采拾。"其中"气清地灵"，充分说明茶叶生长的自然环境是南方自然界最优美的生态环境，是青山白云、惠风流水、晴岚烟霞、明月松涛，是钟灵毓秀、河岳英灵、风调雨顺；一旦自然环境恶化，生态平衡被人为地破坏，茶树、茶叶的生长就失去了自然界的依托，茶叶的绿色生命就会夭折。

从这个意义上来说，茶美学就是茶的生态美学即自然环境美学，是茶叶的绿色生命美学。

一、人在草木中

从字源学来考察，"茶"字的结构形态，是从草从木，中间一个"人"字，指"人在草木中"。

草木，是自然生命的外在面貌，是自然界赖以存在的基本形态，也是人类衣食之源。有草木，有森林，有人类生存的土壤气候环境，这才是大自然界，人类与自然的融合，才形成了人类社会。人类社会的基本形态是人与自然融合为一。能够体现这种基本形态者，乃是人在草木之中的"茶"。

茶的这种自然属性与社会属性，决定了茶的本质特征，而这种本质特征来源于大自然。所以说，茶是大自然界贡献给人类的绿色生命纽带，是自然生态美学的友好使者。

二、茶有二气：草气与香气

人在草木中，感受大自然的灵气，吸取茶叶的草气与香气，这是人与自然的和谐结合。明人朱升《茗理》诗序云："茗之带草气者，茗之气质之性也；茗之带花香者，茗之天理之性也。"他把茶的禀性特质，分为"气质之性"和"天理之性"两种：前者"带草气"，后者"带花香"。"带草气"者，原于茶自身内在的气质禀赋；"带花香"者，本于茶所吸取的天地自然之"理"。其诗云：

> 一抑重教又一扬，能从草质发花香。
>
> 神奇共诧天工妙，易简无令物性伤。

前二句叙写绿茶制作过程中"迭抑迭扬"的杀青方法，方能保留绿茶的色泽香气，所谓"抑之则实，实则热，热则柔，柔则草气渐除；然恐花香因而太泄也，于是复扬之。迭抑迭扬，草气消融，花香氤氲，茗之气质变化，天理浑然之时也"（同《茗理》序）。后二句议论茗理，认为绿茶的制作工艺这样神奇，可以巧夺天工之神妙，其根本原则就是不能损伤原物的本质属性。

然而，无论是其"草气"还是"花香"之气，茗皆生于天，长于地，秉承于天地万物之灵与自然之美。元人杜本有《咏武夷茶》诗云：

> 春从天上来，嘘弗通宾海。
> 纳纳此中藏，万斛珠蓓蕾。

此诗咏叹武夷茶之美。茶叶，是春天的使者，是美丽动人的春姑娘的化身。春从天上来，藏于茶树中，孕育出的茶叶蓓蕾，如万斛珠玉一般美妙。

茶叶是灵芽，是灵草、瑞草。然而，如此美叶佳茗，非天生，非地长，是人之栽种也。茶叶得天时地利而生，因风调雨顺而长。既然如此，茶叶的种植，就特别注重其生长的自然生态环境之美。

宋徽宗《大观茶论》指出："植产之地，崖必阳，圃必阴。盖石之性寒，其叶抑以瘠，其味疏以薄，必资阳和以发之。土之性敷，其叶疏以暴，其味强以肆，必资阴荫以节之。阴阳相济，则茶之滋长得其宜。"宋徽宗从哲学的高度，说明茶的种植与生长，是自然之美与人工之力相结合的结果，是"天人合一""阴阳相济"的产物。

三、茶园生态系统

茶园，是茶叶生产的基地，是茶叶绿色文明的摇篮，是自然美的荟萃。

自然生态环境之美，是优质茶叶生产的基本条件。

一片片云霞滴翠，一座座茶园叠嶂，这就是山灵水秀的中国茶园。中国茶园，以北纬25度至30度为中国茶叶生产的最佳产区与黄金纬度带。这里有山的灵气，水的灵动，云雾的飘逸，

自然之美的荟萃，是现代都市人向往的理想家园。

浙东茶园如海浪翻滚

茶园的选择，主要是重在生态平衡，要求地势、土质、水分、阳光都能适宜于茶树的生长，有利于优质茶叶的培育。这种生态平衡，一则是自然生态系统，二则是人工生态系统，二者都必须保持平衡，建立生态茶园。

生态茶园是环境优美的无公害茶园，是对环境污染的否定。建立生态茶园，目标在于维持茶园的生态系统。

茶园生态系统有四个主要组成成分：一是非生物环境，包括气候因子、无机物质和有机物质；二是生产者，主要是绿色植物，如茶树、林木与草类，它们的光合作用是生态系统中的初级生产；三是消费者，指一般不能生产食物的动物；四是还原者，主要是细菌、真菌等异养生物，把复杂的动植物有机残体分解为无机物，还原给自然环境，被生产者再利用。

宋初，王禹偁因管理贡茶故驾车前往扬州茶园考察茶情，因作《茶园十二韵扬州作》诗一首，其中有云："勤王修岁贡，晚驾过郊原。蔽芾余千本，青葱共一团。芽新撑老叶，土软进深根。舌小侔黄雀，毛狞摘绿猿。"历史上的扬州茶园，茶树千株，叶茂根深，新芽如黄雀之舌，白毫如绿猿之毛。这种形象化的描写，说明茶园的绿色生命来源于自然生态环境之美。

如果自然环境不好，生态环境受到人为的破坏，茶树的绿色生命就会受到威胁。苏轼有一首《种茶》诗云：

松间旅生茶，已与松俱瘦。

茨棘尚未容，蒙翳争交构。

天公所遗弃，百岁仍稚幼。

紫笋虽不长，孤根乃独寿。

移栽白鹤岭，土软春雨后。

弥旬得连阴，似许晚遂茂。

能忘流转苦，戢戢出鸟味。

未任供春磨，且可资摘嗅。

千团输大官，百饼衔私斗。

何如此一啜，有味出我囿。

前四句写生态环境之劣，老茶树危在旦夕，后篇写经过移栽，春风化雨，老茶树又焕发生机。"何如此一啜，有味出我囿。"苏轼尝到自己亲手移植成活的嫩茶时，感觉到的滋味格外香甜可口。

四、茶种的优化

茶种的优化，是历代茶农所关注的重大问题。清人宗景藩总结历代种茶经验，撰有《种茶说十条》，每一条皆系经验之谈：

一曰种子法："至白露时，摘取茶子晒干，垦地一方，将土锄细，取茶子一、二升，均铺地上，如布薯种、芋头种之式。铺好盖土约二、三寸厚，土上再盖草须一层，能买茶饼或菜饼研细拌入土内得肥更妙。如旱干，宜用水浇之。"

二曰移栽法："茶发芽后，经二春即可移栽。以大者两茎为一兜，小者三茎为一兜；每兜须相离二、三尺，以便长发。移栽后一、二年，茶树高二尺许，枝叶蕃茂，即可采摘茶叶。"

三曰间种法："另有一种法，亦于白露时垦土锄细，摘取

茶子晒干，随捡十数粒；另取桐子一、二粒，埋作一窠；一亩之中，匀排百十窠，待其发芽。二春之后，将桐树掘去，取其树叶大，遮护茶叶。茶即成树，可以不用。此等种法，可省移栽。"

茶树的发育，是一个系统工程，既有个体性，又有阶段性，还有系统性。其个体的发育是有序的，又表现出一定的阶段性，但从茶树起源与演变过程来考察，又具有系统性。个体发育是系统发育的基础，而系统发育又制约着茶树个体发育的方向。

优胜劣汰，乃是茶种发育和茶园建设的规律。一旦茶树老化、病虫害化，茶农可采取移栽、改植、换种等方法改造茶园。

早在唐宋时代，茶树就进行移栽了，如上所引苏轼《种茶》诗有"移栽白鹤岭，土软春雨后，弥旬得连阴，似许晚遂茂"之句，说明苏轼移栽茶树成功了。

五、茶山之美

茶山，一个美丽雅致的名字，遍布于中国四大茶区，是叶嘉灵芽的温馨摇篮，是南方嘉木的荟萃之地。

茶山之美，美在自然造化。霞蔚、阳光、雨露、云岚、翠屏、鸟鸣、花香，溪流潺潺，芳草萋萋，风光绮丽，肥美丰腴，云雾缭绕，风调雨润，气象万千。生态环境之优美，是天地自然的赐予，是茶叶仙子的羽衣霓裳。

茶山之美，美在历史文化。这里书写着中华茶祖炎帝神农氏尝百草的远古神话，悲叹着神农氏长眠于"长沙茶山之尾"的千古传奇，记载着茶圣陆羽隐居茶山撰著《茶经》的历史辉煌，积淀着中国茶人吟咏茶山的历代诗篇……中国茶山，是中华茶叶的伟大圣母，是博大精深的中华茶文化的发祥地，她厚重的

历史，深邃的文化，像阳光雨露一样，滋润着东方天国的灵芽，润泽人们干涸的心田。

茶山之美，美在茶树的绿嶂千野。雪山脚下的涓涓溪流，原始森林中的茶树之神，六大茶山的千秋树荫，给人无限的美丽遐想。中国西南茶区的茶山之巍峨，云南野生大乔木茶树之粗壮高大，那一株株高耸入云的野生茶树，是茶叶王国的峨冠博带，是河岳英灵的千古化石，令人产生敬畏、崇拜、景仰之心。这就是中国的茶树，中国的茶山，中国的茶叶王国！

六、茶乡之美

茶，作为一种绿色饮料，强调无污染，无公害，注重自然生态环境之优美，所以茶乡的自然风光和生态环境，必然是最优美的。正如宋子安《东溪试茶录》所云之东溪、北苑、壑源、佛岭、沙溪等著名茶叶产地，其自然生态环境之美，大体表现为如下：

1. 地域方位，茶园以山林为上，宜远离城市和集镇

所谓"北苑西距建安之洄溪二十里而近，东至东宫百里而遥。过洄溪，逾东宫，则仅能成饼耳。独北苑连属诸山者最胜"者，言其茶乡地域之优越也。

2. 土地秀粹，适宜茶树生长发育

所谓"其阳多银铜，其阴孕铅铁，厥土赤坟，厥植唯茶"者，言其土地秀粹之气钟于茶也。

3. 山水草木，群峰竞秀，茶生其间，气味殊美

所谓茶"疑山川至灵之卉，天地始和之气"者，言其佳茗

皆出于壑岭断崖缺石之间而为草木之仙骨也。

4. 气候适宜，茶乡的气温和雨水、阳光和湿度，都比较适宜于茶的生长发育

所谓"今北苑焙，风气亦殊。先春朝隮常雨，霁则雾露昏蒸，昼午犹寒，故茶宜之"者，言"茶宜高山之阴，而喜日阳之早"也。

明代著名戏剧家汤显祖则由雁荡山种茶人联想到古代神话故事，因而作《雁山种茶人多阮姓，偶书所见》一诗云：

> 一雨雁山茶，天台旧阮家。
>
> 暮云迟客子，秋色见桃花。
>
> 壁绣莓台直，溪香草树斜。
>
> 风箫谁得见，空此驻云霞。

作者对雁荡山的描写，以雨、茶、秋色、暮云、桃花、溪流、草树为意象，抒写雁荡茶山之美。因此而联想到东汉刘晨、阮肇上山采药遇二仙女的故事；因风吹树木之声，故而又联想到萧史吹箫而与弄玉登仙飞天的神话传说。这种将种茶人与中国神话传说中的人物相结合的写作方法，深化了茶诗的艺术境界，在历代茶诗创作中也是颇为少见的。

中华茶美学

第三节　茶叶分类的色彩之美

　　色彩缤纷的茶叶，在茶学的学科体系之中，却是一个有序性的美感组合。这种有序性的美感组合规律，就包括了茶叶的分类及其审美标准这一个系列。

　　茶学界认为，茶叶分类的主要依据是茶叶的加工制作工艺。这是毋庸置疑的。但是从茶美学的角度来分析，制作工艺只是茶叶分类的标准之一而并不是唯一的。关于中国茶叶的分类，大致有以下四个不同的分类标准：

　　（1）茶叶颜色：即以茶叶制作后所呈现出来的颜色为标准，分为绿、青、黄、红、白、黑六大茶类。

　　（2）茶叶产地：即以茶叶的产地为分类标准，分为名目繁多的地域性名茶。

　　（3）采茶时间：即以采茶时间为分类标准，如所谓"雨前茶""雨后茶""早茶""头茶"等。

　　（4）茶叶制作工艺：即以茶叶制作工艺为分类标准，如所谓"绿茶""红茶""黄茶""碧螺春""花茶""团茶"等。

　　按照这种分类标准，我们可以对茶叶的分类作如下论述：

　　第一，以其颜色而论，从明清时期开始，茶学家们一般以

茶叶的颜色为分类标准，得出六大茶类：绿茶、黄茶、黑茶、青茶、白茶、红茶。

茶叶分类的"色彩分类法"，是茶叶从诞生之初就与美学结缘的主要标志之一，是色彩美学的经典之作。

绿，《说文解字》云："帛，青黄色也。"

黄，《说文解字》云："地之色也。"《玉篇》云："中央色也。"

黑，《说文解字》云："火所熏之色也。"

青，《说文解字》云："东方色也。"《释名》云："青，生也，象物之生时色也。"

白，《说文解字》云："西方色也。阴，用事物色。白，从入，合二。二，阴数也。"

红，《说文解字》云："帛，赤白色。"《释名》云："红，绛也。白色之似绛者。"

许慎在《说文解字》序中称"文者，物象之本"。以上这些指颜色的字，都来源于色彩意象，是人的视觉意识与感官意识的综合反映。其物象化的色彩美，在中国人最初的视觉意识中已经形成一种美学特征，与现代意义上的色彩美学并无二致。因而以这六种颜色来界定中国茶叶，则有所谓绿茶、黄茶、黑茶、青茶、白茶、红茶六类之别。

六色茶，六类茶，是自然万象在茶叶生命中的折射，是一个五彩缤纷的宇宙世界；也代表着珍贵而深邃的社会人生，是色彩之美与社会人生之美的象征。

本来，从色彩美学来看，绿色，象征着生命，蓬勃朝气，

中华茶美学

生机无限；黄色，象征着帝王至尊，富丽而高贵；黑色，象征着尊严无尚，凝重而威严；青色，象征着万物复生，正大光明；白色，象征着单纯圣洁，洁白无瑕；红色，象征着热情奔放，如火如荼。

六大茶类，以六种颜色命名，代表着这六大茶类的本质属性和审美特征。

绿茶是中国出产最早的茶类。绿茶制法，始于唐代。陆羽《茶经》记载了唐代蒸青绿茶（团茶）的制作工艺。宋元时改为蒸青散茶，明代改为炒青绿茶，张源《茶录》、许次纾《茶疏》、罗廪《茶解》记之，沿用至今。绿茶的主要品质和审美特征是"清汤绿叶"：色泽绿润，汤色清绿，叶底嫩绿，呈现一种自然之色，具有绿色生命之美。

黄茶，最早出于唐代，以其茶叶及其汤色自然呈黄色而得名，如"君山银针""寿州黄芽"。当今黄茶系加工制作而成，即将绿茶经过"闷黄"，使其形成"黄汤黄叶"风格。黄茶的主要品质和审美特征是"黄汤黄叶"：色泽金黄，汤色黄亮，叶底嫩黄，呈现一种富贵之气。黄茶色泽属土，是帝王之色，富贵之色，中央之色，隶属黄帝，具有黄袍加身的帝王之气、王者之尊，是以尊贵、富贵为特色的中华宗法文化的典型代表。

黑茶，出于元明时代，以绿毛茶经杀青、揉捻、渥堆、干燥加工而成，以其茶色黑褐红润而得名。湖南是黑茶的原产地，安化千两茶以其制作工艺之独特、茶叶包装之花格篾篓和重量之举世无双，被尊为"世界茶王"，霸气、锐气，具有强大的冲击力。其次还有云南的普洱茶、广西的六堡茶和四川、福建、

湖北黑茶等，古代的黑茶多为边地易马之茶，以解"嗜食乳酪"者之需。黑茶的主要品质和审美特征是"褐红黑叶"：色泽黑褐，汤色橙黄带红，叶底暗褐，呈现一种黝黑的沃土之色，具有粗阔淳厚质朴之美，如同非洲的青春少女，属于北方之色，隶属黑帝，是燕赵佳丽，是东方黑美人。

青茶，又称乌龙茶，历史悠久，产于福建、广东、台湾。最著名者有武夷岩茶、闽北青茶、闽南青茶、广东青茶、台湾青茶。青茶制法，有蒸青法和晒青法二种。青茶的主要品质和审美特征是"绿叶红边"：色泽青绿乌润，汤色浅橙红亮，叶底"绿叶镶红边"，呈现三分红七分绿之色，具有内质清香而外表艳丽之美，属于东方之色，隶属青帝，宛如唐代美艳的贵妇。

白茶，始于唐代，造于北宋政和三年（1113）。宋徽宗《大观茶论》有"白茶"条，称"白茶自为一种，与常茶不同。其条敷阐，其叶莹薄，崖石之间，偶然生成，非人力所可致"。白茶属于极品贡茶，产量极为稀少，以福鼎白茶、安吉白茶为最。其制作工艺有二道：萎凋与干燥。宋人赵汝砺《北苑别录》、明人田艺蘅《煮泉小品》与清人周亮工《闽小记》中均有所记录。白茶的主要品质和审美特征是"叶毫银白"：色泽银绿白毫，汤色黄亮清醇，叶底灰绿嫩匀，呈现浑厚银白之色，属于西方之色，隶属白帝，犹如白牡丹、白玉兰，具有纯洁静谧之美。

红茶，以其汤色红润而得名。红旗、红星、红领巾、红联、红烛、红灯笼……红色中国，红乃国色也，富贵之色，吉祥之色也。故中国红茶，天生丽质，乃国色天香也。佳茗红润，血色玛瑙，红装美女，相思红韵，凤凰翱翔。君不见红裙翠袖之明媚，

富贵吉祥之华丽，衾枕罗帐之燕尔，洞房花烛之亮丽，以红亮明丽为美，以甘甜醇和为尚，乃茶之臻品，饮之妙品。中国红茶，历史悠久，品类多样。著名红茶，以建红、祁红、湖红、滇红为最。历史之湖红，与祁红、建红并称三足鼎立；湖红源于安化。清朝咸丰四年（1854），安化茶人于酉州制作红茶，年产十万箱，销往英美与俄国。清同治七年（1868），安化知县陶燮成制订中国第一个红茶章程——《长沙府安化县红茶章程》。清光绪年间，安化红茶大发展，年产多达四十万箱（《湖南之财政》第三章）。民国四年（1915），湖红于巴拿马国际博览会上与贵州茅台酒同获国际金奖（湖南《大公报》1915年12月30日），滇红茶的创始人冯绍裘被尊为"红茶大师"。红茶的主要品质和审美特征是"红汤红叶"：色泽红润棕褐，汤色红艳甘美，叶底红亮匀净，呈现红玛瑙之色。红色属于南方之色，隶属炎帝或曰赤帝，火热赤诚，具有赤淳热情、通明透亮之美，恰似美髯情真的关公。

第二，以其产地分类，茶叶的品类具有浓厚的地域文化色彩。

何谓"地域文化"？我们认为，地域文化，是一个民族在特定的历史地理环境中长期形成的一种历史文化积淀，是一种集体无意识中的社会存在。作为一门研究人类文化空间组合的地理人文学科，地域文化的最大特点是在于文化的地域性，包括自然山水、民俗风情、人的语言风格、生活方式、气质个性和禀赋等各个方面的地方差异性。不同的地域环境，经过长期的历史沉积，形成不同的地域文化。地域文化对茶叶生产的影响是非常巨大的，主要有以下四个方面：

一是地理土壤对茶叶品质的决定性作用。茶叶品质如同人的气质、禀赋及风格一样，深受其地域文化的影响。所谓"橘生淮北则为枳"，土壤气候条件决定茶的品质。茶叶品质，多指茶叶的色、香、味、形和叶底。对茶叶品质作土壤分析，我们就会发现土壤的性质决定茶叶的品质。

二是茶叶汲取地域山川之灵气，是一定地域山川的产物；不同的地域出产不同品质的茶叶，连茶叶的命名亦取决于地域，因地域特色而命名。诸如福建的"九曲乌龙"、广东的"九龙山茶"、江西的"九龙嶂茶"、湖南的"君山银针"、浙江的"西湖龙井"、安徽的"黄山毛峰"、四川的"蒙顶黄芽"，等等。优美的山川形胜，往往是优秀的产茶地区，多出产独具特色的地方名茶。地方名茶的命名也都带有地域文化特性，其品性质地亦属于一定的地域环境性质。如"蒙顶黄芽"，既受地之气，吸山之精，又得采之神。它多采摘于春分时节，采摘标准为一芽一叶初展的芽头，要求肥壮匀齐，严格做到"五不采"，即不采紫芽、病虫芽、露水芽、瘦芽、空心芽。如此尊贵的"蒙顶黄芽"，是仙女，是闺秀，是名媛，是贵妃，是菁菁美人，是黄冠皇后。然而，她身上披挂着的始终是雅州蒙山地域山川自然之美的霓裳羽衣。

三是众多中国名茶出产在富有丰富文化意蕴的地域文化氛围之中，地域文化赋予了各地名茶以深邃的文化内涵。中国茶独具特色，充满文化气息，在这个茶叶王国里，几乎每一种名茶都蕴含着一个美丽动人的故事传说；而优美的神话传说、脍炙人口的民间故事、别具一格的民俗风情，为历史名茶赋予

的人文关怀，乃是一种独特的审美享受，一种深厚的文化底蕴。

　　四是中国人的饮茶习性亦受到地理环境和地域文化的影响。中国人的饮茶风俗，往往因地域而异，具有浓郁的地域文化色彩。南方多瘴气，为祛病防风湿，多喜饮擂茶，或煎茶时加姜盐桂椒之类，用以防治疟疾，祛病强身。我国西北地区的人们大多喜肉食，故多饮黑茶，以解"嗜食乳酪"之需。"宁可三日无粮，不可一日无茶"。饮茶的实用功能，因地域和生活习性而别，指出饮茶的地域文化特征，此乃这句话的茶学价值之所在。

第四节　茶叶风格特质之美

美，是一种审美观念；美感，是一种审美情趣。中国人对茶色的审美感受，往往随着时代的变迁与审美情趣的变化而有所不同。如宋人尚白，故论茶品茶者，多以白为贵，以白为美。

蔡襄在《茶录》上篇论茶色，云："茶色贵白，而饼茶多以珍膏油其面，故有青黄紫黑之异。善别茶者，正如相工之视人气色也，隐然察之于内，以肉理润者为上。既已末之，黄白者受水昏重，青白者受水详明，故建安人斗试以青白胜黄白。"

宋徽宗《大观茶论》之论茶色云："点茶之色，以纯白为上真，青白为次，灰白次之，黄白又次之。天时得于上，人力尽于下，茶必纯白。天时暴暄，芽萌狂长，采造留积，虽白而黄矣。青白者，蒸压微生；黄白者，蒸压过熟。压膏不尽，则色青暗；焙火太烈，则色昏赤。"

明人论茶色之美者，即崇尚青翠之色。张源《茶录》论茶色则云："茶以青翠为胜，涛以蓝白为佳。黄黑红浑，俱不入品。雪涛为上，翠涛为中，黄涛为下。新泉活火，煮茗玄工，玉茗冰涛，当怀绝技。"

茶叶色泽，是茶的视觉性，属于茶的感官之美。包括干茶外表颜色、茶的汤色、叶底色泽。从茶学和美学相结合而论，这种色泽之美，是茶叶鲜叶内所含各种有色化合物颜色的综合反映。它是茶叶命名与分类的基本依据，也是区别茶叶香气与味道的重要因素之一。

茶学界证明，构成茶叶色泽之美的有色物质，主要是黄铜、黄铜醇（花色素与花黄素）、糖苷、类胡萝卜素、叶绿素及其转化产物、茶黄素、茶红素、茶褐素等。这种种有色物质，不论其水溶性色素还是其脂溶性色素，则成就了五彩缤纷的茶叶色泽之美。

一、绿茶

绿茶，属于不发酵茶。

绿茶的本色，是绿色，清汤绿叶。

绿茶这种外形色泽与叶底色泽，主要是由叶绿素及其转化产物，如叶黄素、类胡萝卜素、花青素与茶多酚不同氧化程度的有色产物所构成的。其中脂溶性色素是构成绿茶外形色泽和叶底色泽的主体部分，而水溶性色素在茶叶冲泡之前亦参与绿茶外形色泽的构成，冲泡后未被溶解于茶汤者则参与叶底色泽的构成。构成绿茶汤色的主要物质，是水溶性色素，包括黄铜醇、花青素、黄烷酮和黄烷醇类的氧化衍生物。茶学界认为，黄烷酮是构成绿茶茶汤呈黄绿色的主要物质。

二、白茶

白茶，属于微发酵茶。

白茶的本色，是雅白色，披满白毫，色泽素雅，汤色清淡。

白茶按树种可分为大白、水仙白、小白三种；按鲜叶老嫩之别，可分为银针白毫、白牡丹、贡白三种，品质各异。

三、青茶

青茶，又称乌龙茶，属于半发酵茶。

青茶的本色介于绿茶与红茶之间，具有绿茶的清香与红茶的醇味，冲泡后形成"绿叶红镶边"的奇观，美不胜收。

四、黄茶

黄茶，属于非酶性氧化的微发酵茶。

黄茶的本色，是黄色，黄汤黄叶。

黄茶按鲜叶老嫩之别分为黄芽茶、黄小茶、黄大茶三种，品质各异。

五、红茶

红茶，属于发酵茶。

红茶的本色，是汤色红艳。

红茶这种外形色泽与叶底色泽，主要是由叶绿素降解产物、果胶质及茶多酚、蛋白质、糖等多种物质参与氧化聚合所形成的有色产物综合反应的结果。据光谱分析，大约15种色素与水溶性的茶多酚氧化产物茶黄素、茶红素、茶褐素等融为一体，共同构成了红茶外形色泽与叶底色泽。红茶一般要求干茶色泽乌黑油润，叶底色泽橙黄明亮主要取决于茶黄素，若叶底红亮，则表明茶红素较多。红茶汤色是由水溶性的茶多酚氧化产物茶黄素、茶红素及茶褐素决定的；茶黄素含量多则汤色呈橙黄色，茶红素高茶汤色则呈浓红色，茶褐

素高则茶汤呈现暗褐色。红茶汤色越红艳鲜亮,茶汤质量越好;若呈暗褐色则茶质较差。

六、黑茶

黑茶,属于非酶性发酵茶。经渥堆制作,有前发酵与后发酵之别。黑茶源于梅山的渠江薄片,肇始于晚唐五代,有五代毛文锡《茶谱》为证。

黑茶尚黑,黑茶的本色是叶底色泽尚褐,汤色深橙红润,滋味醇和纯正。安化黑茶如千两茶之汤色,水色光滑,明净亮丽,无沉淀,无浑浊,茶色淡者橙黄,浓者橙红,周边呈现金黄色圈,如同镶着黄色金边。如蛋黄,如琥珀,如咖啡,红浓明艳。这种色泽之美,富贵而不豪华,亮丽而不妖艳,朴实中呈现高雅,醇厚中显示甜润,如桃花江美女的姿色容颜,似松竹的魅力无限。

茶叶色泽的类型,茶学界一般分为:

类 型		分类依据	色泽特征	举 例
干茶色泽	翠绿型	鲜叶嫩度好,一芽一二叶,新鲜,绿茶制法,杀青质量高,工序处理及时合理,破坏酶活性	翠绿色	高级绿茶、瓜片、龙井、银峰、古丈毛尖
	深绿型	鲜叶嫩度为一芽一二叶,新鲜,杀青投叶多,工序及时合理,外形条索紧结	苍绿色	天目青顶、高级炒青、滇晒青
	墨绿型	嫩叶,一芽二三叶	墨绿色	烘青、雨茶、珠茶、火青

干茶色泽	黄绿型	鲜叶较嫩，一芽三叶，第三叶近成熟，绿茶制法	黄绿色	烘青、炒青、小兰花
	嫩黄型	鲜叶细嫩，嫩黄色，一芽一叶，黄茶制法，有闷黄工序	嫩黄或浅黄色	蒙顶黄芽、莫干黄芽、建德包茶
	金黄型	鲜叶细嫩，嫩黄色，单叶或一芽一叶初展，黄茶或绿茶制法	芽头肥壮，芽色金黄，芽毫闪光，如"金镶玉"	君山银针、沩山毛尖、黄山毛峰
	黄褐型	鲜叶较粗老，经过长时闷黄工序，高温烘烤	黄褐色	黄大茶
	黑褐型	鲜叶较老，有渥堆或发酵工序	黑褐色	黑毛茶、湘尖、六堡茶、普洱茶、红砖茶
	砂绿型	鲜叶有一定成熟度，青茶制法，火功足	炒绿润即鳝鱼色	铁观音、乌龙茶
	灰绿型	鲜叶较细嫩，一芽二叶，有萎凋和干燥工序	绿中带灰色（毫心银白，叶面灰绿）	白牡丹
	青褐型	鲜叶绿色，叶张厚实，青茶制法	褐中泛青色	大叶青、水仙、武夷岩茶
	乌黑型	鲜叶，一芽二三叶	乌黑有光泽	工夫红茶等
	棕红型	红茶机器制法	棕红色	红碎茶
	银白型	鲜叶嫩度为一芽一叶，芽叶多白毫，采取保毫制法，不揉捻或轻揉捻	银白色	五盖山米茶、保靖岚针、白毫银针、仙台白眉、福鼎大白茶

汤色类型	浅绿型	鲜叶为一芽二叶初展,绿茶制法,轻轻揉捻,不使细胞破损	浅绿色鲜亮	太平猴魁、庐山云雾、惠明茶与毛尖毛峰
	杏绿型	鲜叶细嫩,新鲜,制法得当	杏绿色	高级龙井、瓜片、天山绿茶
	绿亮型	鲜叶嫩,绿茶制法,工艺精到合理	绿光亮色:高级绿茶典型汤色	古丈毛尖、安化松针、信阳毛尖
	黄绿型	鲜叶,一芽二三叶,绿茶制法,	黄绿色:大众化绿茶典型汤色	烘青、眉茶、珠茶
	杏黄型	鲜叶幼嫩,全芽或一芽一叶初展,黄茶制法	淡杏黄色:高级黄茶典型汤色	蒙顶黄芽、君山银针等
	微黄型	鲜叶柔嫩,有萎凋和干燥工序,白茶制法	微黄:高级白茶典型汤色	白毫银针、白牡丹
	金黄型	鲜叶有一定成熟度,青茶制法,或经压制加工	茶油色	铁观音、闽南青茶、广东青茶
	橙黄型	黄茶、青茶、压制茶制法	橙黄色	大叶青、武夷岩茶、沱茶等
	橙红型	制造中有渥堆和压制工序	橙红色,包括黄红色	花砖、康砖或火功足的精制青茶
	红亮型	鲜叶较嫩,新鲜,红茶制法	黑褐油润,红亮色	工夫红茶
	红艳型	鲜叶较嫩,新鲜,内含物质丰富,多酚类、儿茶素含量高,红茶制法,有快速揉切工序	红艳色:红茶最优良汤色	工夫红茶、红碎茶

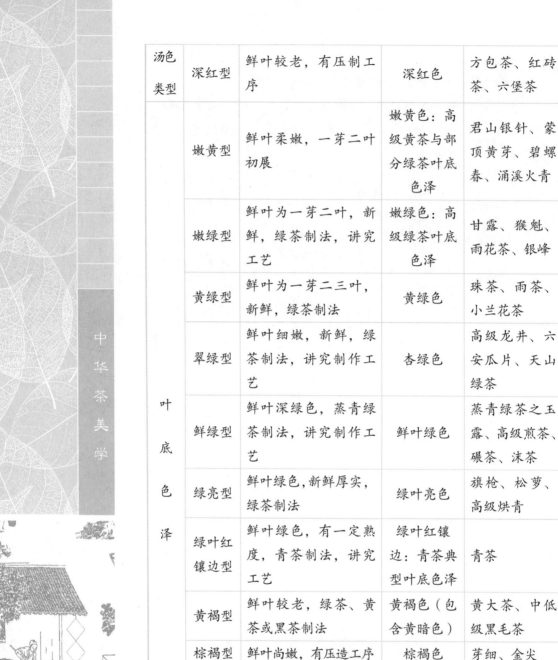

汤色类型	深红型	鲜叶较老，有压制工序	深红色	方包茶、红砖茶、六堡茶
叶底色泽	嫩黄型	鲜叶柔嫩，一芽二叶初展	嫩黄色：高级黄茶与部分绿茶叶底色泽	君山银针、蒙顶黄芽、碧螺春、涌溪火青
	嫩绿型	鲜叶为一芽二叶，新鲜，绿茶制法，讲究工艺	嫩绿色：高级绿茶叶底色泽	甘露、猴魁、雨花茶、银峰
	黄绿型	鲜叶为一芽二三叶，新鲜，绿茶制法	黄绿色	珠茶、雨茶、小兰花茶
	翠绿型	鲜叶细嫩，新鲜，绿茶制法，讲究制作工艺	杏绿色	高级龙井、六安瓜片、天山绿茶
	鲜绿型	鲜叶深绿色，蒸青绿茶制法，讲究制作工艺	鲜叶绿色	蒸青绿茶之玉露、高级煎茶、碾茶、沫茶
	绿亮型	鲜叶绿色，新鲜厚实，绿茶制法	绿叶亮色	旗枪、松萝、高级烘青
	绿叶红镶边型	鲜叶绿色，有一定熟度，青茶制法，讲究工艺	绿叶红镶边：青茶典型叶底色泽	青茶
	黄褐型	鲜叶较老，绿茶、黄茶或黑茶制法	黄褐色（包含黄暗色）	黄大茶、中低级黑毛茶
	棕褐型	鲜叶尚嫩，有压造工序	棕褐色	芽细、金尖
	黑褐型	鲜叶粗老，有渥堆或陈醇化工序，叶底变暗	黑褐色（包含暗褐色）	黑砖、茯砖、六堡茶
	红亮型	鲜叶较嫩，新鲜，红茶制法，加工合理	乌黑油润，汤色红亮	工夫红茶
	红艳型	鲜叶较嫩，新鲜，内含物质丰富，多酚类、儿茶素含量高，红茶制法	汤色红艳	红碎茶

中华茶美学

第五节　采茶女的绿色时空之美

绿色茶园，生机盎然，碧绿如翡翠，灵动如绿波，阳光，雨露，云雾，清新自然，是美的王国，美的海洋。

明人胡文焕说过："茶，至清至美物也。"茶以"至清至美"为特征，茶是美的荟萃。古往今来，茶叶的采撷是相当讲究的。采茶女是绿色王国的美丽公主，万绿丛中一点红，青春，亮丽，圣洁。采茶女点缀着生机勃勃的绿色茶园，是采茶的绿色时空之美的集中代表者。"红粉半茶人"，足以看到采茶女之盛与采茶女之美。

从采茶的时空美学来看，我们对采茶女的基本审美要求是：

首先，要注重采摘者的情形心态之美。

罗廪《茶解》指出："采茶、制茶，最忌手汗、体腥、口臭、多涕、不洁之人及月信妇人，更忌酒气。盖茶酒不相入，故采茶、制茶，切忌沾醉。"清代诗人袁枚《湖上杂诗》之一是这样以生花妙笔来描绘采茶女的：

> 烟霞石屋两平章，度水穿花趁夕阳。
>
> 万片绿云春一点，布裙红出采茶娘。

烟霞，石屋，夕阳，万片绿云，布衣红裙……在这如诗如画的绿色时空里，采茶女的"布衣红裙"，点缀着茶乡"万片绿云"的美丽时空。

采茶女的美丽、健康、纯朴、圣洁、虔诚、专一，从外部形态之美到内在的品德情操之美，在某种意义上决定了采茶、制茶的质地之美和茶叶的美学风格。

其次，要讲究绿色时空之美。

这里所说的"绿色时空之美"，主要包含三个意义：一是茶叶是自然界绿色时空之美的产物，二是采茶的最佳时间和空间在于绿色之美，三是采茶女所采撷的茶叶代表着绿色时空之美。

采撷茶叶，讲究绿色时空之美，所谓"一旗""一枪"者，皆要求茶叶采撷的时间与空间的适度性。

论时间，《茶经》谓："凡采茶在二月、三月、四月之间，其日有雨不采，晴采之。"其所论时间还略显笼统。《茶疏》云："清明谷雨，摘茶之候也。清明太早，立夏太迟；谷雨前后，其时适中。"将采摘茶叶的最佳时间定在谷雨前后，是为一见。一般认为，茶叶采摘时间，应该因地域而异，灵活把握时段。如宋子安《东溪试茶录·采茶》云："建溪茶，比他郡最先，北苑壑源者尤早。岁多暖，则先惊蛰十日即芽；岁多寒，则后惊蛰五日始发。先芽者，气味俱不佳，唯过惊蛰者，最为第一。民间常以惊蛰为候。诸焙后北苑者半月，去远则益晚。"

论空间，刘源长《茶史》称："凡采茶必以晨，不以日出；日出，露晞为阳所薄，则腴耗于内，及受水而不鲜明。故常以早为宜。"一说"采时待日出，山霁雾障山岚收净采"，意见完全相左。这说明采茶的时间可以因地域风俗和茶类品种而异，但其讲究绿色时空之美，则系共同的审美要求。

明人高启《采茶词》有"雷过溪山碧云暖，幽丛半吐枪旗短"二句诗，描写春茶采撷时的自然环境与茶叶生长的情况。谢肇淛有《采茶曲》五首，其一云：

> 布谷春山处处闻，雷声二月过春分。
>
> 闽南气候从来早，采尽灵源一片云。

春山布谷，二月雷声，这"气候"一词，高度概括了新茶采摘的时空观念。

论采茶的时间，春分过后即可采撷新茶；论采茶的空间，闽南气候从来早，布谷春山处处闻，一派春意盎然的景象；论采茶时的审美境界，诗人以"采尽灵源一片云"比喻茶芽之嫩绿可爱，突出灵源采茶女的形态之美和采茶的境界之美。

采茶女，始终处于整个采茶活动的中心地位，不是采茶的绿色时空中的点缀，而是采茶活动中的主体，是天地之心，是采茶的绿色时空之美的荟萃和主宰者。

采茶女，是茶园的一滴晶莹的水珠，其声容笑貌都反映出茶农的心灵意愿；

采茶女，是茶乡飘拂着的一片洁白无迹的彩云，其形态姿色寄托着茶乡一丝美好的希望。

如果说，采茶就是采撷希望，采撷欢乐，采撷幸福，采撷健康，那么采茶女就是美丽、幸福的天使。

2009 年，中国第二届茶产业与旅游业对接研讨会在风光秀丽的张家界举行，我特地为张家界填写有一阕《更漏子·张

家界》新词，云：

芦笙情，青烛泪，帘幕画堂深邃。三更雨，云鬟残，梦中湘妃寒。

秦楼月，伏波雪，化作千秋玉玦。茶女曲，天门开，春从天上来。

把张家界比作美女，山似芦笙，石似青烛，地似画堂，雾似云鬟凋残。那三更雨，如同梦中的湘妃女神，忧伤悲愁，泪洒斑竹。词的上半阕，对张家界作形象化描写，生动逼真，充满人情味；下半阕抒写张家界的历史和现状，李白笔下的秦楼之月，马伏波将军南征交趾之雪，都化作了采茶女耳鬟的千秋玉玦；结尾三句是作者寄予的美好希望：采茶女歌唱的《采茶曲》，欢快的韵律冲开了天门山的大门，人间春色从天而降，茶园叠翠，境界万千，一派勃勃生机。

第五章

茶香：茶与工艺美学

　　香，原指谷物成熟后的气味，引申而为气味芬芳的嗅觉之美。
埃及开罗有一个香气博物馆，陈列出五百多种香气。五花
八门的香味，香气，沁人肺腑，陶冶心灵，给人无限的美感和
审美享受，是美学研究的重大课题。所以，这种香美学乃是中
国美学研究的一大学术空白。至于茶香之美，更是茶美学与茶
文化研究的重大课题。

第一节　茶香的审美特征

茶香，属于品茶时人们感觉到的一种嗅觉之美。

对于这种美感，古人早就有了认识。明代宋诩《竹屿山房杂部》"茶香"一节引用倪云林的话说，凡桂花之类有香无毒之花，均可入茶，以提高茶叶之香。而福建建安民间试茶，皆不入香，唯恐夺其真。所以，茶香，应该是其茶叶之香，而非茶叶之中加入花香。

茶香，既与一般自然形态的香味相同，又有其明显的差异性。这种差异性，正是茶香的基本美学特征。一般而言，茶之香，其来源之一是茶的自然本色之香，还有茶的手工制作之香。因此，茶香的审美特征有以下三点：

第一，茶香的类别化特征。中国的茶类，因其质地之别，主要分为绿茶、黄茶、红茶、白茶、青茶、黑茶六大类。每一大类茶叶，各自的茶香是有差别的。

第二，茶香的地域化特征。茶叶生长的环境，包括土质、雨水、温度、日照、风向、地理高度、地域纬度等诸多方面的自然因素，造成了茶叶香气的差别性，也是非常明显的。

第三，茶香的人工化特征。茶叶制作的人工加工手段，也是茶香形成明显差异性的重要因素。如武夷山的正山小种红茶，用松树柴火熏制，使其茶叶与茶水带有浓厚的松香；黑茶熏烤烘干与渥堆的程度，常常使其黑茶茶香带有明显的陈香。花茶以茉莉花为佐料，或包装，或收藏，或冲泡，即带有浓厚的茉莉花香。明代宋诩《竹屿山房杂部》还有"香茶饼""薰花茶"和"制孩儿香茶法"。

茶香的这种审美特征，古人早就关注到了。我们懂得这个道理，就会自觉地根据茶香的审美特征，去从事茶叶生产、茶叶加工、茶叶销售和茶业市场的开拓，讲究品茶的艺术性。

宋人秦观《茶》诗云："茶实嘉木英，其香乃天育。"茶有草气，来源于植物；茶有香气，来源于天地，是天地孕育了茶的芳香。

明人张源《茶录》论"香"，指出："茶有真香，有兰香，有清香，有纯香。表里如一曰纯香，不生不熟曰清香，火候均匀曰兰香，雨前神具曰真香。更有含香、漏香、浮香、问香，此皆不正之气。"

茶之香，是品茶人共同追求的一种审美感受。这种茶香，除了茶叶的自然本香之外，又来源于茶叶制作加工的工艺之美。因此，可以说，茶叶制作、茶叶包装和茶水冲泡的工艺流程，实际上属于工艺美学范畴。

工艺美学，是一种实用美学，是为人类社会生活服务的美学。工艺美学由工艺美术演进而成的，它是工艺美术的理性化与学院化。在世界美术史上，人类最初对美术的接受，是从工艺美术开始的，即所谓"装饰之美"，以青铜器为代表。而后发展为写实和写意之美。中国的写意画就是绘画艺术至于写意阶段的优秀代表。

工艺美学，包括日用工艺和陈设工艺两种。前者是对日常生活用品的包装予以工艺美化，后者是对陈设品如雕塑、建筑等大型艺术品的包装美化。

第二节　茶叶制作工艺之美

明人徐渤《茗谭》指出："种茶易，采茶难；采茶易，焙茶难；焙茶易，藏茶难；藏茶易，烹茶难。稍失法律，便减茶勋。"难与易，是相对的。而在茶叶行业，却显得如此本位化。茶之香，茶之美，除了茶叶自身的质地之外，关键在于茶叶制作工艺之美。

茶叶制作，如同十月怀胎，一朝分娩，是确保茶叶质地之美的最重要环节。

茶叶的制作技术之精妙者，可以视为茶叶制作的工艺之美。

工艺美学，讲究的是工艺之美。茶叶制作工艺，总体而言，具有以下工艺美学特点：

其一，是茶叶制作工艺，一般分为手工与机械制作两大类型：手工制茶工艺，属于传统工艺与制作方法，注重的是精细，是心灵手巧；机械制作工艺，属于现代化工艺，是茶叶机械制造不断科学化、清洁化、规模化的结果，注重的是机械操作与人工合成的结合，是茶叶制作工艺的设计流程化与生产系统化。

其二，优质名茶，既是茶叶本身固有的清香的保持者，又是茶叶精美制作工艺的产物。例如绿茶首先要进行鲜叶摊放，尤其是雨水叶与露水叶，要在杀青前适度摊放，可促进香气物

中华茶美学

136

质的形成与转化；然后进行杀青，鲜叶被杀青后，大量青草气物质，特别是青叶醇得以发挥，茶叶香气成分发生了根本性转变，再经过揉捻、干燥、复火，绿茶的香气会明显地增多。

其三，茶叶精美的制作工艺，往往是因茶叶种类而异，但其共同的制作工艺流程与审美标准主要有精选、干燥（烘烤）、杀青、火功。

其四，茶叶的制作工艺中以安化黑茶的制作最为复杂，因而也是最富有工艺美学内涵的。例如湖南安化出产的千两茶是世界茶王，正所谓"世界只有中国有，中国只有湖南有，湖南只有安化有"。湖南安化千两茶的手工制作相比其他茶类，其工艺最为复杂，动作最为整齐，风格最为粗犷，场面最为宏大，气魄最为动心，是男人力量的聚集，也是生命的呐喊。制茶师傅们赤膊赤脚，小腿上扎着白色的绷带，齐心合力，领班呼喊着号子，制作工人应和着，动作整齐划一，本身就像唐代的武士舞，雄壮威武，震天动地，如肃穆的崇山峻岭，又如奔腾呼啸的大海。但千两茶制作呼喊的号子，原来的歌词比较陈旧而俗套，笔者特意为之重新改写歌词，并请作曲家为之谱曲而为《千两茶号子》，在 2007 年北京国际茶业博览会上表演时，以其昂扬的旋律，宏大的气势，轰动了整个茶业界与新闻界，获得茶艺表演金奖。其新歌词云：

> 千两茶咧——哦呵！
>
> 制茶忙咧——哦呵！
>
> 五轮滚咧——哦呵！
>
> 齐心压咧——哦呵！
>
> 哦哦里喂耶——喂喂哩哦呀！

喝了千两茶咧——哦呵!

润肠养胃降血脂咧——哦呵!

喝了千两茶咧——哦呵!

止咳化痰防癌症咧——哦呵!

哦哦里喂耶——喂喂哩哦呀!

喝了千两茶咧——哦呵!

上下通气不发病咧——哦呵!

喝了千两茶咧——哦呵!

身体健康精神爽咧——哦呵!

哦哦里喂耶——喂喂哩哦呀!

千两茶王好咧——哦呵!

安化黑茶走四方咧——哦呵!

我是制茶王咧——哦呵!

世界茶王出安化咧——哦呵!

哦哦里喂耶——喂喂哩哦呀!

　　安化千两茶制作图景,洋溢着粗犷之美,阳刚之气,是力量的舒展,是矫健的象征,感人肺腑,动人心脾,催人奋进。这是千两茶制作中最动人心弦的制作场景,是中国茶叶制作中富有典型意义的劳动号子,不啻是世界茶王诞生时的命运交响曲。

　　千两茶的手工制作工艺,具有系统性,从茶叶的选料、配方比例、筛选、烘烤到渥堆发酵、蒸煮、踩压、装篓,再到人工紧压、夯实、日晒夜露与存放储备。其中主要有三个关键因素：第一是严格选料以后的茶叶，必须经过七星灶的烘烤，再经过筛选、搓揉加工，制成黑毛茶；第二是黑毛茶的蒸包灌篓，必须经过五吊、五蒸、五灌、人工踩压、上笼嘴等步骤，然后杠压整形；第三是千两茶成品，必须经过七七四十九个日夜的日晒夜露，自然发酵，吸天地之灵气，聚日月之精华。第四，特殊的加工工艺技术，创造出茯砖茶的"金花"。湖南益阳地区出产的茯砖茶，与其他地区出产的黑砖茶之不同者，在于其中有一种"金花"菌，这种菌只有灵芝里含有，其他黑茶如普洱茶等都没有。

金花是茯茶茶饼、茶砖中形成的一种曲霉类菌体，学名叫作"冠突散囊菌"。切开茯砖茶，其中呈金黄色的星星点点，如同散落的沙金，如"金花"一样闪烁着黄金光泽。这种"金花"，具有神奇的医药功效，有益于人体健康。这种冠突散囊菌是黑毛茶经过渥堆工艺与特殊加工紧压，冠突散囊菌孢子体在茯砖茶体内繁殖，如同散落的黄金粉末般分布着，所以俗称"金花"。这种金花，就是冠突散囊菌孢子体。茯砖茶有了它，而身价倍增，因为冠突散囊菌散菌体含有十五种人体必需的氨基酸。冠突散囊菌孢子大致具有两层外膜包裹，外为子囊壳，内为子囊膜。每个子囊有 8 个子囊孢子。这些孢子富有顽强的生命力，即使数十年休眠，也不会凋亡。这是湖南黑茶制作工艺的神奇功效，是湖南黑茶科学研究的一大奇迹，也是益阳茯砖茶的生命价值与商业价值之所在。

茯砖茶可以与灵芝相媲美，金花之美，如黄金粉末之色，如灵芝的医药功能之珍，也显示出湖南黑茶加工工艺之精美。

茯茶以其金花多少与色泽之美，为价值评判标准。为此应益阳茯茶厂之请，笔者撰写了《益阳茯茶铭》云：

　　夫云霞之彩，绿帆之樯，竹林翡翠，资水流觞。益阳茶厂，茯砖醇香。此乃悠悠丝路之甘露兮，茶缘穹庐，妙舞毡帐；是如茫茫草原之黑马兮，金花吐艳，玉宇盈芳。适逢黑茶腾飞，盛世辉煌，余书此铭文，祈神祇以祝福，求生民而无恙。辞曰：

　　风雷之阳，郁郁茶园兮；美人之窝，济济金花兮。

　　一旗一枪，神奇茯茶兮；一砖一饼，媲美灵芝兮。

　　铭，是古代文体之一。记其事、述其功之文，谓之"铭"。"觞"指酒杯，此指茶杯。"穹庐"指汉代称西北游牧民族家居的帐篷，如蒙古包，以其为圆顶，如同天空笼罩原野，故名"穹庐"。北朝乐府民歌《敕勒歌》："敕勒川，阴山下。天似穹庐，笼盖四野。天苍苍，野茫茫，风吹草低见牛羊。""风雷"中益阳之"益"，属于古代六十四卦中的"益"卦。《周易·益》："象曰：风雷，益。"学者孔颖达解释说："必须是雷行于前，风散于后，然后才下雨，雨水对万物生长皆有益处。""美人窝"是指益阳市所属的桃江县是"美人窝"，旧时歌谣中有"桃花江上美人多"之说。"济济"形容金花之多。

第三节　茶叶包装工艺之美

包装是艺术，是工艺之美，是实用美学。

对人与事物的包装，实际上是一个商品化的过程，一个实现文化底蕴与商品美化的过程。

茶叶包装，是按照一定的商业规格和美学风格对茶叶进行包封和装潢的过程。这种包装主要包括两个方面：

首先是茶叶企业的文化包装。茶叶企业，既是茶叶生产企业，又是茶文化的形象代表。中国茶叶企业要非常注重企业文化形象，这是中国作为产业大国和文化大国的历史和现实地位所决定的。

茶叶企业的文化包装，主要包括八个方面：①企业历史；②企业宗旨；③企业形象；④企业制度；⑤发展规划；⑥营销策略；⑦人才培训；⑧愿景展望。

以上八个方面的茶叶企业文化包装策划，最为重要的是企业宗旨和企业形象的定位，包括企业徽标、商标、司歌、广告语等，都是企业文化的主要内容，是现代企业的形象和门面招牌。鉴于汉字深邃的文化意蕴，中国企业的徽标、商标设计不同于西方企业。西方企业的徽标与商标，基本上属于符号形态，以

其拼音符号来构建，缺乏深邃的文化意蕴；中国茶叶企业的徽标与商标，大多以汉字为准，包含着深邃的文化底蕴，蕴含着深刻的文化精神，即使符号化，也是汉语拼音，亦然包含着文化内涵。人们不要小看企业徽标与商标，中国茶叶企业的商标，是中华茶文化的商标化、商业化与形象化，是中国企业品牌和企业文化精神的主要标志。

那么，中国茶叶企业的徽标、商标的设计，及其企业司歌、广告语的撰写，基本要求应该是：①简洁明快，富有形象化；②内涵丰富，富有个性化；③构思独特，具有标志性；④定位准确，具有针对性；⑤文字优雅，具有鼓动性；⑥醒人耳目，切忌口号式。

商标，是一个企业的灵魂，是企业文化品牌的一面旗帜，也是企业发展方向的一个重要标记。

茶叶企业商标设计的基本要求是：一是符合企业的实际情况；二是代表企业的总体形象；三是体现企业文化的基本精神；四是简洁明快，众所周知；五是独具特色，富有个性，不能雷同，不能复制，以下图"中国茶叶公司"的"中茶"商标为例，八个红色的"中"字环绕着一个绿色的"茶"字，其构思的基本理念是：①象征着红色中国的绿色茶业；②表明中国是世界茶叶的故乡；③绿色茶叶是中国奉献给人类的健康之饮与生命之饮。

"中茶"商标

其次茶叶品牌的商业规格

有大小之分：大包装是茶叶运输包装，属于大包装，以便于

中华茶美学

运输为准则，重在保质、防潮、坚固及标志清晰；茶叶销售包装，属于小包装，以易于销售为准则。无论何种包装，除保质之外，更要注重其包装的工艺之美。

茶叶的包装工艺，是商品包装工艺美术之一，属于工艺美学范畴。许多茶叶包装，富丽堂皇，大而无当，显得金玉其外而败絮其中。从来佳茗似佳人，精美的茶叶包装，如同佳人披上一件亮丽而得体的外衣，更加楚楚动人。

云南普洱茶的包装，以圆饼为自身的个性特征，如饼，如珠，如圆镜，如球，如日月。特别是七子饼茶，七子圆饼，如同北斗七星，熠熠生光。

尽管茶叶的包装工艺可以多种多样，但其基本的美学原则却是一致的。我们认为有以下几点基本原则：

一、保质

质量本身就是美，是一种自然之美，一种质地之美，一种本色之美。

茶叶的包装工艺，其目的首先在于确保茶叶质量，否则再精美的包装工艺也是毫无意义的。一般来说，茶叶的保质方法，古代有移茶近火法、瓦坛贮茶法、炭贮法、石灰块贮藏法，现代有吸湿包装法、抽气充氮法、真空包装法、热水瓶贮藏法、冰箱贮藏法、硅胶贮存法等。这些繁多的方法，都是为了茶叶保鲜，保持茶叶的本色之美。

二、美观

茶叶包装工艺之美，其装潢图案、样式、文字、色彩、大小等，都要求以绿色为基本色调，突出茶叶的绿色生命意识，绿色饮料价值与绿色文化意蕴。因此，茶叶的包装设计，要求醒目、

大方、清新、自然、简洁、别致，富有个性化，富于地域文化色彩与大众文化色彩，给人以怡情养性、赏心悦目之感。

三、雅致

茶，既是饮料，又是一种文化载体，积淀着深厚的中国茶文化。所以茶叶的包装工艺，还特别讲究风格雅致，包装设计中最好能够引用中国历代一些名家茶诗、茶词、茶联、茶画、茶壶之类，使之成为诗、书、字画的有机结合，图文并茂，本色淡泊，风格典雅，以突出其浓郁的文化气息。但必须防止图文杂沓、烦琐不堪、庸俗臃肿、堆垛拼扯、过犹不及的设计倾向，唯有"点到为止"，俗不伤雅、雅不避俗、雅俗共赏，才会显示出茶叶包装艺术中的最佳审美效果。

四、品牌

茶叶包装工艺是商品，也是广告，是创制茶叶品牌的外观形态。茶叶的包装设计，目的在于打造茶叶品牌，要有品牌意识。品牌是产业文化的积淀。一个著名品牌的创建，非朝夕之功，因此茶叶包装工艺形态，应该基本稳定，相对固定，具有品牌效应，具有接受美学的审美功能；一旦为消费者所接受，就意味着品牌的确立，因而包装工艺形式就不能随意改换，要保持相对稳定性。

五、贡茶

贡茶，是呈献给皇帝饮用的极品茶类。贡茶，历来讲究精美，其茶叶质地之佳，制作工艺之精，包装设计之美，堪称中国茶之最。以宋代建州贡茶为例，贡茶主要的审美特征，是贡茶的压制和包装被注入了中国祥瑞文化的基因，特别注重吉祥

寿庆。北宋年间，蔡君谟"始作小团茶入贡"，至于大观年间，建州团茶入贡，特别讲究团茶的命名、压制和包装，形成一套固定模式的"龙凤"系列品牌贡茶。其中有"御苑玉芽"（大观二年造），"龙园胜雪"（宣和二年造），"万寿龙芽"（大观二年造），"龙凤英华"（宣和二年造），"承平雅玩"（宣和二年造），"无比寿芽"（大观四年造），"玉叶长春"（宣和四年造），"无疆寿龙"（宣和二年造），"瑞云翔龙"（绍兴二年造），"玉清庆云"（宣和二年造），"太平嘉瑞"（政和二年造），"南山应瑞"（宣和四年造），等等。中国祥瑞文化、龙文化及寿文化在宋代贡茶身上体现得淋漓尽致，给人以吉祥安康之兆，实际上正是中国茶文化与中国祥瑞文化的有机结合，也是茶叶制作、包装工艺美学的文化表征，也是中国历代贡茶与茶文化包装的巅峰之作。

第四节　茶香的嗅觉之美

香气，属于一种美感，一种沁人心脾的审美感受。这种美感和审美感受，唯有通过嗅觉才能获得。先有嗅觉，而后才有心灵的审美感受。

明人刘源长《茶史》卷二云："茶之妙有三：一曰色，二曰香，三曰味。"

茶叶香气，是干茶叶或茶叶冲泡时散发出来的茶叶芳香气味。这种茶叶香气，使人心脾清爽，神智清新，心旷神怡，属于一种沁人肺腑的嗅觉之美。品茶、评茶的一道工艺程序，就是闻香，辨香，台湾地区的茶人还专门制作出乌龙茶的闻香杯。

茶叶香气，是由性质不同、含量差异不同的众多物质组成的混合之物。

沉香、檀香、麝香和龙涎香，被誉为中国"四大名香"。迄今为止，茶学界已经鉴别出的茶叶香气物质大约有650种左右。其中，构成鲜叶的香气种类只有100种，绿茶有200多种，红茶有400多种。根据科学分析，茶叶芳香物质的组织成分，大约可以分为十五大类：碳氢化合物、醇类、酮类、酸类、醛类、内酯类、酚类、过氧化物类、含硫化合物类、吡啶类、吡嗪类、

喹啉类、芳胺类及其他。

一、茶叶香气的化学成分，按照其结构特点，大致可分为四类：

脂肪类衍生物，如青叶醇、青叶醛、正己醛、正己酸、顺 –3 己烯醛、顺 –3 己烯酸等。

萜烯类衍生物，沉香醇、香叶醇、橙花醇、芳香醇以及乙酸沉香酯、乙酸香叶酯等。

芳香族衍生物，如苯乙醛、苯甲醛、苯甲醇、β – 苯基乙醇、苯甲酸甲酯、乙酸苯甲酯等化合物。

含氮、氧杂环类化合物，如吡嗪、吡啶、吡喃类衍生物，以及吲哚、喹啉等化合物。

绿茶香气的主体是芳香物质，具有"鲜嫩""清香"之美，来源于新鲜茶叶内部原有的芳香和制茶过程中形成的芳香。

红茶香气，具有"馥郁""鲜甜"之美，其花香物质一部分是鲜叶自身含有的，多数是在制作过程中由其他物质变化而来的。

乌龙茶是半发酵茶，其特殊的花香气味，是综合绿茶与红茶制法而制成的。

茉莉花茶香气主要来自窨花过程中对花香成分的吸收。

湖南安化千两茶之香，纯厚醇和，除了茶叶一般的清香之外，还具有多种不同于绿茶的香气成分，来源于竹篾的竹香、棕叶的棕香、箬叶之清香、茶叶经过渥堆之后的发酵香、七星灶松柴明火烘烤之后的松香，经过七七四十九天日晒夜露所形成的天地自然之香，西北少数民族兑入牛奶煮制而成奶茶，使它又富有了新的奶香。千两茶等安化黑茶之香，集自然界一切

香气之大成，是香气的渊薮，是香味的海洋。闻一闻千两茶之香，香溢四海，神奇飘逸，沁人心脾。

二、茶叶香气的类型

以茶叶鲜叶的品质、制法与茶叶香气特征为标准，茶学界一般将茶叶香气分为以下九种类型：

香气类别	香型形成因素	举　例
毫香型	白毫多的鲜叶，嫩度在一芽一叶以上，经过正常制作，干茶多白毫冲泡时则为毫香	绿茶中的银针茶、碧螺春，具典型毫香；部分毛尖、毛峰茶，嫩香带毫香
嫩香型	鲜叶新鲜柔软，一叶二芽初展，及时稍加工的新茶，多具嫩香；陈茶叶无嫩香	各种毛尖、毛峰茶
花香型	特殊茶树，鲜叶嫩度在一芽二叶，制作合理，茶叶具幽雅的鲜花香气。又分为清花香和甜花香两类：清花香有兰花香、栀子花香、珠兰花香、米兰花香、金银花香等；甜花香茶有玉兰花香、桂花香、玫瑰花香、墨红花香等	青茶的铁观音、乌龙茶、凤凰单枞、水仙、浪菜；花茶因窨花种类不同而各具花香；绿茶的桐城、舒城小花、涌溪火青、高档舒绿等有幽雅的兰花香；红茶的祁门工夫有花蜜香
果香型	茶叶中类似水果的香气，如毛桃香、蜜桃香、雪梨香、佛手香、橘子香、李子香、菠萝香、桂圆香、苹果香	闽北青茶，红茶
清香型	鲜叶嫩度一芽二三叶，制茶及时。此香型包括清香、清高、清纯、清正、清鲜等	清香，是绿茶的典型香型。少数闷堆程度较轻、干燥火功不饱满的黄茶，摇青作青程度偏轻、火功不足的青茶

中华茶美学

甜香型	鲜叶嫩度一芽二三叶，红茶制法。此香型包括清甜香、甜花香、干果香、橘子香、蜜糖香、桂圆香	红茶的典型香型是甜香
火香型	鲜叶较老，含梗较多，制作时干燥火温高，糖类已趋焦糖化。此香型包括米糕香、高火香、老火香、锅巴香	黄大茶，武夷岩茶，古劳茶
陈醇香型	鲜叶较老，制作时经过渥堆醇化过程	六堡茶，普洱茶，多数压制茶
松烟香型	制作干燥工序中茶叶以松柏或黄藤、枫球等熏烟	正山小种红茶，沩山毛尖，六堡茶，黑毛茶

三、决定茶香之美的主要因素

茶香之美，因茶叶品种、地域环境和制作工艺不同，而各自具有独特的香气。一般来说，影响茶叶香气的主要因素有：

1. 品种

茶叶香气的物质基础，是茶鲜叶本身所蕴涵着的芳香物质。茶叶品种不同，鲜叶中包含的芳香物质不同，以及形成茶叶香气的其他成分如蛋白质、氨基酸、糖、多酚类的含量不同，则茶叶香气不同。

以世界著名的三大高香红茶为例，如下表所示：

红茶名称	品 种	鲜叶芳香物质含量	香气特征
中国祁门红茶	Sinensis	精油含香叶醇、苯甲醇与2-苯乙醇量较高	蔷薇花香和浓厚的木香
印度大吉岭红茶	Sinensis	精油含有芳樟醇、香叶醇、苯甲醇与2-苯乙醇	芳樟醇、香叶醇并存
斯里兰卡乌瓦红茶	Assamica	精油含芳樟醇及其氧化物、茉莉内酯、茉莉酮酸甲酯等化合物量丰富	清爽的铃兰花香、甜润浓厚的茉莉花香

其中,印度大吉岭红茶品种是从中国祁门移植培育而成的,香气特征介于祁门与乌瓦红茶之间,含有芳樟醇、香叶醇、苯甲醇、2-苯乙醇等芳香物质成分。中国茶树的茶叶香气以香叶醇为主,而印度大吉岭茶树则是芳樟醇、香叶醇并存。品种虽同宗,香气则同中有异,是水土有异之故。

2. 种植条件

种植条件,包括茶园生态条件与栽培管理措施。

一般而言,茶园的海拔高度对茶叶香气的影响,主要是气候条件下的综合作用。高山茶园,云雾弥漫,空气湿度高,日照短且弱,多为蓝紫光,日夜温差大,这种生态环境有利于蛋白质、氨基酸及芳香油等物质的形成,而糖类、多酚类含量较少,叶质柔软,柔嫩性好。所以,高山茶叶制作绿茶,其香气比制作红茶要高。许多香气独特的名茶,如黄山毛峰、庐山云雾、齐云山瓜片、武夷山岩茶等,皆出自于高海拔的生态环境之中。茶叶香气,带有明显的地域性,这就是所谓的"地域香"。

茶叶香气亦受季节影响。一般来说,春茶香气高,秋茶次之,夏茶较低。这是因为不同季节的温度、湿度、雨量、日照强度、光的性质,影响茶叶鲜叶中芳香物质的种类和含量。春茶含有的芳香物质,主要是己烯醛、戊烯醇、正壬醛、己烯己酸酯、二甲硫、沉香醇、香叶醇,使春茶既内含青香气或清香,又含有新茶香和花香;春茶的芳香物质成分多,夏茶与秋茶含量极少,但秋茶含有较多的苯乙醇、苯乙醛、醋酸异戊酯等花香成分,故秋茶亦具花香,谓之"秋香"。

茶叶栽培管理中,影响茶叶香气者,一是遮阴,有人通过实验证明,露天茶不含苯甲醇等,其他香气成分含量明显低于

中华茶美学

遮阴茶；二是施肥，茶园以有机肥料为主，有机肥与无机肥相结合。无公害茶园则使用有机肥料，如饼肥中的菜籽饼、桐籽饼、棉籽饼等，还有豆饼、花生饼、椰子饼、山苍子饼，其次有厩肥，如猪、牛、羊、兔栏肥等，以利改良土壤，提高茶叶生产质量。大量施用无机肥，必然使茶叶香气下降，影响茶叶质量。

3. 采摘质量

茶叶采摘质量，如采摘之鲜叶老嫩度、新鲜度、匀净度即含梗量，都影响茶叶香气。鲜叶粗老，良莠混杂，含梗量大，新鲜度低，杂草泥沙夹杂，茶叶香气必然低下。

4. 制作工艺

茶叶的香味，一则来源于自然之清香，二则来源于人工制作的芳香。茶叶制作工艺之影响茶叶香气，故要保持并提高鲜叶香气，则必须十分讲究茶叶制作工艺的科学性。通常鲜叶中的芳香物质为100种左右，经过制作加工而成红茶后，其香气成分增加到400多种，而且红茶制作工艺往往促使新的芳香物质的产生与挥发。

5. 贮藏

制作好的干茶叶，如果贮藏得当，其香气比较稳定，不会轻易丧失；若贮藏不好，使茶叶吸收异味或陈化，香气则易消失殆尽。贮藏方法多样，但其基本要求，就是不得使茶叶接近异气，保持茶叶的干燥；只要干燥，才能保持茶叶香气。

光线、水分、温度、贮藏容器与周围环境的气味，是贮藏过程中影响茶叶香气变化的基本因子。

茶叶贮藏中若受日光照射，茶叶香气则会有日照气；故应

贮藏在干燥避光的容器或仓库中。

茶叶含水量保持在5%以下贮藏，茶叶香气不易消失；若含水量超过6.5%，茶叶贮藏半年即可产生陈气；达到9%时茶叶会发霉变质，产生霉气，香气消失。

茶叶贮藏在0℃时，鲜气维持，香气较高；贮藏在10℃时，茶叶仍不会变质，但香气逐渐消失；在常温下贮藏，茶叶也会因产生陈气而逐渐失去香气。

第五节　中国香道之美

何谓香道？闻香论道，以香悟道，敬香参禅，是为"香道"。中国是香道的发祥地。古往今来，人们对各种香气的关注及文人士大夫对香文化的研究，比较集中的是唐宋时代，积淀而成一种独特的中华香道文化。

一、香学专著的出现

中国先贤对香学的关注，从来不会停留在点香、闻香、满足于生活享受的简单层面上，具有香的感性体悟与理性归纳综合相互结合的特点。较早的香学著作，都出自文化发达的宋代。先有洪刍《香谱》二卷，洪刍，字驹父，是大文学家黄庭坚的外甥，洪州南昌人。绍圣元年进士，靖康之变中，官至谏议大夫，后被谪沙门岛以卒。此书收录龙脑香、麝香、郁金香之类各种天然香品、异香、历代关于香的故事及蜀王薰衣牙香法、延安郡公药香法等著名香法。之后有叶廷珪（字嗣忠，福建崇安人，政和进士）的《名香谱》，罗列有五十五种著名的香味。南宋时期，陈敬（字子中，河南人）汇集宋人沈立、洪刍等十一家有关香书而为四卷，仍以《香谱》命名，采集极博，轶文逸事，

多赖以传，后人称之为《陈氏香谱》，此外还有《汉宫香方》《香严三昧》之类，大多不传。宋人这些《香谱》类著作，虽然只是记录性的叙述，却是中国香学文化研究的基础工程。其文献参考价值，是不可被低估的。

二、香学类别与方法研究

洪刍的《香谱》、叶廷珪的《名香谱》以及陈敬的《陈氏香谱》等著述，都注重香的类别以及谱系记述和归纳研究。其中洪刍《香谱》具有实践性与开创性。其卷上叙写香之品（四十二品）：

龙脑香、麝香、沉水香、白檀香、苏合香、安息香、郁金香、鸡舌香、薰陆香、詹糖香、丁香、波律香、乳香、青桂香、鸡骨香、木香、降真香、艾蒳香、甘松香、零陵香、茅香花、馣香、水盘香、白眼香、叶子香、崔头香、芸香、兰香、芳香、藦香、蕙香、白胶香、都梁香、甲香、白茅香、必栗香、兜娄香、藕车香、兜纳香、耕香、木蜜香、迷迭香。

香之异（四十品）：

都夷香、茶芜香、辟寒香、月支香、振灵香、千亩香、十里香、齐香、龟甲香、兜末香、沈光香、沈榆香、茵墀香、石叶香、凤脑香、紫述香、威香、百濯香、龙文香、千步香、薰肌香、五香、千和香、兜娄婆香、多伽罗香、大象藏香、牛头旃檀香、羯布罗香、蒨卜花香、辟寒香。

其卷下香之事：

述香、香序、香尉、香市、薰炉、怀香、香户、香洲、披香殿、采香径、啖香、爱香、含香、窃香、香囊、沉香床金香炉、博山香炉、被中香炉、沉香火山、檀香亭、沉

中华茶美学

香亭、五色香烟、香珠、金香、鹊尾香炉、百刻香、水浮香、香篆、焚香读孝经、防蠹、香溪、床畔香童、四香阁、香界、香严童子。

香文：

天香传、古诗咏香炉、齐刘绘咏博山香炉诗、梁昭明太子铜博山香炉赋、汉刘向薰炉铭、梁孝元帝香炉铭、古诗。

香之法：

蜀王薰御衣法、江南李王帐中香法、唐化度寺牙香法、雍文彻郎中牙香法、延安郡公藥香法、供佛湿香、牙香法、又牙香法、印香法、又印香法、傅身香粉法、梅花香法、衣香法、窖酒龙脑丸法、球子香法、窖香法、薰香法、造香饼子法等。

三、香学的人格化研究

中国历代香学名家，都在闻香、敬香、玩香的生活基础上逐渐上升到社会人生的高度，以香悟道，闻香论道，铸造了香烛的文化内涵和人格之美。正如晚唐诗人罗隐《咏香》诗云：

沉水良材食柏珍，博山炉暖玉楼春。

怜君亦是无端物，贪作馨香忘却身。

"沉水"也叫沉水香，即沉香，名贵香木。"博山"指名贵香炉，叫博山炉。"贪作句"是指因贪香而忘身，化用《汉书·龚胜传》："薰以香自烧，膏以明自销。"意思是说薰草因其香味而自烧，膏油因其照明而自我销毁。龚胜字君宾，彭城人。曾为渤海太守。他为官谨慎，王莽秉政，弃官而归，誓不出仕。这是他的临终遗言，以香料膏油作比，告诫人们自我珍重。黄

庭坚，字鲁直，江西诗派的开创者，江西人，酷爱玩香，率先从文化的高度论述香学。他将香拟人化与伦理道德化，指出香有十德：

感格鬼神，清净心身，能除污秽，能觉睡眠，静中成友，尘里偷闲，多而不厌，寡而为足，久藏不朽，常用无障。

黄庭坚是一位大书画家、大文学家，也是香学大家，喜香、用香、和香，其《香十德》《咏香诗》等作品，对香的内涵和特质，都做出全面而深刻的分析和评价。《香十德》乃是对香品内在特质的高度概括，对后世中国香文化研究，具有深远影响和指导意义。元祐年间，黄庭坚为酬答别人送的香品，而赋《有闻帐中香以为熬蝎者戏用前韵二首》，其一云：

海上有人逐臭，天生鼻孔司南。

但印香严本寂，不必丛林徧参。

这是六言绝句，写有些人爱香成癖，鼻子很灵，只要闻到帐中香，就以为如来驾到，不用再去丛林参禅拜佛了。苏轼与黄庭坚乃是亦师亦友，便以帐中香为引，连和几首写香诗，以香激赏其文辞与智慧。苏轼《和黄鲁直韵二首》，其一云：

四句烧香偈子，随风遍满东南。

不是文思所及，且令鼻观先参。

苏轼认为黄庭坚的四句"偈子"，就像妙香一样四处飘散。此偈中之智慧，不是仅凭耳闻心思就能企及的，其品质也是闻思香比不上的。为了更好地体会其诗中的智慧，应用心参悟，就像品香一样，最好用鼻观来参禅。

四、香道

制香、闻香、敬香、玩香、论香之道，乃是中国自古以来关于香料、香烛、香炉用于日常生活的一般原则和方法。中华香道历史悠久，从先秦的焚香祭祀到汉魏六朝寺院以香烛敬神，从楚辞的香草美人之喻到唐宋文人士大夫焚香辟邪、养生祛病的生活方式，从民间流行的香囊到茶道与香道的有机结合，中国人一直都与香料结缘，追求宁静优雅的生活方式和审美情趣。

茶香之美，已如前述，而茶香与中国香道的密切关系，却无人论述。因此，多数茶人香客误以为如今茶馆、香馆所盛行的所谓"香道"，大多来源于日本香道。其实，这种认识是错误的。

日本香道，是日本的一种传统艺术，与花道、茶道并称日本的三大"雅道"。日本闻香之习俗源于中国。中国很早就有焚香沐浴，使用香袋及寺院焚香祭祀的习惯，大多属于贵族阶层一种高雅的生活方式。香，最初是由唐代鉴真和尚带去日本的。日本最先引入中国香道，开始时只用之于佛教寺院的敬香，带有浓厚的宗教色彩，所谓"燃我一生之忧伤，换你一丝之感悟"。而后，随着社会的进步，生活水准的提高，人们对高雅生活的追求，香由寺院逐渐进入王公贵族阶层，闻香、玩香才兴盛于民间，香道与花道、茶道，相互结合，逐渐演变为一种注重程式与艺术形式的日本香道。然而，尽管日本香道，像其茶道、花道一样，盥手、洁具、铺席、摆设、点香、闻香，慢条斯理，香烟袅袅，优雅自在，雅即雅矣，心即静矣，香即香矣，呈现出一整套比较完备的仪轨，但是其基本特点都局限于生活礼仪，局限于家庭聚会，自我欣赏、自我陶醉与自我感悟，难以达到

157

中国香道那种集体无意识似的文化内涵与哲学境界。

中国香道，经过千年的历史积淀，与中国茶道一样，呈现出与日本香道并不一样的民族文化特征：

其一，注重以香养生，品茶闻香，大多点香于宫廷、居室之类品茶论事的场所，是生活化、大众化的香道；并不像日本香道那样，刻意追求那种细微而繁复的闻香仪轨。

其二，注重与文人士大夫的参禅论道相结合，与品茶一样，关注的是香火因缘，闻香悟禅，追求个中的禅趣和审美体验，是哲理化的香道；而不同于日本香道那样，特别注重其中的个人感受与宗教色彩。

其三，中国香道，特别注重中华香文化的载体和传播媒介，闻香论道，与品茶论道一样，衍生出诸多美妙精致的香炉和不少香道著述，如香文、香诗、香词之类，为中华香文化的传播提供了诸多富有审美价值的佳品；而日本香道虽然也有其物质与文学载体，但与中国比较起来却显得小巫见大巫了，主要因其大多停留在寺庙禅院和茶馆、香馆的生活层面。

其四，中国香道是"大家"，是阴柔之美与阳刚之美的完美结合；日本香道是"小家"，精致细微有余，而豪放大气不足，桎梏在室内香烟缕缕，自我闻香，自我欣赏，自娱自乐，走不到广阔的天地之间；中华香道文化普及于民间，南方地区能够与民俗文化紧密结合的香火龙乃是中国香道文化的集大成者，它一反原有香道局限于闻香的阴柔之美，而赋予香道以浩然之气与阳刚之气——千万支香烛点缀在竹龙身上，等待夜间点燃成香火龙，这是香道之渊薮，香火之海洋，民间之妙创，天下之奇观。

千万支香烛点缀在竹龙身上，等待夜间点燃成香火龙

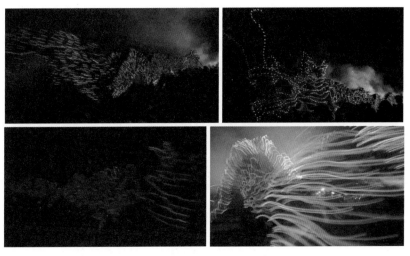

香火龙表演

夜幕中的香火龙，如银河星光，如流光溢彩，如梦幻境界。这是中国香道之奇观，天地之博彩。笔者惊叹不已，不禁口占一绝云：

> 大美汝城香火龙，星光满眼醉花风。
>
> 白茶仙子邀宾客，牵手牛郎梦幻中。

香火龙，以香火为龙身，是中国南方民间创造的一种香道表演艺术形式。笔者欣赏过阴柔之美的茶馆、香馆的香道表演，也目睹湖南汝城与江西赣南民间的中国香火龙表演，那简直是香的荟萃，香烛的海洋，两者迥然不同。夜幕之中，人们把特制的数万支香烛插在竹篾捆扎而成的长龙身上，众多长者同时点燃香烛，旺盛的香烛之光，由百数耍龙人肩扛手抬，有序舞动，香火连绵，烛光点点，像火龙飞动，场面浩大，气势磅礴，惊俗骇世，震撼人心。每逢节日吉庆，一条一条点燃香烛的香火龙，舞动于民间乡村，祈求五谷丰登，平安吉祥。这是中国香道的集大成者，是中华香道的最佳诠释，既有日本香道的阴柔之美，更有中华香道的阳刚之气，香火映天，火星四射，龙腾狮舞，纤细之中显粗犷，柔美之间传阳刚，火树银花，壮观雄辉，是炎帝，是祝融，如银河落地，如天地奇观，美丽动人，气象非凡，是火神与龙神崇拜的象征，是中华香文化与龙文化的妙合无垠，也是中华民族崇尚祥瑞文化的意象符号，已经申报成功为世界非物质文化遗产，与日本香道迥然不同。

中华茶美学

第六章

茶韵：茶与审美语言学

茶之美，在于茶韵。

茶之韵，以滋润流动、灵巧精微为美。

茶韵流淌，滋润心田。这茶韵，如涓涓清泉，似琥珀流香，是水的流溢，是茶的生命韵律，也是茶叶审美的神韵之所在。

茶叶的品评鉴赏，属于一种审美活动。这种审美鉴赏活动，除了品评者的眼力、手感、味觉、感觉之外，还有一整套品评鉴赏的评语。这一系列评语的确定与应用，本身就是高质量的审美鉴赏。总体而言，这种审美鉴赏，注重的是其茶美学的韵律之美与评审的语言艺术之美。这种语言艺术，就是茶美学中的审美语言学。

第一节　水韵：流动纯净之美

茶水，富于一种流动纯净之美，是茶与水的妙合无垠，是优质名茶与优质好水的有机结合。

水，是生命之源，也是茶道之脉。流动，是茶水的形态之美；纯净，是茶水的质地之美。

流动优质的水，与纯净优质的茶叶，二者缺一不可。有好茶而无好水，或者有好水而无好茶，都不可能沏成优质可口的茶水。

茶叶与水，是千年的因缘。没有水，茶叶只是一片树叶。茶叶溶于水而成茶韵。茶韵，是茶水的韵律之美。茶叶之为茶，因水的冲泡而得名。离开水，茶叶只是植物的一片片绿叶。犹如生死相许的一对男女，男人是茶，女人是水。茶叶从离开茶树枝头的一刻起，就期待着与水相逢；水唤醒茶，茶成就了水；水包容茶，茶激荡水；茶因水而重生，水因茶而丰润。茶与水的情缘，也许是万年溪边的小树，至今才牵手相随；水与茶的姻缘，也许是千年前嫩叶上流连的露珠，今朝才得以倾心相许。

正因为如此，古代品茶论茶者，特别注重水的质量。一部陆羽《茶经》，写到茶之饮者就注重水质，以庐山谷帘泉为第一，惠山泉为第二；后刘伯刍以扬子江中泠水为第一，而以惠山泉为第二；相传陆羽又有《水品》，张又新《煎茶水记》进而提出"二十水"之说；明代徐献忠有《水品》二卷；清代乾隆皇帝论茶，即以北京玉泉山的玉泉为"天下第一泉"。无论前人以何种泉水为"第一"，我们没有必要去跟着他们争论长短，但共同所关注的是茶水的水质问题。一部现代《中国茶事大典》，就列有历代名泉"泉水"300个条目，正可谓是"挂一漏万"者也。其实，在神州大地，江山无处不有泉。泉水，美如珍珠，美如碧玉，镶嵌在大地山川，滋润着天下茶人的心田。王安石《试茗泉》诗云：

> 此泉地何僻，陆羽曾未阅。
>
> 坻沙光散射，窦乳甘潜泄。
>
> 灵山不可见，嘉草何由啜。
>
> 但有梦中人，相随掏明月。

试茗泉，在江西金溪县。王安石此诗，写此泉水之美，清澈明净，可见水中沙粒闪闪发光，而泉水甘甜如乳汁。如果没有灵山，就难以品尝到这嘉草般的茶叶。元代的著名书画家赵孟頫的《寒月泉》一诗云：

> 我尝游惠山，泉味胜牛乳。
>
> 梦想寒月泉，携茶就泉煮。

此诗以泉水与牛乳相比较，泉水甘甜可口，美不胜收，日夜梦想着以此泉煮茶。

水，是茶的命脉。明人钟惺《呼来泉》诗云：水爱灵芽听所需，每随茶候应传呼。从今不做官家物，台上犹能唤出无。此诗题

下注云："在御茶园内，制茶最佳。每茶时，令众以金鼓扬声，呼曰'茶发芽'，泉即至。一名'通仙井'。"水爱灵芽，故呼之而出。难怪古代斗茶者，多因"一水胜"。

然而，也有不以泉水为茶者。明人张源《茶录》论水，认为"井水不宜茶""真源无味，真水无香"，作者觉得"饮茶，惟贵乎茶鲜水灵。茶失其鲜，水失其灵，则与沟渠水何异？"黎美周云："泉以茶为友，以火为师。火活，斯泉真味不失。"无论何种沏茶之水，皆以水质之美为佳。

中国茶史上的五大古代名泉是：第一泉是中泠泉（江苏镇江金山之西的长江中心），第二泉是惠泉（江苏无锡惠山下），第三泉是观音泉（江苏苏州虎丘），第四泉是虎跑泉（浙江杭州虎跑山下），第五泉是趵突泉（山东济南市内）。而"天下第一泉"，众说纷纭，至今难以定论，大致有如下几种观点：

天下第一泉名称	认定者
中泠泉	刘伯刍、文天祥
庐山康王谷帘泉	陆羽、张又新
云南安宁碧玉泉	徐霞客
北京玉泉	乾隆皇帝
趵突泉	乾隆皇帝

其实，中国之大，江山如画，物华天宝，何处无好水？唐代张又新撰《煎茶水记》，说陆羽把天下泉水列品，天下凡二十泉，而以郴州圆泉为"第十八"。北宋政和年间，阮阅知郴州军，对声名远播的圆泉进行实地考察，只见其泉水晶莹，形如香雪，亲口品尝，感觉味美清甜，认为唐人将圆泉之水列为"第十八"是不公正的。遂作《郴江百咏·圆泉》诗云：

清冽渊渊一窦圆，每来尝为试茶煎。

又新水鉴全然误，第作人间十八泉。

在中国茶文化的彪炳史册中，天下名泉岂止百千？郴州圆泉，竟然被唐人列为"天下第十八泉"。这是天公作美，天降甘露，是圆泉之大幸，是郴州之大幸，也是湘茶之大幸。

湘茶一个显著的特点与历史传统，就是特别注重饮茶的水质之美。这是其地域文化传统所决定的。

"湘"字，最早出自《诗经·召南·采蘋》："于以湘之，惟锜及釜。"原意是"烹煮"。锜，是三足釜。烹煮则需要水；古人煮茶，照样离不开水。中国先贤创造一个"湘"字，本身就包含着先民对好水的渴望，对好茶的需求。相水以沏茶，视茶水为甘露，这就是中国先民的饮茶品茶之道，这就是中国人最早的茶学观念。这种茶学观念，是从"湘"字的创制与命名开始的。

从字源学来考察，前贤创造一个"湘"字，主要有两层含义：一是从目，从木，从水，属于"会意字"，其义是眼睛看着树上滴下的水珠而饮，如饮甘露。二是从水，相声。以水为形旁，以"相"为声旁，属于"形声字"。相水，就是辨别水质的好坏。以上这两层意义，都与水有关。无论是饮用还是辨别，都是为了人要喝水。"湘"者何也？相水也，甘露也。

湘茶之美，汲取湖湘文化与地域山川之灵气，蕴含着远古的神话传说，令历代文人骚客们心驰神往。在中国省份之中，湖南省简称为"湘"，因为"湘"源于湘水女神。而"湘"字用以命名于"湘水"者，是在春秋战国时代。伟大诗人屈原《九歌》有《湘君》与《湘夫人》二首诗，咏叹湘水之神。《史记·秦

165

始皇本纪》载，秦始皇渡湘江，遇大风，因问博士："湘君何神？"博士言："尧女，舜之妻，死葬于此。"舜帝南巡，死于苍梧之野，其二妃寻夫不果，泪洒成"斑竹"，死于君山，故君山亦名"湘山"，而以湘君为湘水之神。可见"湘"与舜帝有关，蕴含着一个优美的远古神话传说，说明"湘"与远古舜帝结下了不解之缘，至今舜帝还长眠在潇湘大地。

水是生命之源，也是品茶之源，是茶道之源。茶叶一旦离开了水，就没有存在的价值，就失去了种茶的意义。所谓"茶水"，就是这样称呼而来的。

宋人斗茶，往往因水取胜。水为茶之母，好茶须好水。明人钟惺游君山，写《茶诗》三首，其一言茶与水的密切关系，诗云：

水为茶之神，饮水意长足。

但问品泉人，茶是水何物？

茶缘于水，水是茶的寄托，茶是水的溶化；茶艺是人的艺术，也是茶水的艺术；茶与水相依为命，生死与共，才成就了中国茶道，积淀了中国茶文化。明人张源《茶录·品泉》云："茶者，水之神也；水者，茶之体也。非真水莫显其神，非精茶曷窥其体。"意思是说，茶为水之神，水为茶之体。茶水，是神与形的交融合一，非真正的好水就不能表现出茶的神韵，非精美的茶叶就不能窥见茶的形体。许次纾《茶疏》亦曰："精茗蕴香，借水而发；无水不可论茶也。"意思是说，精美的茶所蕴含的清香，是凭借好水而散发出来的。

神州大地，山川奇美。好山好水，何止万千？岂是这天下第一泉可以概括？清代著名美食家、诗人袁枚来到湖南，一见

中华茶美学

清澈见底的湘江水，本来并不嗜茶的袁枚，因爱其清澈，即用湘江水泡茶，并且作《湘水清绝，深至十丈，犹能见底》一诗云：

湘水去纤埃，十丈如碧玉。

直是银河铺，不用燃犀烛。

我性不茶饮，到此酣千盅。

爱极无可奈，藏之胸腹中。

诗人以湘水泡茶的喜悦之情，溢于言表。前两句描写湘水之清澈如碧玉，后两句抒写自己对湘水冲泡湘茶的喜爱之情。本来不嗜茶的袁枚，到了湖南，看到这清澈的湘江水，看到这美妙的湘茶，喜爱之极，也情不自禁地要酣饮千盅。

第二节　器韵：高雅古朴之美

茶具，是茶水的物质载体，是茶水的外包装，是饮茶的必备之器；茶水因茶器而有了自身的器韵。器韵乃是茶水的羽衣霓裳，是茶水的固定形态之美。器韵，是拟写的茶诗，是打磨的茶律，是神奇的茶品，是万象凝聚的神韵集成之美。中国茶道、茶艺，最讲究茶具之美，即茶的器韵之美。

茶具是茶的物质载体与传播媒介，是中国茶文化的形象化、艺术化。茶之盛于茶器，而形成茶的一种器韵。器韵，是茶水的一种相对固定的韵律，属于形态美学范畴，茶水依托茶器而呈现不同风格的形态之美和艺术生命的韵律。

中国茶具茶器之美，形式多样，千姿百态，充分体现中国茶人的创造力和凝聚力。但自古至今，大致有以下几种类型：

1. 土陶器

从新石器时代开始，中国人制造石器，到商周时期制作陶器，中国人就以陶器为茶具。从长沙的鎏金茶具到宋元明清时期的官窑，茶具制作随着茶饮之习和茶文化的繁荣发展而变化。江苏宜兴盛产的紫砂壶，就是其独特的陶土器茶具，因乌龙茶、工夫红茶之兴而崛起。明代宜兴紫砂壶制作的"三大圣手"分别是时大彬、李仲芳、徐友泉。

2. 瓷器

瓷器是中国人最早的发明之一。原始瓷器，可以上溯到商周时代；早期瓷器出现在东汉时代。中国瓷器以青瓷、白瓷、彩瓷为主，还有黑瓷、红瓷等。瓷器乃是中国茶具的主体。

3. 漆器

一般人以为漆器茶具是清代才出现，其实从长沙马王堆汉墓出土文物来看，漆器茶具早在西汉时期就已开始使用了。

4. 金属茶具

以金银铜锡等金属制造的名贵茶具，以高贵富丽为美，早在唐朝就流行于宫廷与贵族世家。

5. 竹木茶具

这是古老茶具，民间茶具。自古至今，依然流行。

6. 玻璃茶具

玻璃茶具的出现，最迟在元明时代，至今已经相当普及。透明的玻璃茶具，最适宜于观赏茶叶、茶汤之美，诸如绿茶、银针之形，黑茶、红茶之色。

影响茶事生活化最显著者是茶器茶具的制作，这属于陶瓷工艺美学范畴，以自然神韵、雅致古朴为美，追求古色古香，别具一格。特别是茶壶，属于工艺品，是工艺美学的重要载体，既有实用价值，又有观赏价值与收藏价值。

茶具茶器之美，随着时代而变迁，一般经历了由简单实用

到艺术化、审美化与高贵化的发展历程。但茶具的基本美学风格，始终崇尚一个"雅"字：古雅、高雅、典雅、淳雅、儒雅、雅致，等等。

清人姚莹《茶器》云："唐代多为茶器，以作茶碗。"

陆羽《茶经》称："碗，越州上，鼎州次，婺州次；岳州上，寿州、洪州次。或以邢州处越州上，殊为不然。若邢瓷类银，越瓷类玉，邢不如越，一也；若邢瓷类雪，越瓷类冰，邢不如越，二也；邢瓷白而茶色丹，越瓷青而茶色绿，邢不如越，三也。……越州瓷、岳瓷皆青，青则益茶，茶作白红之色；邢州瓷白，茶色红；寿州瓷黄，茶色紫；洪州瓷褐，茶色黑，悉不宜茶。"茶具是非常讲究的，陆羽认为邢州瓷白、寿州瓷黄、洪州瓷褐，都不宜盛茶；唯有越州瓷、岳瓷皆青，益于盛茶。

唐朝兴盛的长沙铜官窑茶具，是中国古代茶具之独具一格者。其基本工艺特色有三：一是朴实无华，如同多情湘女，不假雕释，表里保持着素朴的本色之美；二是造型简洁平实，形态多样而不复杂，色彩绚丽而不妖艳，是中国彩瓷的优秀代表；三是富于文化内涵，其中彩釉虽有花木鸟虫，但更典型的是其中的题诗、哲理名言与抽象画，充满诗意化情调。

自隋唐以降，中国茶具千变万化，五彩缤纷。如长沙茶具，则以白金制作而成。据清嘉庆《长沙县志》卷28《拾遗》记载："宋时，长沙茶具有砧、椎、铃、碾、瓶等目，精妙甲天下。一具用白金三百两或五百两，又以大镂银合贮之。赵南仲丞相帅潭，以黄金千两为之，进上，穆陵大喜。不知何以费乃至此？像箸玉杯，又何足道！"

中国是陶瓷艺术的发祥地，也是陶瓷茶器的集大成者，是

中华茶美学

体现中国陶瓷艺术天地人和的一种中和之美。唐宋以来，制造陶瓷茶具者有五大名窑：即官窑、哥窑、定窑、汝窑、钧窑。

大美大简的宋瓷，是中国陶瓷艺术的巅峰之作。其总体的美学风格，具有三大特征：一是著名的瓷窑具有宫廷化与地域化的统一性；二是陶瓷艺术设计具有装饰化与生活化的统一性；三是陶瓷工艺美学的图案与色彩具有崇尚自然之美与从简若璞的个性化的统一性。

元明时代崛起的紫砂壶，其紫砂壶的艺术造型，大致有四类：①仿古董者；②仿自然者，即模仿自然界的花果动植物；③仿实用器物者；④仿几何图形者。

中国紫砂，北有山西平定，南有江苏宜兴。平定与宜兴，南北辉映，代表南北紫砂器具两种完全不同的美学风格：北平定，是大美若璞，大巧若拙，具有北方男子汉的阳刚之气；南宜兴，是精美如琢，玲珑如仙，颇有江南女子的那般阴柔之美。清人吴梅鼎有《阳羡名壶赋》，写宜兴紫砂壶的手工工艺制作之美，曰：

> 若夫泥色之变，乍阴乍阳。忽葡萄结绀紫色，倏橘柚而苍黄。摇嫩绿于新桐，晓滴琅玕之翠；积流黄于葵露，暗飘金粟之香。或黄白堆砂，结哀梨兮可啖；或青坚在骨，涂髹汁兮生光。彼瑰琦之窑变，非一色之可名。如铁如石，胡玉胡金。备正文于一器，具百美于三停。远而望之，黝若钟鼎陈明庭；追而察之，灿若琬琰浮精英。岂隋珠之与赵璧可比，异而称珍者哉？

无论是山西平定，还是江苏宜兴，紫砂壶的本色，以朱色、紫色、米黄色为主体，其他五光十色的紫砂壶，都是在这三种

本色的基础上调制而成的。泥色的变化，忽明忽暗，如葡萄绛紫色，如橘柚苍黄色，如新桐嫩绿，如琅玕翠光，如含露葵花，如飘香金粟，如黄白色堆砂，如可啖黄香梨，如紫砂外涂抹着一层匀净幽雅的漆光……吴梅鼎《阳羡名壶赋》将紫砂壶的色彩之美描绘得淋漓尽致，是茶具工艺美学的传世佳作。

紫砂壶鉴赏

紫砂壶是诗，是艺术，是茶道，是茶韵，是中国茶文化的工艺化。紫砂茶壶，适宜于乌龙茶和工夫茶的茶道、茶艺表演，以小巧玲珑为贵。明人冯可宾《岕茶笺》云："茶壶以小为贵。每一客，壶一把，任其自斟自饮，方为得趣。何也？"冯氏讲了两个道理：一是茶重香，二是茶重味。"壶小则香不涣散，味不耽搁。况茶中香味，不先不后，只有一时，太早则未足，太迟则已过；见得恰好一泻而尽，化而裁之，存乎其人"。

茶具命名之美者，以人为喻。宋代茶人认为，茶具也是富有生命意义的，于是将茶器茶具拟人化。审安老人于南宋咸淳己巳（1269）五月撰《茶具图赞》，以拟人化手法将十二种茶具称为"先生"，且一一为其姓名字号命名，先以姓冠以官职名称，次为其名，再是其字，最后列其号（含雅号）。其谓"茶

具十二先生姓名字号"曰：

> 韦鸿胪（即茶炉）：文鼎，景旸，四窗闲叟。
>
> 木待制（即茶臼）：利济，忘机，隔竹居人。
>
> 金法曹（即茶碾）：研古，元锴，雍之旧民、轹古、仲鉴、和琴先生。
>
> 石转运（即茶磨）：凿齿，遄行，香屋隐居。
>
> 胡员外（即茶勺）：惟一，宗许，贮月仙翁。
>
> 罗枢密（即茶罗）：若药，傅师，思隐寮长。
>
> 宗从事（即茶帚）：子弗，不遗，扫云溪友。
>
> 漆雕秘阁（即盏托）：承之，易持，古台老人。
>
> 陶宝文（即兔毫盏）：去越，自厚，兔园上客。
>
> 汤提点（即茶壶）：发新，一鸣，温谷遗老。
>
> 竺副帅（即茶筅）：善调，希默，雪涛公子。
>
> 司职方（即茶巾）：成式，如素，洁斋居士。

此十二种茶具之命名，皆以中国古代官职为准。如"鸿胪"者，即鸿胪寺卿，是鸿胪寺主管，掌管朝廷祭礼之仪式者。"待制"者，指正式官职之外，加给文臣的头衔，如诸阁学士、直学士之类。"法曹"者，指唐宋时代司法机关的官吏。以古代各种官职来命名茶具，本身就反映出时人的官僚意识，是古代官僚制度和宗法文化的产物，又进而尊称茶具为先生，给十二种茶具取姓名字号，如茶炉，戏称"韦鸿胪"，名文鼎，字景旸，号四窗闲叟；茶巾，戏称"司职方"，名成式，字如素，号洁斋居士，等等，皆赋予了茶具以鲜活的生命，使之人物化、性格化、形象化。赋予茶具以人的生命意识，完全出于中国人的茶神崇拜，是中国茶文化最独特的审美情趣。

那么，古人对这十二种茶具先生的拟人化命名，依据何在？依其赞辞，我们便可知其内在之真谛与审美价值。

茶炉，由金属丝或竹篾丝编织而成，用以生火煮茶，故宋人戏称为"韦鸿胪"，名文鼎，字景旸；因陆羽《茶经·四之器》谓"其三足之间设三窗，底一窗"，故号"四窗闲叟"也。其赞辞曰："祝融司夏，万物焦烁。火炎昆冈，玉石俱焚，乐尔无与焉。乃若不使山谷之英，堕于涂炭，子与有力矣。上卿之号，颇著微称。"

茶臼，多为木质，用以碎茶，故而戏称为"木待制"，名利济，字忘机，号隔竹居人。其赞曰："上应列宿，万民以济。禀性刚直，摧折强梗。使随方逐圆之徒，不能保其身。善则善矣，然非佐以法曹，资之枢密，亦莫能成厥功。"

茶碾，多用金属制作而成，用以碾茶，其特点在于刚柔相济，循轨蹈辙，有如执法如山的法官，故而戏称为"金法曹"。其赞曰："柔亦不茹，刚亦不吐。圆机运用，一皆有法。使强梗者不得殊轨乱辙，岂不韪欤？"

茶磨，多用石头凿制而成，用以磨茶；其默默无闻，吞吐运转，又"斡摘山之利，操漕权之重"，如同宋代的转运使，故而戏称为"石转运"，其赞辞则高度概括了茶磨的本质特征和实际功能，曰："抱坚质，怀直心。啖嚅英华，周行不怠。斡摘山之利，操漕权之重，循环自常，不舍正而适他，虽没齿无怨言。"以"没齿无怨"写尽茶磨默默无闻、无私奉献的精神。

茶勺，其形状如葫芦，以"胡"字谐葫芦，剖半而成瓢形，故戏称为"胡员外"。因其得名于苏轼"大瓢贮月归春瓮，小勺分江入夜瓶"诗句，故号"贮月仙翁"。茶瓢外壁又有碾茶

功用，但瓢壁太薄，不堪承压，必须依靠"圆机之士"（即茶碾），因其赞辞曰："周旋中规，而不逾其闲；动静有常，而性苦其卓。郁结之患，悉能破之。虽中无所有，而外能研。究其精微，不足以望圆机之士。"

茶罗，是圆形筛子，是烹点团饼茶的必备茶具。用以茶粉过筛，故筛面绢丝以细密为最佳。因其疏密之谐音如"枢密"，故宋人戏称之为"罗枢密"，名若药，字傅师，号思隐寮长。宋代枢密院，掌管军机大事，事涉国家机密，必须慎之又慎，有如茶罗之细密者，因其赞辞曰："机事不密则害成。今高者仰之，下者扬之。使精粗不至于混淆，人其难诸。奈何矜细行而事喧哗，惜之。"

茶帚，如扫帚，以棕丝制成；"从事"，系唐宋时期州郡长官幕僚，事无巨细，拾遗补阙，一一经手，犹如茶帚之功，又与陆羽《茶经·四之器》所言之"拂末"寓合，故戏称为"宗从事"，名子弗，字不遗，号扫云溪友。其赞辞对茶帚的功能作了生动描绘，称其出身于"孔门高第，当洒扫应对。事之末者，亦所不弃。又况能萃其既散，拾其已遗，运寸毫而使边尘不飞，功亦善哉！"

盏托，即茶盏茶托的合称。茶盏，古代用于奉茶待客礼宾之俗的饮茶器皿，形似碗而小，敞口，深腹，斜腹壁，圈足。与茶托连用。宋代斗茶尚白，以"兔毫盏"为贵。茶托，即茶托子，用以衬垫茶盏，以隔热、防烫并固定茶杯。其讲究色彩图绘，多以漆雕而成，茶盏与茶托合而为一有如宋代秘阁学士的一种贴职。秘阁，本是宋代皇家藏书之地，后设立直秘阁、修撰等馆阁之职，以待文学之士，使茶香与书香相伴于秘阁，

故宋人戏称茶盏与茶托为"漆雕秘阁";其主要功能在于承托茶杯,又多与秘阁学士相伴,故名承之,字易持,号古台老人。其赞辞曰:"出河滨而无苦窳(注:yǔ,粗劣),经纬之象,刚柔之理。炳其㻬中,虚己待物,不饰外貌,位高秘阁,宜无愧焉。"炳其㻬中,语出扬雄《法言·君子》:"或问:君子言则成文,动则成德,何以也?曰:以其㻬中而彪外也。"㻬,充满;彪,有文采。指才德充溢于内,文采发扬于外。茶盏与茶托之人格化,比如君子之德才兼备也。

兔毫盏,又名鹧鸪斑,是宋代建窑烧制的陶瓷斗茶盏,以坯厚为特色,故戏称为"陶宝文",名去越,字自厚,号兔园上客。其赞辞曰:"危而不持,颠而不扶,则吾斯之未能信。以其㻬执热之患,无坳堂之覆,故宜辅以宝文而亲近君子。"

茶壶或茶瓶,因其用于提壶注汤点茶,故被宋人戏称为"汤提点",名发新,字一鸣,号温谷遗老。提点,即"提点刑狱",唐宋狱官名,主管司法狱事。以茶壶为"汤提点",是用其"提壶点茶"之音谐而已,并无必然联系。而其赞辞则以拟人化手法,称颂茶壶曰:"养浩然之气,发沸腾之声;以执中之能,辅成汤之德,斟酌宾主间,功迈仲叔圉。然未免外烁之忧,复有内热之患,奈何?"以"斟酌宾主间"写茶壶注汤点茶的功能;而以"外忧内患"写南宋末期社会环境之恶劣,意在言外,借茶具而抒忧国情怀,颇具新意。

茶筅,是点茶、分茶、斗茶时用于击拂的一种茶具。多为竹制品,妙于击拂,击拂时浮起的白色沫饽,如同雪涛云腴,故宋人戏称其为"竺副帅",名善调,字希默,号雪涛公子。其赞辞曰:"首阳饿夫,毅谏于兵沸之时。方今鼎扬汤,能探

其沸者几希。子之清节，独已身试；非临难不顾者，畴见尔。"
此以不食周粟的伯夷、叔齐比喻茶筅品格，以"毅谏于兵沸之时"
比喻南宋末年元蒙大军兵临城下的危难时势，并以茶筅喻人，
以满腔爱国热情高度赞扬其"临难不顾"又敢于赴汤蹈火的英
雄气概和民族气节。

茶巾，古代用以擦拭茶具的丝绸方巾，长二尺，凡二条，
以轮换，有单色、印花等品种。因"司"与"丝"、"职"与
"织"二字谐音，故宋人雅称其为"司职方"，名成式，字如素，
号洁斋居士。其赞辞曰："互乡童子，圣人犹与其进。况端方
质素，经纬有理。终身涅而不缁者，此孔子所以与洁也。"以"端
方质素""经纬有理"，比喻茶巾之质地、品性、规格，以《论
语·阳货》中"涅而不缁"比喻茶巾之冰清玉洁。

《茶具图赞》成书于南宋咸淳己巳（1269）五月，距南宋
被元蒙帝国灭亡之日仅仅十年。从作者绘制的十二种茶具命名
与赞辞而言，作者于此等文字游戏之中蕴涵着极其深刻的思想
内容：高尚的人格尊严，正直的民族气节，无私的忧国情怀，
敢于赴汤蹈火的英雄气概，都一一寄予在被拟人化、人格化的
茶具之中，赋予茶具以旺盛的生命价值与高尚的人格之美。这
正是中国茶文化的一个独特的美学现象，充分体现了茶及其茶
具的文化价值和美学意义。

第三节 声韵：评茶语言之美

茶的声韵，是茶叶、茶水和评茶、品茶的一种语言声韵之美。评茶的语言艺术之美，属于审美语言学的范畴。

现代评茶，滥觞于宋元时期兴盛的斗茶赛茶之习，有范仲淹的《和章岷从事斗茶歌》、刘松年的《茗园赌市图》和赵孟頫的《斗茶图》为证。斗茶取胜者，大致具有三大要素：一是茶叶斗品色香味形的质地之美；二是冲泡茶叶的水质之美；三是泡茶者的冲泡工艺技术之美。

一、茶叶品评的语言特征

茶叶品评，本身就是一种审美鉴赏。

茶叶品评术语的语言范式，属于审美语言学范畴，既讲究品评用语的准确性与规范性，又特别注重语言的艺术之美。

评茶与审美鉴赏的一般性用语，涵盖各类茶叶，通用于各种茶叶，是一般原则性的茶叶审美标准。这种审美标准，具有普遍性的审美特点。而单就绿茶、红茶、青茶、黄茶、白茶、黑茶、压制茶而论，因其茶叶个性与制作方法之异，品评标准不同，审美鉴赏的用语自然有别。但应该说，评茶用语之美，

乃是茶叶鉴赏中审美语言学最集中的体现者，涵盖了茶美学中的生命美学、色彩美学、形态美学、食品美学及美与丑的对立等各个方面。

茶叶品评鉴赏，是一门大学问，属于鉴赏美学范畴，需要评茶师高度的审美鉴赏能力，也需要实际鉴赏水平要达到眼尖、鼻灵、舌敏。茶叶品评术语的语言的美学特征，大致有以下几点：

第一，审美标准，着眼于茶叶、茶水的色香味形之美，主要是从茶叶形状之美、色泽之美、汤色之亮、香气之浓郁、滋味之纯美、叶底之色美等几个方面入手。

第二，用词准确无误，要求术语表达的准确性，注重用词的细微差异性，不可笼统含糊，不能模棱两可，不可重复啰唆，要科学地概括茶叶的各自特色，要相当准确地表述品评内容。

第三，富有形象性，对各种类别的茶叶与茶水，如干茶形状、干茶色泽、汤色、香气、滋味、叶底的品评，都要以形象化的语言来加以描述，既要准确无误，又要富有形象化特征。

第四，茶叶品评的通用评语，注重的是一般性的审美鉴赏，其追求的语言艺术之美，不可能完全涵盖每一种具体的茶叶，但是既然是茶叶品评的通用评语，就具有一般的原则性与规律性，具有放之四海而皆准的审美价值与实际功效，讲究的是评茶用语的审美鉴赏，而非其论述性与逻辑性的统一。

二、茶叶审美鉴赏评语

茶叶审美鉴赏通用评语，是审美语言学的具体应用，因而特别注重其审美鉴赏性。这种品评鉴赏，总体审美标准，是注重于干茶及其汤色之色香味形之美。我们根据陆松侯、施兆鹏

教授主编的《茶叶审评与检验》[1]一书确定的基本标准，以干茶为例，其审美鉴赏品评语言之美，大致表述如下：

1. 干茶形状评语

显毫：芽尖含量高，并含有较多的白毫。

锋苗：细嫩。紧卷有尖锋。

重实：条索或颗粒紧结，以手权衡有沉重感，一般是叶厚质嫩的茶叶。

匀整：指上、中、下三段茶的大小、粗细、长短较一致。

匀称：指上、中、下三段茶的比例适当，无脱档现象。

匀净：匀齐而无梗索及其他夹杂物。

挺直：条索平滞而挺直呈现直线状，不短不曲。平直与此同义。

平伏：茶叶在把盘后，上、中、下三段茶在茶盘中相互紧贴，无翘起架空或脱档现象。

紧结：条索卷紧而重实。

紧直：条索紧卷、完整而挺直。

紧实：紧结重实，嫩度稍差，少锋苗，制工好。

肥壮：芽肥、叶肉厚实，柔软卷紧，形态丰满。亦为雄壮。

壮实：芽壮、茎粗，条索肥壮而重实。

粗壮：条索粗而壮实。亦为粗实。

粗松：嫩度差，形状粗大而松散。亦为空松。

松条：条索卷紧度较差。

扁瘪：叶质瘦薄无肉，扁而干瘪。亦为瘦瘪。

---

① 陆松侯、施兆鹏教授主编《茶叶审评与检验》，中国农业出版社1979年本。

扁块：结成扁圆形的块。

圆浑：条索圆而紧结，不扁不曲。

圆直：条索圆浑而挺直。

扁条：条形扁，欠圆浑，制工差。

短钝：条索短而无锋苗。亦为短秃。

短碎：面张条短，下盘茶多，欠匀整。

松碎：条松而短碎。

下脚重：指下段中最小的筛号茶过多。

脱档：上、下段茶多，中段少，三段茶比例不当。

破口：茶条两端的断口显露且不光滑。

爆点：干茶上的烫斑。

轻飘：手感很轻，茶叶粗松，一般指低级茶。

露梗：茶梗显露。

露筋：丝筋显露。

2. 干茶色泽评语

油润：色泽鲜活，光滑润泽。亦为光润。

枯暗：色泽枯燥且暗无光泽。

调匀：叶色均匀一致。

花杂：干茶叶色不一致，杂乱、净度差。

3. 汤色评语

清澈：清净、透明、光亮、无沉淀。

鲜艳：汤色鲜明艳丽而有活力。

鲜明：新鲜明亮略有光泽。

深亮：汤色深而透明。

明亮：茶汤深而透明。亦为明净。

浅薄：茶汤中物质欠丰富，汤色清淡。

沉淀物多：茶汤中沉于碗底的渣末多。

混浊：茶汤中有大量悬浮物，透明度差。

暗：汤色不明亮。

4. 香气评语

高香：高香而持久，刺激性强。

纯正：香气纯净、不高不低，无异杂气。

纯和：稍低于纯正。

平和：香气较低，但无杂气。平正、平淡与此同义。

钝浊：香气有一定浓度，但滞钝不爽。

闷气：属不愉快的熟闷气，沉闷不爽。

粗气：香气低，有老茶的粗糙气。

青气：带有鲜叶的青草气。

高火：茶叶加温干燥过程中，温度高、时间长，干度十足所产生的火香。

老火：干度十足，带轻微的焦茶气。

焦气：干度十足，有严重的焦茶气。

陈气：茶叶贮藏过久产生的陈变气味。

异气：烟、焦、酸、霉馊等及受外来物质污染所产生的异杂气。

5. 滋味评语

回甘：茶汤入口先微苦后回味有甜感。

浓厚：味浓而不涩，纯正不淡，浓醇适口，回味清甘。

醇厚：汤味尚浓，有刺激性，回味略甜。

醇和：汤味欠浓，鲜味不足，但无粗杂味。

纯正：味淡而正常，欠鲜爽。亦为纯和。

淡薄：味清淡而正常。亦为平淡、软弱、清淡。

粗淡：味粗而淡江，为低级茶的滋味。

苦涩：味虽浓但不鲜不醇，茶汤入口涩而带苦，味觉麻木。

熟味：茶汤入口不爽，软弱不快的滋味。

水味：口味清淡不纯，软弱无力。干茶受潮或干度不足带有"水味"。

高火味：高火气的茶叶，尝味时也有火气味。

老火味：轻微带焦的味感。

焦味：烧焦的茶叶带有的焦苦味。

异味：烟、焦、酸、馊、霉等茶叶污染外来物质所产生味感。

6. 叶底评语

细嫩：芽头多，叶子细小嫩软。

鲜嫩：叶质细嫩，叶色鲜艳明亮。

嫩匀：芽叶匀齐一致，细嫩柔软。

柔嫩：嫩而柔软。

柔软：嫩度稍差，质地柔软，手按如绵，按后伏贴盘底、无弹性。

匀齐：老嫩、大小、色泽等均匀一致。

肥厚：芽叶肥壮，叶肉厚实、质软。

瘦薄：芽小叶薄，瘦薄无肉，叶脉显现。

粗老：叶质粗硬，叶脉显露，以手按之有粗糙感，有弹性。

开展：叶张展开，叶质柔软。

摊张：叶质摊开较老。

单张：脱茎的单叶。

破碎：叶底断碎、破碎叶片多。

卷缩：冲泡后叶底不开展。

鲜亮：色泽鲜艳明亮，嫩度好。

明亮：鲜艳程度次于鲜亮，嫩度稍差。

暗：叶色暗沉不明亮。

暗杂：叶子老嫩不一，叶色枯而花杂。

花杂：叶底色泽不一致。

焦斑：叶片边缘、叶面有局部黑色或黄色烧焦的斑痕。

焦条：烧焦发黑的叶片。

第四节　品牌：茶韵集成之美

　　鉴于不产茶叶的英国曾打造出一个驰名世界的茶叶品牌"立顿"，很多国人就自惭形秽地说："中国只有名茶，没有品牌。"实则不然，名茶是打造茶叶著名品牌的基础，中国是名茶之乡，四大茶区，名茶荟萃，数不胜数，这就为打造中国茶叶著名品牌打下了坚实的基础。一部中华茶业的发展史，足以证明一个颠扑不破的事实：茶产业的发展繁荣，取决于国力、国势、国威，受制于人民大众的生活水平，即茶因盛世而兴，也因乱世而衰。鸦片战争以来，中国备受西方列强侵略和压榨，在世界独树一帜的中华茶业随之衰落。新中国成立以后，中国茶业回到人民手中之际，特别是当中国茶人的茶叶品牌意识觉醒之时，1890 年正式诞生的立顿茶品牌，已经在世界上风行了将近一百年之久。

【茶叶品牌】

　　品牌，是产品既定的规则和标准，是被消费者公认的特定符号。"品牌"一词，来源于古斯堪的纳维亚语 brandr，意思是"燃烧"，指生产者燃烧印章烙印于产品。最古老的通用

品牌是在印度吠陀时期产生的，以哲人 Chyawan 命名。被称为 Chyawanprash，意大利人早在十三世纪就以纸张水印品牌。品牌的构成有三要素，一是标准化产品，二是注册商标，三是消费信誉度。这三大要素，离不开产品的美誉度，即诚信度和宣传力度。重质量，讲诚信，惠民生，乃是品牌的生命线，而广而告之，即是品牌不胫而走的妙方。宣传片，顾名思义，是广而告之的电视片，属于电视广告范畴，是其品牌三要素成功打造的文化载体和传播媒介。茶叶品牌宣传广告，其内容大致是：品牌形象，品牌历史，品牌特征（包括优势），人文地理、文化精神、品牌人物、品牌标志，品牌活力与前景展望。

中国茶叶品牌最早的诞生地在湖南临湘和湖北赵李桥的交界处，这里是中国黑茶青砖茶的主产地。元明清时期，湖广行省的赵李桥、羊楼司和聂市镇出品的青砖茶，曾是万里茶路销往蒙古大草原和俄罗斯的主要黑茶品牌之一。历史悠久，信誉度高，文化底蕴深厚。早在清朝咸丰年间的 1865 年，就使用蒙文"好"字和满文"川"字、"洞"字商标。

临湘永巨茶业至今保存的满文商标印版模具

这是中国乃至世界茶叶最早的品牌商标，比英国号称世界第一茶品牌的"立顿"要早26年，比"中茶"商标要早近一个世纪。可惜，受制于鸦片战争之后中华茶业总体衰败之势，这种茶叶品牌未能持续打造，未能影响世界。这是中国茶人的历史悲哀，是中华茶业的时代悲哀。

青砖茶商标

【茶品牌的美学标准】

中华人民共和国成立以后，中华茶业迅速恢复和发展，中国茶人的茶叶商标意识和茶叶品牌意识不断增强。于是有了"中茶"商标和各地驰名商标，有了中国十大名茶。可以自豪地说，中国十大名茶，其色香味形是美的荟萃，如诗如画，如梦如幻，呈现的是中国茶韵集大成之美。然而，中国十大名茶，好像是一个流动的概念，历来并不统一，各取所需，至今尚无定论。从茶美学的高度来考察，我们对先前传播的中国十大名茶予以整合，觉得原先流传甚广的中国十大名茶的概念，一是地域布局不合理，二是茶类结构不合理，三是过于强调现实功利性。为此，我们着眼于茶韵集成之美,除了色香味形的基本准则之外，

还应该根据以下美学标准，对其重新定位，以正视听：

第一，应该兼顾中国六大茶类，不可集中于绿茶和乌龙茶。

第二，应该打破地域界限，不可集中在江浙皖闽东南部茶区，而应该兼顾中西部茶区。

第三，应该优先考虑历史名茶及其国际金奖获得者，展示中国茶业历史的辉煌。

第四，所谓名茶品牌，应该具有比较深厚的茶文化底蕴，而非现代依靠媒体炒作而出现的茶叶暴发户。

第七章

茶律：茶与艺术美学

　　艺术美学，是古典美学的一个大宗。"琴棋书画诗酒茶"，还有建筑、园林、装饰、设计、山水，田园等，人类生活的方方面面，无一不涉及艺术美学。

　　茶律，即茶的韵律，是茶的艺术生命，是中国茶文化的诗歌艺术载体，属于诗美学的艺术范畴。

　　茶之雅，除其茶品内质之外，其中一个方面就是其物质载体与文化载体的诗化，即茶与诗美学。诗美学，是诗律的美学化与美学的诗化。

第一节 茶 诗

诗为何物？诗是云霞晨曦，花木虫鱼，风雨雷电，河岳海峤；诗是秦淮烟雨，平湖秋月，南国红豆，洞房花烛；诗是边塞折柳，古角吹寒，阳关醉酒，长亭送别；诗是时代风云，社会风貌，民俗风情，历史回音；诗是人生足迹，生活遭际，情感纠葛，悲欢离合；诗是社会现实生活的诗化，是治国经济策论的诗化，是历史风云与政治时事的诗化，是民族文化心灵、气质、性格与美学精神的诗化；诗是中国人艺术生命中的长青之树，是人类共同追求的"真善美"的理想境界的净化和升华。

诗是最美的，是美的荟萃，因为诗是人心灵的呼唤。诗与茶之相通，在源于天地自然，在于自然天成，在于灵性、灵动之美。如诗如画，如火如荼。以诗咏茶，茶则诗化，茶则成为诗美学的物质载体。湖南茶叶有一个"猴王牌"的著名品牌，我为之撰写了一首《猴王茶赞》，诗云：

孙行者之风骨兮，锤炼千载；
美猴王之旌旗兮，光耀四海。
济济苍穹兮，穆穆神州；

齐天大圣兮，威力无俦。

凭谁问：佳茗何方？

唯有我猴王！

气派，豪放，经典，豪情满怀，气势磅礴，几句诗写尽了猴王茶品牌的王气、霸气、豪壮之气与浩然之气。这就是茶诗，就是中国茶叶的诗化，也是中国茶文化的诗歌美学化。

茶的诗化，是中国文人品茶论道的生活方式与审美情趣的突出反映。

中国文人士大夫品茶，以茶为媒，赋诗吟诗，填词作赋，绘画联对，充满一种超然物外的生活情趣，促使中国人饮茶的生活方式走向诗化之路。

茶诗、茶词、茶曲、茶赋、茶画、茶联、茶歌，乃至茶论，一切以茶为中心的文学艺术作品，既是茶的神韵、茶的格调、茶的性灵、茶文化的艺术写照，又是中国茶文化的艺术载体和传播媒介，是茶人之心，是茶美学的灵魂。

茶与诗的结合，来源于诗人的茶缘。诗人品茶，以茶论道，感知社会，品悟人生，于是有了茶诗。茶诗，是饮茶、品茶、咏茶、题茶画等之诗，是中国茶文化与茶美学的主要艺术载体之一，是茶的诗化，也是中国茶文化的诗化。

中国人的饮茶之习，人们多以为滥觞于三代，认为《诗经·七月》"采荼薪樗，食我农夫"与《谷风》"谁谓荼苦？其甘如荠"，乃是最早的茶诗。有"茶"，而后有茶诗。故真正意义上的"茶诗"，一般以左思之诗为标志，兴起于南北朝时期，而盛于唐宋，发展于元明清时期，至今依然历久而不衰！

在中国茶文化史上，唐人卢仝以"七碗茶"而享誉中外，

声誉之高可与茶圣陆羽的《茶经》比肩。其《走笔谢孟谏议寄新茶》诗云：

日高丈五睡正浓，军将打门惊周公。

口云谏议送书信，白绢斜封三道印。

开缄宛见谏议面，手阅月团三百片。

闻道新年入山里，蛰虫惊动春风起。

天子须尝阳羡茶，百草不敢先开花。

仁风暗结珠蓓蕾，先春抽出黄金芽。

摘鲜焙芳旋封裹，至精至好且不奢。

至尊之余合王公，何事便到山人家？

柴门反关无俗客，纱帽笼头自煎吃。

碧云引风吹不断，白花浮光凝碗面。

一碗喉吻润，两碗破孤闷。

三碗搜枯肠，唯有文字五千卷。

四碗发轻汗，平生不平事，尽向毛孔散。

五碗肌骨清，六碗通仙灵，

七碗吃不得也，唯觉两腋习习清风生。

蓬莱山，在何处？玉川子乘此清风欲归去。

山上群仙司下土，地位清高隔风雨。

安得知百万亿苍生命，坠在巅崖受辛苦。

便为谏议问苍生，到头还得苏息否？

黄金芽，是唐代阳羡出产的一种贡茶。以其茶之名贵，价埒黄金，金有价而茶不可多得，故名。至宋代，则为龙凤贡茶之雅称（欧阳修《归田录》卷二）。卢仝的这首茶诗采用歌行体，自由奔放，以"七碗茶"而闻名于世，是中国茶史上最负盛名的一首茶诗。全诗写得挥洒流溢，飞龙走笔，如怀素草书。前十六句写孟谏议寄新茶，满怀感谢之诚；中间写独自煎茶，集中表现自己痛饮七碗茶之畅快心情；后四句书写自己对采茶百姓生活遭际的无限同情之心。卢仝在中国茶史上的突出贡献和重大影响，就在于这"七碗茶"。这形象逼真、栩栩如生的"七碗茶"的描写，将中国茶的饮用功能和审美价值、中国人的饮茶心理和文化心态表现得淋漓尽致。

茶诗（含茶词、茶曲），是茶情、茶趣、茶事、茶韵的诗化。故"茶诗"，有狭义与广义之分。狭义者是专门咏茶之诗，广义者是诗中有"茶"或"茗"字出现的描写日常生活的诗。

咏茶，以茶为吟咏对象，是茶诗的唯一标准。故有人称陆游有300多首茶诗，我们以此为标准依次数计其《剑南诗稿》，得陆游茶诗187首，其余皆为诗中有一句半句写茶者。

中国茶诗知多少，《中国茶文化经典》著录中国人写的茶诗（含词曲），自唐人饮茶而写茶诗，而止于民国时期，大约在二千多首，应该说是狭义的茶诗。

朝代	唐五代	宋代	金元	明代	清代	合计
茶诗	142	867	144	279	691	2123

主编者尽心竭力，能够收集如此丰富的茶诗，已经是相当不易了，但是这远非中国茶诗的全部，据初步估计，中国历代属于广义的茶诗，总数多达二万首以上。遗漏散佚者尚不计其数，诸如宋代苏轼茶诗、词、文、赋皆备，有关茶者多至100首以上，而《中国茶文化经典》仅收其47首（含茶词）；陆游《剑南诗稿》有茶诗187首，仅收录36首；明人蔡复一《茶事咏》五言绝句

36首，全未收录；清代阮元被誉为"茶隐"，有茶诗60多首，而是书仅收其两首。此之谓挂一漏万矣！

中国茶诗的审美特征是：

第一，中国茶诗的创作以茶为本，以诗为体，是中国茶文化与中国诗文化相结合的产物。茶诗的描写对象是茶，是茶树、茶园、茶叶、茶水、茶人、茶品、茶事、茶德、茶情、茶理、茶趣、茶缘、茶寿、茶礼、茶道、茶境，等等。茶是茶诗创作的中心，离开了茶，则无所谓茶诗。同时，茶诗又是中国诗歌创作专门化的结果，是中国诗文化对中国茶文化的渗透和关注，没有诗歌创作的繁荣发展，没有成功的诗歌体式，没有诗歌王国的皇天后土，则不可能有茶诗的繁荣发展。茶为诗歌创作提供了新的创作题材内容，诗为茶文化的诗化提供了一个成熟而完备的艺术载体；在中国这个诗歌国度里，文人士大夫的生活方式，往往是茶中有诗，诗中有茶，茶与诗联体联姻，茶诗是中国茶文化与中国诗文化的妙合无垠的结合体。

第二，茶诗的创作主体，不是一般的诗人骚客，而是爱好品茶的文人雅士。茶诗作者既具有一般诗人的气质禀赋和学力才华，又不同于一般诗人者有三点：

1. 嗜茶

茶诗作者不论地位高低、个性习气、富贵贫穷，古往今来都有一个共同的兴趣爱好和生活方式就是饮茶。他们与茶结下了不解之缘，茶是他们日常生活中的一部分，是他们的生活必需品，是他们诗歌创作的艺术生命之源。

2. 尚雅

所谓"俗人饮酒，雅士品茶"，是说饮酒与品茶代表两种截然不同的审美情趣：酒尚俗，茶尚雅；酒好动，茶好静；酒性热，

中华茶美学

茶性寒；酒主醉，茶主醒；酒贵俗，茶贵雅。尚雅既是茶文化的本质特性，又是茶诗作者共同追求的一种生活情趣和审美情趣。

3. 茶诗人

茶诗作者多为男性，多文人雅士；女性嗜茶者较少，品茶者不多，更少有写茶诗者。此乃是女性属阴、茶性为寒的本质属性所决定的。从生理学与心理美学而论，男性主阳，阳者刚也；茶性主阴，阴者柔也。阴阳调和，刚柔相济，以阴和阳，以柔克刚，因而男人的个性生理适宜于品茶，男性诗人多写茶诗，形成了男性诗人独霸茶坛与称雄于茶诗的文化局面。

第三，茶诗特别注重禅趣，倡言"茶禅论"。禅，是中国禅宗的一种思维方法。在中国学术文化史上，诗——禅——茶，形成三足鼎立之势；而禅与诗、茶的结合，成就了两大重要学说：一是"诗禅论"，二是"茶禅论"。

茶禅者，以茶参禅之谓也。

以禅喻诗、以禅论诗，宋代诗话有所谓"诗禅论"，以禅思、禅境、禅趣论诗思、诗境、诗趣者，苏轼、黄庭坚、魏泰、叶梦得、陈师道、徐俯、韩驹、吴可、吕本中、曾几、赵蕃、陆游、杨万里、姜夔、戴复古、刘克庄等，皆以禅喻诗、以禅论诗，"学诗浑似学参禅"之语，几乎成为宋人的口头禅。严羽《沧浪诗话》乃是宋人以禅喻诗、以禅论诗的集大成之作，倡言"禅道唯在妙悟，诗道亦在妙悟。且孟襄阳学力下韩退之远甚，而其诗独出退之之上者，一味妙悟而已。惟悟乃为当行，乃为本色"者云云，认为诗道与禅道之相通者，在于"妙悟"。

以禅品茶，以茶论禅，则有所谓"茶禅论"，即"禅道唯在妙悟，茶道亦在妙悟"者云云，即茶道之通于禅道者，亦在于"妙悟"，在于"本色"。

茶禅，乃是以茶参禅的一种人文境界，一种艺术境界。

茶禅联姻，以"天人合一"为哲学基础，是中国茶文化史上一种独特的文化现象。

茶与禅具有不解之缘。一则佛门禁酒，僧侣念经，常打瞌睡，饮茶可以醒神，故饮茶之风最早兴盛于寺院；二则文人士大夫参禅论道，往往与高僧结友，以茶参禅，则成为文人士大夫的一种生活方式和审美情趣。

元初，南宋遗民林景熙游览姑苏虎丘山，看到的乃是茶圣陆羽剑池映照下的茶禅一味，因作《剑池》诗云："岩前洗剑精疑伏，林下烹茶味亦禅。"有僧侣和文人的积极参与，"茶禅一味"之说应运而生，成为中国茶道与日本茶道的精髓。

第四，以茶写人世遭际与个人情思。中国古代文人士大夫，一般遭遇坎坷，以茶论道，以茶写人生际遇，也就成为他们诗歌创作的重要主题之一。双井茶，产于宋人黄庭坚的家乡，是宋代著名的草茶。黄庭坚《又戏为双井解嘲》诗云：

> 山芽落硙风回雪，曾为尚书破睡来。
>
> 勿以姬姜弃蕉萃，逢时瓦釜亦雷鸣。

"姬姜"指春秋时代，姬为周姓，姜为齐国之姓，故以"姬姜"指代贵妇人和大国之美女。《左传·成公九年》云："虽有姬姜，无弃蕉萃。"蕉萃，即"憔悴"，比喻贫穷贱陋的女子。"瓦釜雷鸣"比喻无才无德者进居高位，显赫一时。《文选·屈原〈卜居〉》："黄钟毁弃，瓦釜雷鸣。"李周翰注云："瓦釜，喻庸下之人；雷鸣者，惊众也。"此诗以嘲弄口吻写双井茶，以茶喻人事，将双井茶与龙凤茶戏做比较，认为出身山野、地

位低贱的双井茶，其破睡之功力丝毫不比深受皇室宠幸的龙凤茶差。"忽以姬姜弃蕉萃，逢时瓦釜亦雷鸣"。显然这是不平之鸣，是愤世嫉俗之音！这深邃的用典，这生动形象化的比喻，包含着多少委屈，多少怨愤！

第五，茶诗的艺术形式多样，而以古风和组诗为多。茶诗的体式，有古体和近体，古体多七言歌行；近体中又有律诗和绝句、五言、七言、杂言等，各体皆备。还有其他杂体诗，如宝塔诗、回文体、福堂体等。

咏茶的宝塔诗，始于唐代诗人元稹。元稹有《一字至七字诗·茶》诗云：

茶。

香叶，嫩芽。

慕诗客，爱僧家。

碾雕白玉，罗织红纱。

铫煎黄蕊色，碗转曲尘花。

夜后邀陪明月，晨前命对朝霞。

洗尽古今人不倦，将至醉后岂堪夸？

宝塔诗，是一种依次递加字数的杂体诗。元稹这首茶诗，是双宝塔诗，只是塔尖仅以一个"茶"字冠之而已，可以称之为联体宝塔诗，如埃及的金字塔，具有庄严肃穆之美，在茶诗中极为少见，弥足珍贵。金人王喆亦有《一字至七字诗·咏茶》诗云：

茶。

瑶萼，琼芽。

生空慧，出虚华。

清爽神气，招召云霞。

正是吾心事，休言世事夸。

一杯唯李白兴，七碗属卢仝家。

金则独能烹玉蕊，便令传透放金花。

艺术形式、韵脚与元稹宝塔茶诗一样，但情趣异然。元稹从儒佛立意咏茶，一副儒雅风度；而王喆从仙道落笔咏茶，茶蕴涵着仙风道骨。

茶诗亦有回文体式。如苏轼《记梦回文二首》之二诗云：

空花落尽酒倾缸，日上山融雪涨江。

红焙浅瓯新火活，龙团小碾斗晴窗。

此诗的回文体是：

窗晴斗碾小团龙，活火新瓯浅焙红。

江涨雪融山上日，缸倾酒尽落花空。

回文诗的审美效果与烹茶境界，几乎与原诗完全一致。以回文体咏茶，风韵别致，是苏轼茶诗的一大发明。

福堂体，即独木桥体，是一种以同一字为韵脚的词体形式。《词徽》云："福堂体者，即独木桥体也。创自北宋。"黄庭坚以福堂独木桥体咏茶，作《阮郎归·效福唐独木桥体作茶词》一词云：

烹茶留客驻金鞍，月斜窗外山。别郎容易见郎难，有人思远山。归去后，忆前欢，画屏金博山。一杯春露莫留残，与郎扶玉山。

此词之以"山"字为韵，如同独木桥一样，故而得名。以福堂独木桥体咏茶，是为茶词之首创者。

然而，茶诗体式中较多者还是古风。五言、七言古风，属于歌行体；组诗，是同一类型短诗的组合。古风和组诗，体制庞大，内容容量大，形式自由奔放，如风如云，如雷如电，如天地大观，比较适宜于茶人思想情感的自由抒发，作者们运用自如。比较出名的七古代表作，唐代有李白的《答族侄中孚赠玉泉仙人掌茶》、皎然的《饮茶歌诮崔石使君》、袁高的《茶山诗》、刘禹锡的《西山兰若试茶歌》、卢仝的《走笔谢孟谏议寄新茶》、李郢的《茶山贡焙歌》，宋代有丁谓的《北苑焙新茶》、范仲淹的《和章岷从事斗茶歌》、欧阳修的《尝新茶呈圣俞》、王安石的《酬王詹叔奉使江东访茶法利害见寄》、梅尧臣的《次韵和永叔尝新茶杂言》、苏轼的《寄周安孺茶》，元代袁却的《煮茶图》、陈泰的《茶灶歌》，明代有吴宽的《爱茶歌》、杨慎的《香雾髓歌》、王世贞的《醉茶轩歌》、汤显祖的《茶马》、陶望龄的《胜公煎茶歌》、张宇初的《次姚少师茶歌韵》，清代有钱谦益的《戏题徐元叹所藏钟伯敬茶讯诗卷》、毛奇龄的《试茶歌》、朱彝尊的《御茶园歌》、齐召南的《茗壶歌》、袁枚的《试茶》、赵文楷的《试茶》、释超全的《武夷茶歌》，等等，有的一首达600余字。组诗代表作中，唐人皮日休有《茶中杂咏》五律10首，陆龟蒙有《奉和袭美

茶具十咏》；明人文徵明《茶具十咏》，蔡复一《茶事咏》五言绝句36首；清人周亮工《闽茶曲》七言绝句10首，王夫之《南岳摘茶词》七绝10首，董元恺《望江南·啜茶十咏》，连横《茶》七绝22首。

清朝乾隆皇帝嗜茶，是中国历史上写作茶诗最多的人，约有二百首之富，为中国历史上茶诗之最者。乾隆茶诗，内容极为丰富多彩，可以视为中国茶诗的集大成者。主要内容有：

其一，是以诗题咏制茶饮茶遗址新迹，发思古幽情与闲淡情趣者。听松庵，惠山茗室名。竹炉山房，依惠山听松庵旧藏《竹炉图》仿造于玉泉山。乾隆因此而作有《竹炉山房》17首、《竹炉精舍》7首、《竹炉山房烹茶作》《竹炉山房品茶》等诗篇；味甘书屋，在碧峰寺后，亦仿江南竹炉而作。乾隆每至，则内侍先煮茗以俟。乾隆因作《味甘书屋》《味甘书屋口号》《味甘书屋戏题》等9首；还有《题春风啜茗台》《春风啜茗台》《戏题春风啜茗台》《题惠泉山房》《试泉悦性山房》《试泉悦性山房口号》等。其中《竹炉山房烹茶作》之二诗云：

> 第一泉边汲乳玉，两间房下煮炉筹。
>
> 偶然消得片时暇，那是春风啜茗人。

日理万机，忙中偷闲，山房烹茗，寄予茶人的一种悠闲自得之趣。乾隆吟咏的几个著名的茶舍，或为原址，或为仿造，皆在于寄天然之趣，抒高雅之情，所谓"山房临水滢，曲尽山水情"（《竹炉山房烹茶作》）是也。

其二，是以诗记录平日采茶、制茶、煮茶、饮茶趣事，于茶事中寄托一代帝王心怀家国忧患生民的明君意识和高雅的生活情趣。诸如《雨前茶》诗之一（《御制诗三集》卷14）云：

二月新丝五月谷，穷黎剜尽心头肉。

花瓷偶啜雨前茶，彷徨愧我为民牧。

　　每当新茶新谷登场的时候，我端着花瓷，啜着雨前茶，但一想到穷苦的黎民百姓，我总是感到惶恐不安，有愧于牧民之君。正因此，在杭州参观龙井茶的采制，乾隆撰有《观采茶作歌》《续观采茶作歌》以及《味甘书屋》《烹雪叠旧作韵》等诗，对茶民的艰辛劳作和穷苦生活表示同情，谓"我虽贡茗未求佳，防微犹恐开奇巧；防微犹恐开奇巧，采茶竭览民艰晓"，而发出"雨前价贵雨后贱，民艰触目陈鸣镳"之叹，一再表明虽然自己嗜茶而"我本无闲人，亦不容我闲"的心态。作为一代君主，乾隆皇帝的这种品茶心态是难能可贵的。

　　其他如《荷露烹茶》《汲惠泉烹竹炉歌五叠旧作韵》《听松庵竹炉煎茶五叠旧作韵》《竹炉山房歌叠惠泉烹竹炉韵》《听松庵竹炉煎茶叠旧作韵》《竹炉山房烹茶作》《竹炉山房品茶》《竹炉精舍烹茶戏作》《汲惠泉烹竹炉歌再叠旧作韵》《竹炉山房试茶二绝句》《竹炉精舍烹茶作》《烹雨前茶有作》《三清茶联句》《坐龙井上烹茶偶成》《晚篱茶话》等，更多的是写自己嗜茶品茗的生活方式和高洁幽雅的帝王生活情趣。

　　其三，是以诗咏赞各地名茶名泉，而以京师玉泉为天下第一泉。乾隆茶诗提得最多的是"雨前茶"，可见乾隆皇帝也最喜欢啜"雨前茶"。龙井茶，以谷雨前摘取者为佳，是中国极品绿茶，采制工艺相当考究，其名始于北宋辩才法师元静。清康熙时代已被列为贡品，乾隆皇帝南巡，曾经六次到杭州游龙井，为龙井茶写有《坐龙井上烹茶偶成》《再游龙井作》《于金山烹龙井雨前茶得句》《雨前茶》等12首脍炙人口的诗篇。其中

《坐龙井上烹茶偶成》一首诗云：

> 龙井新茶龙井泉，一家风味称烹煎。
>
> 寸芽生自烂石上，时节焙成谷雨前。
>
> 何必凤团夸御茗，聊因雀舌润心莲。
>
> 呼之欲出辩才在，笑我依然文字禅。

坐在龙井上，烹啜龙井茶，倍感别有"一家风味"。龙井茶细如莲心，滋润心田，仿佛辩才法师正呼之欲出，在嘲笑我依然是"文字禅"呢！其他诸如《三清茶》《玉乳泉》《戏题虎跑泉》《咏惠泉》《陆羽泉》《试中泠泉》等，对名茶名泉的赞颂，乾隆并不吝啬笔墨。如《品泉》一诗云：

> 甲乙唯凭轻权重，灶炉置侧便烹煎。
>
> 笑伊扬子称第一，未识玉泉第一泉。

乾隆高度称赞京师西郊的玉泉山泉为"天下第一泉"，且以御笔撰写《玉泉山天下第一泉记》，一反陆羽关于"以庐山谷帘为第一，惠山为第二"与刘伯刍"以扬子江水为第一"之论。

其四，是以茶参禅，以诗咏赵州茶，领悟"茶禅一味"之思。茶与禅宗结缘，乃是中国茶文化一种独特的文化现象。自唐代以来，维系中国古代文人士大夫与寺院、僧侣、禅宗的密切关系者，一是茶，二是诗。茶是维系他们的物质纽带，诗为维系着的精神与情感纽带。正是这种与禅结下的不解之缘，则有所谓"茶禅"和"诗禅"者。乾隆茶诗，特别是对赵州茶的咏叹，也同样展现着"茶禅一味"的茶学与诗美学的文化传统。《听松庵竹炉煎茶叠旧作韵》诗云"从谂茶存谁解吃"；《竹炉山房歌叠惠泉烹竹炉韵》诗云"八公德品梵帙分"；《汲惠

中华茶美学

泉烹竹炉歌再叠旧作韵》诗云"禅房静赏宁宜珍"；《三过堂》诗云"茶禅数典自三过，长老烹茶事咏哦"；《仿惠山听松庵制竹炉成诗以咏之》诗云"胡独称惠山，诗禅遗古调"；《坐龙井上烹茶偶成》诗云"呼之欲出辩才在，笑我依然文字禅"；《听松庵竹炉煎茶三叠旧韵》之一"禅德忽然来跽讯，是云提半抑提全"及其之二"茶把僧参还当偈，烟怜鹤避不成眠"；《三清茶》诗云"懒举赵州案，颇笑玉川谲"；《汲惠泉烹竹炉歌》诗云"卢仝七碗漫习习，赵州三瓯休云云"；《烹雪叠旧作韵》诗云"我亦因之悟色空，赵州公案犹饶舌"；《东甘涧》诗云"吃茶虽不赵州学"。特别是《三塔寺赐名茶禅寺因题句》诗云：

> 积土筑招提，千秋镇秀溪。
>
> 予思仍旧贯，僧吁赐新题。
>
> 偈忆赵州举，茶经王局携。
>
> 登舟语首座，付尔好幽栖。

这首诗与《三过堂》诗合而观之，最能体现乾隆皇帝的"茶禅"理念。赵州茶，是中国茶文化史上的一个历史公案，以茶参禅，从谂和尚"啜茶去"的口头禅包含着几多禅机！乾隆茶诗，多能以茶参禅，感悟"茶禅一味"的茶道机缘。"茶禅寺"，本吴越保安院，宋改名景德禅寺，俗名三塔寺。壬午南巡，乾隆皇帝以苏轼访文长老三过湖上，煮茶咏哦，遂御赐"茶禅寺"之名，又命苏轼与文长老煮茶咏哦公堂为"三过堂"。从赵州茶而至于赐名"茶禅寺"，特别是圆悟克勤撰写《碧岩录》而以"茶禅一味"为印可证书的石门夹山寺，中国的"茶禅论"之学说，因此而成为一个正统而又完整的茶禅体系，这无疑是

对中国茶文化的一大贡献。

其五，是以诗题茶具、题烹茶图，融诗书画于一体。乾隆皇帝咏茶诗之题咏茶书画、茶具者，大约有65首之多，诸如《咏玉茶碗》《观张照书旧作〈冬夜煎茶〉之什辄用前韵题之》《咏永乐雕漆茶盘》《咏旧雕漆玩鹅茶盘》《题苏轼石茶铫即用其韵》《题蔡襄〈茶录〉真迹》《再题蔡襄〈茶录〉真迹仍用庚子诗韵》《题艺苑藏真集古册·刘松年茗园赌市》《咏三松刻竹品茶笔筒》《乔仲常煮茶图》《题唐寅品茶图》《题居节品茶图用文徵明茶具十咏韵》《题董邦达山水册·竹里茶烟》《题董诰夏山十帧·湖船茗话》《题文徵明茶事图》《题和田玉观茶著茗图》《赵丹林陆羽煮茶图》等，其中《题唐寅品茶图》有15首之众。此类茶诗是以与茶有关的艺术品为吟咏对象，切题，切意，切物，模拟书写，应变作制，挥洒自如，情景汇一，意境高远，是茶艺书画雕刻艺术的诗化。如《题董邦达山水册·竹里茶烟》诗云：

> 几曲石泉上，万个竹林中。
> 拾叶然古鼎，烹茶命奚僮。
> 鬓丝风轻拂，合是玉局翁。

几曲石泉，万个竹林，古鼎烹茶，茶烟和着清风，吹拂着煮茶人的鬓丝，俨然一个"玉局翁"，将"竹里茶烟"中的品茶人刻画得惟妙惟肖，情趣盎然。

在中国诗史上，茶诗纠正了前人对建除体的误解。建除体诗，是古代杂体诗之一，源于南朝宋人鲍照《建除诗》，以其诗第一句首字为"建"、第三句首字为"除"而得名。而建除体体式，自古只称南宋严羽《沧浪诗话》所列举的一种，其体式为"二十四句"、"每隔句冠以建、除、满、平、定、执、破、危、成、收、开、闭十二个字"者，即自寅（夏历正月为建寅）、卯以至子、丑的十二时辰的代号。例如黄庭坚的茶诗《碾建溪第一奉邀徐天隐奉议并效建除体》诗云：

> 建溪有灵草，能蜕诗人骨。
>
> 除草开三径，为君碾玄月。
>
> 满瓯泛春风，诗味生牙舌。
>
> 平斗量珠玉，以救风雅渴。
>
> 定知胸中有，璀璨非外物。
>
> 执虎探虎穴，斩蛟入蛟室。
>
> 破镜挂西南，夜阑清兴发。
>
> 危言诸公上，殊胜弄翰墨。
>
> 成仁冒鼎镬，闻已归谏列。
>
> 收汝救月弓，蛙腹当坼裂。
>
> 开云照四海，黄道行尧日。
>
> 闭门斫车轮，出门同轨辙。

此诗之咏建溪一品茶，颇具江西诗派风骨：即以"脱胎换骨"与"点铁成金"之法写碾茶、煎茶、饮茶。其茶学价值有二：一是首次以建除体咏茶，凡二十四句，隔句冠以建、除、满、平、定、执、破、危、成、收、开、闭十二个字；二是将茶味转化为诗味，认为茶是苦口良药，可解诗人之渴，且多以比喻出之，如以"灵草"比喻茶叶，以"玄月"比喻茶饼，以"春风"比喻茶汤，以"珠玉"比喻文辞之美，以"斫车轮"老手比喻茶艺与诗艺之精者。

除了这一种常见的建除体之外，历代文体学研究者还忽略了建除体的另外两种体式：一是十二句者，每一句冠以建、除、满、平、定、执、破、危、成、收、开、闭十二个字；二是十二句者，其中"建、除、满、平、定、执、破、危、成、收、开、闭"十二个字无规则地掩映于十二句诗之中，并不冠于每一句诗之首。此两种建除体结构形态，是茶诗补充而成的。

　　南宋郭印《茶诗一首用南伯建除体》诗云：

> 建置茗饮利无穷，除去睡魔捷如攻。
> 满篑龙团重绝品，平视紫笋难为同。
> 定知一啜爽神观，执热往往腋生风。
> 破碎月轮午窗底，危冠欲堕呼樵童。
> 成仁岂惮粉身骨，收取祛烦疗疾功。
> 开陈作经忆桑苎，闭眼便觉精神通。

　　凡十二句，每句冠以"建、除、满、平、定、执、破、危、成、收、开、闭"十二个字，代表夏历自寅、卯、辰、巳、午、未、申、酉、戌、亥、子、丑十二个月份符号。南宋末年严羽《沧浪诗话》首列"建除体"，论其体式有"二十四句""每隔句冠以建、除、满、平、定、执、破、危、成、收、开、闭十二个字"之说，是知其一而不知其二也。应该说，建除体以十二句者为正体，以二十四句者为别体。《辞海》解说亦有误，此诗可以为证。此诗之咏茶体式"用南伯建除体"者，正是其诗史价值之所在。

　　明人程敏政《病中夜试新茶简二弟戏用建除体》诗云：

> 建溪新茗如环钩，土人食之除百忧。
> 呼童满注雪乳脚，使我坐失平生愁。

中
华
茶
美
学

朝来定与两难弟，执手共瀹青瓷瓯。

腹稿已破五千卷，举身恨不登危楼。

玉川成仙几百载，清气渺渺散不收。

典衣开怀只沽酒，闭门却笑长安游。

　　此诗因病中夜试新茶简二弟戏用建除体而作，以其之用建除体，虽为十二句，却与传统所谓句前冠以"建、除、满、平、定、执、破、危、成、收、开、闭十二个字"者不同，除首尾二句冠以"建""闭"字外，其余十句中的"除、满、平、定、执、破、危、成、收、开"字均无定所，隐藏于每句诗中，是为茶诗建除体之变体，可算作建除体之第三体也，具有较高的文体学价值。

第二节　茶　词

与茶诗一样，以词体咏茶者，谓之"茶词"。

茶词，始于宋代，是中国茶文化依附于词体的艺术结晶。

茶词，是宋代文人饮茶、斗茶、咏茶之习的产物，表现出宋人的闲逸之趣。据不完全统计，宋代"茶词"甚丰，《全宋词》中标名"茶词"或"汤词"者，约有 76 首之多。

宋人以词咏茶之风，首开于苏轼。苏轼词中有"茶词"二首，其一为《西江月·茶词》云：

> 龙焙今年绝品，谷帘自古珍泉。雪芽双井散神仙，苗裔来此北苑。
>
> 汤发云腴酽白，盏浮花乳轻圆。人间谁敢更争妍，斗取红窗粉面。

此词咏建溪双井茶。毛氏汲古阁本题作"送茶并谷帘与王胜之"，朱氏《疆村丛书》本题作"送建溪双井茶。谷帘泉，与胜之。徐君猷家后房甚慧丽，自陈叙本贵种也"。据《东坡诗集》查注《茶事杂录》云："双井，在宁州西三十里，黄山谷所居也。其南溪心有二井，土人汲以造茶，为草茶。"又《第一方舆纪》云："谷帘泉，在南康府城西，泉水如帘布，岩而下三下余派。陆羽品其味，为天下第一。"

黄庭坚有《煎茶赋》一篇，《茶词》12首，是宋人中作茶词之最富者。清人王士祯《花草蒙拾》云：

> 《草堂》载山谷[品令][阮郎归]二阕，皆咏茶之作。
> 按：黄集咏茶诗，最多最工，所谓"鸡苏胡麻听煮汤，煎成车声绕羊肠"。坡云："黄九恁地，那得不穷？"又有云："更烹双井苍鹰爪，始耐落花春日长。"此老直是笔有姜桂。仆尝取黄诗"黄金滩头锁子骨，不妨随俗暂婵娟"，以为涪翁殆自道其文品耳。

王士祯论诗主神韵，重诗人兴会；论词则注意到山谷咏茶之作，称其有姜桂之笔，词味愈老愈辣，刚正不阿。此则不失为慧眼独具矣。山谷咏茶词，历来为人称道。其中《满庭芳·茶》云：

> 北苑春风，方圭圆璧，万里名动京关。碎身粉骨，功合上凌烟。尊俎风流虎战胜，降春睡、开拓愁边。纤纤捧，研膏溅乳，金缕鹧鸪斑。
>
> 相如，虽病渴，一觞一咏，宾有群贤。为扶起灯前，醉玉颓山。搜揽胸中万卷，还倾动、三峡词源。归不晚，文君未寝，相对小窗前。

此词咏北苑茶，上片写北苑贡茶之功，名动京关；下片以相如病渴典故而咏茶事，词意精工。清人冯金伯《词苑萃编》卷二十三《黄庭坚茶词》云："山谷少时尝作茶词，寄调[满庭芳]云（略），其后增损前词，此咏建茶云（略）辞意益工也。"《全宋词》收录黄庭坚《满庭芳·茶》词二首，一为"北苑龙团，江南鹰爪"，二为"北苑春风，方圭圆璧"；后者为前者之增损改编，故冯金伯作此评，谓后者"词意益工"。朱孝臧《疆村丛书》本《山谷琴趣外篇》卷一，则止录后词一首，又录于秦观《淮海居士长短句》，未知何故。

此外，秦观、舒亶、谢逸、毛滂、辛弃疾、姚述尧、张炎等宋词大家，均有茶词行世。张孝祥更"以贡茶、沈水为杨齐伯寿"，作《丑奴儿》词云：

北苑春风小凤团，炎州沈水胜地龙涎。殷勤送与绣衣仙。

玉食乡来思苦口，芳名久合上凌烟。天教富贵出长年。

上篇写送贡茶沈水，下篇写为杨齐伯祝寿。小凤团，茶名，又名"龙凤团"。宋人制茶，为圆饼形状，上印有龙凤形图纹，岁贡后上饮用，故名。宋人张舜民《画墁录》卷一云："先丁晋公（丁谓）为福建转运使，始制为凤团，后又为龙团，贡不过四十饼，专拟上供，虽近臣之家，徒闻之而未尝见也。"

宋人茶词，代表着宋代文人生活方式的一个生活侧面，在宋词家族中，具有特殊的文化价值与美学趣味。

第一，宋人茶词，以其独特的艺术风貌与文化品位，成为宋代茶文化与茶美学的一种重要载体。陆羽《茶经》卷上云："茶者，南方之嘉木也。"每年春初，采集其嫩叶，经过加工制作，以水沦之而成饮料。中国人饮茶之习，可以追溯至三代。唐建中元年（780）始对茶农实行征税，谓之"茶税"，不久停止。贞元九年（793）复征茶税，大和九年（835）始行榷茶，旋改征税。宋代于成都、秦州，各置榷茶、买马司。其后以提举茶事兼理马政，

中华茶美学

遂改称都大提举茶马司，置提举官，掌以川茶与西北少数民族贸易马匹。崇宁元年（1102），蔡京立茶引法，商人运茶贩卖，按短引和长引，分别向政府纳税。从征收茶税这一史实来看，中唐以降，种茶、卖茶、饮茶之习，早已风靡全国；饮茶之习早已成为文人生活中不可或缺的内容和方式之一，因而促进了中国茶文化的繁荣发展。

唐宋时代，中国茶文化的繁盛，不仅表现在陆羽《茶经》、蔡襄《茶录》等一大批茶书的问世方面，而且表现在宋代茶词的崛起方面。

茶书，是中国茶文化的理论总结；茶词，则是中国茶文化的艺术升华，是茶美学的文化载体。

中国历代茶词，以现有词集资料统计，约有 206 首，其中：

朝代名称	唐五代	宋 代	金 元	明 代	清 代	合 计
茶词阕数	0	93	30	5	78	206

这个统计数字也许不太准确，但是足以说明各个时期人们的生活方式、审美情趣和基本创作倾向。

第二，宋代茶词，作为宋代文人生活的艺术再现，其艺术特点与情感指向有二：一是在于咏茶，写茶之乡、茶之名、茶之色、茶之味，重在饮茶之乐。例如苏轼《行香子·茶词》云：

绮席才终，欢意犹浓。酒阑时、高兴无穷。共夸君赐，初拆臣封。看分香饼，黄金缕，密云龙。

斗赢一水，功敌千钟。觉凉生、两腋清风。暂留红袖，少却纱笼。放笙歌散，庭馆静，略从容。

211

此词写宴会之后饮密云龙茶。上篇写皇帝赐臣密云龙茶之荣贵，下篇写宴后饮君赐密云龙茶之乐趣。毛氏汲古阁本题下注云："密云龙，茶名，极为甘馨。宋廖正，一字明略，晚登苏东坡之门，公大奇之。时，黄、秦、晁、张号'苏门四学士'，东坡待之甚厚，每来，必令侍妾朝云取密云龙，家人以此知之。一日，又命取密云龙，家人谓是四学士；窥之，乃廖明略也。"

二是借饮茶之名，写怀古、相思、离别之意。例如米芾《满庭芳·咏茶》云：

> 雅燕飞觞，清谭挥麈，使君高会群贤。密云双凤，初破缕金团。窗外炉烟自动，开瓶试，一品香泉。轻涛起，香生玉杵，雪溅紫瓯圆。

> 娇鬟。宜美盼，双蕖翠袖，稳步红莲。座中客翻愁，酒醒歌阑。点上纱笼画烛，花骢弄、月影当轩。频相顾，余欢未尽，欲去且留连。

此词上片咏茶，下片写人。俞陛云《宋词选释》云：此"词在甘露寺与周君品茶而作。先咏烹茶，细腻熨帖，后言捧茶之人，便饶风韵。老子江楼，兴复不浅。"其中"轻涛起，香生玉塵，雪溅紫瓯圆"，写烹茶之状，尤被人推为独绝之笔。还有以茶写爱情之词者，如黄庭坚《阮郎归·效福唐独木桥体作茶词》云：

> 烹茶留客驻金鞍，月斜窗外山。别郎容易见郎难，有人思远山。

> 归去后，忆前欢，画屏金博山。一杯春露莫留残，与郎扶玉山。

福唐体，就是独木桥体，以同一个字为韵脚。此词以"山"字为韵，故为独木桥体。词的上篇写女主人公煮茶与郎君相聚之欢，下篇写别后的回忆前欢与相思之缘。词人以女子回味"前欢"之美，写烹茶饮茶时的茶味回甘之美，实在精妙绝伦！

其他如黄庭坚《看花回·茶词》《惜余欢·茶词》，秦观《满庭芳·茶词》，陈师道《满庭芳·咏茶》，李处全《柳梢青·汤词》等，皆借咏茶之名，抒情言志，写离别相思之苦，抒怀人吊古之思，言感时伤世之叹，写怀才不遇之感，使茶词的思想内容不断深化，上升到一种崭新的思想高度。

第三，宋人饮茶，往往茶酒不分家。因而宋代茶词多与酒食相互联系，谓之"茶食"。茶食者，如糖果、糕点、蜜饯、瓜果之类用以佐茶的小点心。"茶食"之习起于唐代，而"茶食"一词出自宋代。宋人周辉《北辕录》云："茶食，谓茶未行，酒先设。此品进茶一盏，又谓之茶宴。"据《大金国志·婚姻》载："婿纳币，皆先期拜门，亲属偕行，以酒馔往……次进蜜糕，人各一盘，曰茶食。"至今，中国长江流域依然流行茶会。文人墨客往往以茶食为媒，于茶坊酒楼集会交友，或商谈行市，或饮茶清谈，或谈诗论词，以文会友。因此，宋人喜作茶词者多男性词人，而李清照、朱淑真、吴淑姬等女词人，则很少有茶词者。

第四，茶词的审美价值取向，乃是唐宋文人日常生活中的闲淡之趣。

风流儒雅，是唐宋文人所追求的一种美学风格。烹茶、品茶，作为他们的一种生活方式之一，或以茶会友，或以茶集会，或以茶参禅，或以茶问学，或以茶论道，所表现出的乃是一种

闲淡的生活情趣。

刘过,字改之,号龙洲道人,是著名的辛派词人。著有《龙洲词》行世。与辛弃疾、陈亮、陆游等游,性格豪放,浩歌痛饮,有"奇男子"之誉。然而他的茶词却寄托了一种悠然自得的闲适淡雅之趣。如《好事近·茶筅》云:

> 谁砍碧琅玕?影撼半庭风月。尚有岁寒心在,留数茎华发。

> 龙孙戏弄碧波涛,随手清风发。滚到浪花深处,起一窝香雪。

此词咏茶筅,宋代一种点茶、分茶、斗茶的竹制专用工具,用于击拂。作者以拟人化手法,上篇写宋人砍碧竹而制作茶筅之景,琅者,竹也。下篇写宋人煮茶时以茶筅击拂之状,"一窝香雪",突出其击拂所产生的审美效果。而作者在茶筅中所寄予的那种闲淡之趣,正形象地洋溢在字里行间。

第五,道教真人茶词的宗教倾向。道教真人茶词,以茶词宣扬其道教真义和儒道佛三教合一的观念,也是茶词不可忽略的文化现象。

马钰,初名从义,字宜甫,后事王嚞,训名钰,字玄宝,号丹阳子。有《丹阳神光璨》,存词880首,为中国道教真人词之最。马钰有茶词十数首,以道家道教为主旨,构建一种超凡脱俗的羽化之境。如其《桃源忆故人·五台月长老来点茶》云:

> 五台月老通三要,便把三彭除剿。用三车皎皎,般载三乘妙。

龙华三会心明晓，顿觉三光并照。个内三坛设醮，自己三清了。

此词以"三"字为义，"三要""三彭""三车""三乘""三会""三光""三坛""三清"等由"三"组合而成的名词术语，以象数编织而成茶词，述五台山长老点茶的真谛，在于达到一种"三清"的神仙境界。"三清"，指道教三神，即玉清元始天尊、上清灵宝道君、太清太上老君。又其《长思仙·茶》云：

一枪茶，二旗茶，休献机心名利家。无眠为作差。

无为茶，自然茶，天赐休心与道家。无眠功行加。

"无为茶，自然茶，天赐休心与道家"。在道教真人心目中，茶之为饮，主要在于道家思想之"无为"与"自然"，非名利机心之徒可得者。

谭处端，字通正，号长真子，师从王喆，为全真教"七真"之一。有《云水集》，存词156首。其茶词也有写得清新可读者，如《阮郎归·咏茶》云：

阴阳初会一声雷，灵芽吐细微。玉人制造得玄机，烹时雪浪飞。

明道眼，醒昏迷，苦中甘最奇。此儿真味你不知，烟霞独步归。

此词上篇写采茶、制茶、烹茶，下篇写饮茶之真味。语言清新自然，但其中道教义蕴仍然很浓郁。所谓"阴阳""玄机""道眼"者，皆蕴涵着无限的道义机缘。

笔者曾写过一首富有文化内涵的美丽茶词《更漏子·张

家界》：

　　芦笙情，青烛泪，帘幕画堂深邃。三更雨，云鬓残，
梦中湘妃寒。

　　秦楼月，伏波雪，化作千秋玉玦。茶女曲，天门开，
春从天上来。

　　张家界，位于中国绿色茶叶基地的武陵山。张家界的青石群峰，如同苗族小伙子的芦笙，舜帝二妃娥皇、女英泪洒斑竹，成就了帘幕画堂；秦始皇的千丈金鞭，指向武陵山的秦楼明月；伏波将军脚下的皑皑白雪，化作湘妃美女的千秋玉玦。采茶女的一声《采茶曲》，天门为之大开，春从天上来。茶园逢春，茶发芽，灵芽长，旗枪旺，寄托着采茶女新的希望。

　　作者铺采摘文，以拟人化的手法，将历史人物与现代采茶女融为一体，将以张家界为核心景区的武陵山茶叶基地，写得美妙如画，如梦如幻，美不胜收，是古今茶词的经典之作。

第三节　茶　赋

茶赋，即以赋体咏茶事者。

茶赋之珍贵可人，由元蒙大臣耶律楚材所写的一首《从国才索闲闲煎茶赋》可知一斑。题下序云："闻国才近得闲闲手书《煎茶赋》，以诗索之。"其诗云：

> 闻君久得煎茶赋，故我先吟投李诗。
>
> 为报君侯休吝惜，照人琼玖算多时。

闲闲，即闲闲老人，为金代著名文学家赵秉文之号。耶律楚材得知国才得赵秉文手书《煎茶赋》，便以诗索之，表达了这位蒙古贵族喜爱闲闲老人手书《煎茶赋》的急切心情。

赋，是中国汉代兴起的一种文体。其艺术内涵有二：一是"不歌而诵谓之赋"（班固《汉书·艺文志》）；二是"赋者，铺也，铺采摛文、体物写志也"（刘勰《文心雕龙·铨赋》）。其基本审美特征，以"铺采摛文"为基本特色，注重辞藻文采和词句对偶，多采用主客对话体式。其中"骚体赋"，句中多"兮"字，有如楚辞句式。

汉赋，是用浓墨重彩而成的文化音符和生命讴歌，是用

色彩美学之笔给大一统的封建帝国涂抹上一层金碧辉煌的神圣光华。

茶赋，虽然并没有产生在以"弘丽"为审美情趣的大汉帝国，而只是出现在以"隐秀"为审美特色的魏晋时代，但是茶赋仍然留下了赋体"铺张扬厉"的艺术特征。据文献记载，中国第一篇茶赋是《艺文类聚》卷82"茗"类载录的晋人杜育《荈赋》。其辞云：

> 灵山惟岳，奇产所钟。厥生荈草，弥谷被冈。承丰壤之滋润，受甘露之霄降。月惟初秋，农功少休。结偶同旅，是采是求。水则岷方之注，挹彼清流。器泽陶简，出自东隅。酌之以匏，取式公刘。惟兹初成，沫沉华浮。焕如积雪，晔若春敷。①

"荈"者，茶也。杜育这篇《荈赋》，唯其是首次叙写茶茗，认为茶是"承丰壤之滋润，受甘露之霄降"而降生的"灵草""灵物"，故在中国茶文化史上占有重要地位。此乃第一次以赋对茶进行赞颂，是为茶赋之始者，开以赋体写茶风气之先。杜育之后，大诗人鲍照之妹鲍令晖亦有《香茗赋》，可惜早已失传。

唐代茶赋，唯有顾况《茶赋》一篇，可谓以孤篇横绝全唐者。顾况，字逋翁，苏州人。唐肃宗至德二年（757）进士，长于歌诗，工书画，为韩滉节度判官。德宗时，徵为著作郎。性诙谐，以诗《海鸥咏》讥刺权贵，坐事贬为饶州司户参军。后举家归吴，结庐茅山，自号华阳真逸，隐居而终。有《画评》和《华阳集》

---

① 今本《荈赋》，比《艺文类聚》本多8句，其中3、4句之间有"瞻彼卷阿，实曰夕阳"二句；文末尚有6句："若乃淳染真辰，色□青霜。□□□□，白黄若虚。调神和内，倦解慷除。"

三卷，已佚。《全唐诗》录存其诗 4 卷，《全唐文》收存其文 3 卷。

顾况是中唐元稹白居易新乐府运动的先驱者，所作《茶赋》一篇，乃是继晋人杜育《荈赋》之后又一篇茶赋力作，也是唐代唯一的茶赋。其审美价值则一点也不比《茶经》逊色。以其为赋，以赋体咏茶，为一代唐赋增添了新的品类；以其为茶赋，以铺张扬厉的艺术手法，讴歌茶叶汲取天地之灵气的天赋禀性，纵论茶为社会上下所钟爱的食用功效。如所谓者曰：

> 稽天地之不平兮，兰何为兮早秀，菊何为兮迟荣？皇天既孕此灵物兮，厚地复糅之而萌。惜下国之偏多，嗟上林之不至。至如罗玳筵，展瑶席；凝藻思，开灵液；赐名臣，留上客；谷莺啭，宫女嚬；泛浓华，漱芳津；出恒品，先众珍。君门九重，寿万春。此茶上达于天子也。滋饭蔬之精素，攻肉食之膻腻；发当暑之清吟，涤通宵之昏寐。杏树桃花之深洞，竹林草堂之古寺。乘槎海上来，非锡云中至。此茶下被于幽人也。《雅》曰"不知我者，谓我何求"。可怜翠涧阴，中有泉流。舒铁如金之鼎，越泥似玉之瓯。轻烟细沫，蔼然浮爽，气淡淡，风雨秋。梦里还钱，怀中赠橘，虽神秘，而焉求？

如此而赋茶者，远非杜育《荈赋》可以媲美，是历代茶赋中的传世佳作，其文学意义与审美价值是其他茶赋难以比拟的。此外，顾况的《湖州刺史厅壁记》一文，记述湖州贡茶的历史和现状，与陆羽《湖州图经》有异曲同工之妙，是中国茶史研究的重要资料。

宋代的茶赋较为丰富，有吴淑《茶赋》，梅尧臣《南有佳茗赋》，黄庭坚《煎茶赋》，方岳《茶僧赋》，俞德邻《荬茗赋》，清代有全祖望《十二雷茶灶赋》，吴梅鼎《阳羡名壶赋》。这些茶赋虽为数不多，良莠不齐，但也为中国茶文化提供了一种新的艺术载体。

吴淑，字正仪，润州丹阳（今属江苏）人。南唐进士，补丹阳尉（《隆平集》卷十四），后以校书郎直内史。入宋，以荐试学士院，授大理评事。宋太宗朝，受命与李昉等预修《太平御览》《太平广记》《文苑英华》等大型丛书。尝献《九弦琴》《五弦阮颂》，太宗赏其优博；又献《事类赋》百篇，诏令注释，吴淑则分注成三十卷呈上。累迁职方员外郎。宋真宗咸平五年卒。《宋史》卷441有传。吴淑性纯好古，嗜茶善书。著有《事类赋》《说文字义》《江淮异人录》《秘阁闲谈》等，吴淑《茶赋》，是宋代的第一篇茶赋，也是比较优秀的一篇茶赋。其论茶人茶事者，如数家珍，如所云：

夫其涤烦疗渴，换骨轻身，茶荈之利，其功若神。则有渠江薄片，西山白露，云垂绿脚，香浮碧乳。挹此霜华，却兹烦暑。清文既传于杜育，神思亦闻于陆羽。若夫撷此皋卢，烹兹苦茶，桐君之录尤重，仙人之掌难逾。豫章之嘉甘露，王肃之贪酪奴。待枪旗而采摘，封鼎砺以吹嘘。则有疗彼斛瘕，困之水厄，擢彼阴林，得于烂石。先火而造，乘雷以摘。吴主之忧韦曜，初沐殊恩；陆纳之待谢安，诚张俭德。别有产于玉垒，造彼金沙，三等为号，五出城茶。早春之来宾化，横纹之出阳坡。复闻灉湖含膏之作，龙安骑火之名。柏岩兮鹤岭，鸠阮兮凤亭。嘉雀舌之纤嫩，玩

中华茶美学

蝉翼之轻盈。冬芽早秀，麦颗先成。或重西园之价，或侔团月之形。并明目而益思，岂瘠气而侵精。又有蜀冈牛岭，洪雅乌程，碧涧纪号，紫笋为称。陟仙崖而花坠，服丹丘而翼生。至于飞自狱中，煎以竹里，效在不眠，功存悦志。或言为报，或以钱见遗。复云叶如栀子，花若蔷薇；轻飘浮云之美，霜柯竹箨之差。唯芳茗之为用，盖饮食之所资。

吴淑《茶赋》，较之杜育《荈赋》和顾况《茶赋》，于茶学更加专业化，凡茶史、茶人、茶事、茶典、茶性、茶种、茶地、茶类、茶功、茶市等诸方面都论及了，不啻是一篇《茶经》纲要。其文学意义与审美价值不如顾况《茶赋》，其茶学之理论意义又不及陆羽《茶经》之类茶学专著和茶学论文。

总体而言，茶赋的审美价值有以下几点：

其一，充分肯定茶的食用功效，如吴淑在《茶赋》中一开头就说："夫其涤烦疗渴，换骨轻身，茶荈之利，其功若神。"顾况《茶赋》称其功用则在于"如罗玳筵，展瑶席；凝藻思，开灵液；赐名臣，留上客；谷莺啭，宫女嚬；泛浓华，漱芳津；出恒品，先众珍。君门九重，圣寿万春。此茶上达于天子也。滋饭蔬之精素，攻肉食之膻腻；发当暑之清吟，涤通宵之昏寐。杏树桃花之深洞，竹林草堂之古寺。乘槎海上来，非锡云中至。此茶下被于幽人也"。这一"上"一"下"，将茶的食用功效、生理机能和饮茶的社会生活化，写得淋漓尽致。

其二，充分展示茶的本质属性，如杜育《荈赋》辞云："灵山惟岳，奇产所钟。厥生荈草，弥谷被冈。承丰壤之滋润，受甘露之霄降。"顾况《茶赋》，极写茶之为灵物，称"皇天既孕此灵物兮，厚地复糅之而萌"；吴淑《茶赋》之写茶叶"复

221

中华茶美学

云叶如栀子，花若蔷薇；轻飘浮云之美，霜柯竹篛之差。唯芳茗之为用,盖饮食之所资";梅尧臣《南有嘉茗赋》称茶之生长,云:"南有山原兮,不鉴不营；乃产嘉茗兮,嚣此众氓。土膏脉动兮,雷始发声；万木之气未通兮,此已吐乎纤萌。一之日雀舌露,掇而制之,以奉王庭；二之日鸟喙长,撷而焙之,以备乎公卿；三之日枪旗耸,搴而炕之,将求乎利赢；四之日嫩茎茂,团而范之,来充乎赋征。"茶叶之生,由一日之"雀舌",二日之"鸟喙",三日之"枪旗",四日之"嫩茎",与时俱进,与日俱长。生乎百草之前,长于雷鸣之先,是最早得天地之灵气者。历代赋家,以"灵山"之"灵草""灵物""灵芽""灵荈""芳茗""嘉茗"等富有灵性的词汇称谓来描绘茶叶,既展现出了茶的本质属性,又显示出了茶叶的神奇尊贵,从辞赋美学传统的角度突出了茶赋的艺术特征和文化意蕴。

其三,以茶写社会现实者,茶之为物,以饮料为佳,而中唐以前,茶极为珍贵,饮茶是一个人身份与地位的表现。因而,茶叶也就成了羔雁之具,成了贡品。茶之为尤物,以赋体咏叹茶农之所悲怨者,遂应运而生。梅尧臣《南有嘉茗赋》以写实之笔,状写茶乡百姓的苦难生活情景和种种弊端:"一之日雀舌露,掇而制之,以奉乎王庭；二之日鸟喙长,拮而焙之,以备乎公卿；三之日枪旗耸,搴而炕之,将求乎利赢；四之日嫩茎茂,团而范之,来充乎赋征。当此时也,女废蚕织,男废农耕；夜不得息,昼不得停。取之由一叶而至一掬,输之若百谷之赴巨溟。华夷蛮貊,固日饮而无厌；富贵贫贱,不时啜而不宁。所以小民冒险而竞鬻,孰谓峻法之与严刑。呜呼!"

其四,以茶为喻者,如方岳在《茶僧赋》中赋茶瓢,称因"林子仁名茶瓢曰'茶僧'"，故为之赋。茶瓢光亮平滑，如僧人光亮的头，故云。方岳《唐律》诗云："秋蔓茶僧老，春泓酒母淳。"方岳《茶僧赋》以主客对话形式，写"衣以驼尼之浅褐，喜其梵相之紧圆；与之转法轮于午寂，战魔事于春眠；山中敲云外之臼，野老掬雪中之泉"的茶禅之趣。俞德邻《荽茗赋》，荽者，香菜也。此《荽茗赋》针对"秦逢氏子有迷惘之疾，视白为黑，饷芗为臭"而发，以茶为例，说明"人有好尚，物无美恶"的道理。

其五，以赋写茶壶者，如清人吴梅鼎《阳羡名壶赋》，这是中国第一篇茗壶赋，叙写宜兴紫砂壶的手工工艺制作之美。其曰：

> 若夫泥色之变，乍阴乍阳。忽葡萄结绀紫色，倏橘柚而苍黄。摇嫩绿于新桐，晓滴琅玕之翠；积流黄于葵露，暗飘金粟之香。或黄白堆砂，结哀梨兮可啖；或青坚在骨，涂髹汁兮生光。彼瑰琦之窑变，非一色之可名。如铁如石，胡玉胡金。备正文于一器，具百美于三停。远而望之，黝若钟鼎陈明庭；追而察之，灿若琬琰浮精英。岂隋珠之与赵璧可比，异而称珍者哉？

紫砂壶的本色，以朱色、紫色、米黄三色为主体，其他五光十色的紫砂壶，都是在这三色的基础上调制而成的。泥色的变化，忽明忽暗，如葡萄绛紫色，如橘柚苍黄色，如新桐嫩绿，如琅玕翠光，如含露葵花，如飘香金粟，如黄白色堆砂，如可啖黄香梨，如紫砂外涂抹着一层匀净幽雅的漆光……吴梅鼎《阳羡名壶赋》将紫砂壶的色彩之美描绘得淋漓尽致，是茶具工艺

美学的传世佳作。

其六，以赋写名茶与茶灶者，如清人全祖望的《十二雷茶灶赋》。十二雷及古代名茶，亦名区茶、白茶，出产于浙江慈溪三女山。元代始为贡茶。宋代晁说之《赠雷僧》诗云："留官莫去且徘徊，官有白茶十二雷。便觉罗川风景好，为渠明日更重来。"作者自注"余点四明茶云：'直罗有此茶否？'答云：'官人来，则直罗有。'十二雷，是四明茶名。"茶灶是古代蒸茶、烹茶的工具。前有一序，主要内容一是说明十二雷茶的来由、历史和基本特性；二是指出十二雷茶灶的原委，称"予自京师归，端居多暇，乃筑一廛于山之石门，题曰'十二雷茶灶'"，因"乞灵于茶神，以求其大者"而已。作者对十二雷茶生态环境、生长情况与采茶、制茶、烹茶和十二雷茶本身的描写是极为精妙的。

其七，以赋抒写茶馆茶楼者，如湖南汝城县"九龙白茶庄园"，规模宏大，装修精致，是湘南第一馆。我撰写《九龙白茶庄园赋》曰：

神农之耒耜，耕耒山而丰隆；濂溪之太极，开理学之寰中。九龙戏嘉木兮，荟灵芽之无穷；二程饮三江兮，漱白毛而飞虹。读爱莲之至文，摇庄苑之烛红；醉予乐之湾月，阅人生之清梦。汝城之翠屏兮，汲玉露于茗风；潇湘之云霞兮，引丹青而华秾。白茶仙子兮，舞霓裳以凫魟；热水流香兮，濯玉肌而玲珑。菁菁家园，郁郁芳丛。归去来兮，腾飞九龙。

其八，以赋文写安化千两茶者。安化千两茶，号称世界茶王，世界只有中国有，中国只有湖南有，湖南只有安化有。2007年

3月7日，益阳市茶叶协会成立之时，我撰写并当场宣讲了《千两茶赋》。其辞云：

伟哉中华兮，万里茶香；妙哉花卷兮，千秋名扬。玉叶金枝，吸天地之精气；花格篾篓，聚日月之灵光。七星灶里，运转乾坤；资水河畔，创造辉煌。承潇湘之秀色兮，积力量之阳刚；祈神州之弘毅兮，铸世界之茶王。大漠之甘泉兮，生命之昌；草原之玉液兮，健康之望。黑美人兮，湘女情长；千两茶兮，四海飞觞。

蔡镇楚《千两茶赋》书法作品

这篇《千两茶赋》，一则给安化黑茶注入了深厚而博大的文化灵魂，二则为安化黑茶著名品牌"白沙溪"的品牌打造提供了文化支撑，三则催生出了一个优秀的黑茶企业——"湖南黑美人茶叶有限公司"，有力地推动了安化黑茶产业的蓬勃发展。

其九，以赋文写中华茶祖文化产业园者，如位于茶陵县的中华茶祖文化产业园，是集茶业、旅游、科研、文化、休闲于一体，而打造的茶文化产业重大项目。我为之撰写《中华茶祖文化产

业园赋》：

　　伟哉茶祖兮，百草神农铸功德；妙哉茶陵兮，千秋茶韵流芳香。茶之乾坤兮，丽泽庶民；陵之日月兮，光耀茶乡。茶山之陵兮，天下无双；茶陵之茶兮，千载名扬。认祖归宗兮，华茶因之流芳；茶祖神农兮，湖湘因之丰穰。茶祖文化兮，中华茶人之正法眼藏；茶陵茶业兮，历史湘茶之现代辉煌。云阳山兮，茶园叠嶂；产业园兮，歌声飞扬。神农氏兮，千古帝王；茶陵县兮，奕世其昌。

　　汉赋以铺陈其事、铺采摛文为基本特征，而现代茶赋，因为表述和阅读的需要，大多秉承张衡抒情小赋之意，既不可写成散文体，又不可采用骈体大赋样式，语言力求精练，句式大体相对，用词不求生僻，追求文雅通畅即可。

第四节 茶 画

在中国绘画史上，画之成为美术，大致可以分为三个阶段：一是装饰，二是写实，三是写意。夏商周三代，主要是青铜器，这是以画为装饰的时代；自秦汉至唐，是以画写实的朝代；唐五代以降，中国画进入写意的时代。唐代的绘画艺术，是中国绘画史的一个重要的分水岭。一则是人物画与佛像雕塑画最辉煌的历史时期，一则又是山水水墨画向宋代发展的开宗阶段。其中有两个重要人物即吴道子与王维。这两位画家，都生活在唐玄宗时代。

吴道子是唐代人物画的集大成者，擅长于佛教与道教人物画，多为壁画，生动传神，形态逼真，笔迹磊落，势态雄峻，富于立体感，有"疏体""吴装"之称。王维以前，唐代著名画家都以宗教人物为创作对象，画佛像，塑佛像，画神仙，画宗教人物故事，涌现出了一批成就斐然的雕塑家及其雕塑像群，如盛唐时代的杨惠之，昆山慧聚寺天王像为其杰作之一，轰动一时。吴道子的佛道画于传统的蓝叶描写西域的铁线描之外，另创一种圆润的"莼菜条"的新法。传世之作有《天王送子图》，又兼工山水，所作巴蜀山水画，自成一家，存世之作有大同殿

壁画嘉陵江三百余里山水图。所以苏轼说："画至吴道子，古今之变，天下之能事，毕矣。"

王维兼诗书画于一身，开创了山水田园画的繁盛时代，是中国画"南宗之祖"。苏轼《书摩诘蓝田烟雨图》谓"味摩诘之诗，诗中有画；观摩诘之画，画中有诗"。

阎立德、阎立本兄弟以宗教人物故实为题材从事绘画创作，如《秦府十八学士图》《凌烟阁功臣图》，使唐代绘画艺术由佛道画逐步转变而为宗教人物故事画，又由宗教人物故事画逐步转变而为一般贵族仕女画，如张萱的《捣练图》《虢国夫人游春图》、周昉的《簪花仕女图》等。王维之前的唐代山水画，著名画家有李思训、李昭道父子，以金碧山水为宗，绚丽工巧，充满贵族文化气息。

茶画，是中国画进入写意时代的产物。

中国茶画，是以品茶为题材的艺术画，是中国茶文化的艺术化、写意化、立体化。

宋人郭熙《林泉高致》云："诗是无形画，画是有形诗。"这"有形"与"无形"，是指其艺术形态而言的。从绘画美学而论，诗与画的同一性，就在于其形神的结合。以其艺术形态，诗以语言构造，画以色彩线条组成，二者都属于语言艺术，即诗歌语言和绘画语言；以其神韵情趣，诗与画皆追求同一的艺术境界，即以情景交融、神韵天然为最高的审美境界。一般来说，中国诗是诗的画化，中国画是画的诗化。无论是中国诗还是中国画，都追求"诗画一律"的审美原则与艺术标准："诗中有画"与"画中有诗"。

茶画，肇始于汉唐，繁衍于赵宋，而鼎盛于明清时代，它是文人画与中国茶文化相结合的艺术结晶。

据现有文献资料考证，中国绘画史上第一幅以茶为题材的国画，是1972年长沙马王堆一号汉墓出土的帛书《敬茶仕女图》。

茶画有写实和写意等几种，写实者以形象化为特色，最为珍贵的是初唐著名画家阎立本的《萧翼赚兰亭图卷》。此画取材于唐太宗派遣监察御史萧翼（梁元帝之曾孙）去会稽智取辩才和尚所藏王羲之《兰亭集序》真迹的故事。

阎立本《萧翼赚兰亭图卷》

王羲之《兰亭序》以蚕茧纸书写而成，既是中国书法之瑰宝，又是王氏家族之家传，为后代所珍重。据载传至其七世孙智永禅师，特地修建临书之阁以珍藏；智永死后传至弟子辩才和尚，辩才于寝房伏梁上凿一暗槛以藏真迹。唐太宗酷爱书法，得王羲之墨纸三千余张，唯缺《兰亭序》真迹。后得知在辩才大师手中，便指派监察御史萧翼计取。

唐太宗得到王羲之《兰亭序》真迹之后，命供奉拓书人冯承素、赵模等人各拓数本，分赐皇太子与诸王近臣，自玩其真迹。临终时，嘱咐太子即高宗将《兰亭序》真迹殉葬于昭陵。高宗遵命，

229

从此这份"天下第一行书"即永绝于天下。据明代汪珂玉的《珊瑚网》卷一记载，后人有感于此，写诗讥讽曰：

山阴茧纸入昭陵，江右空传瘗鹤铭 。①
赖有贞元供奉笔，硬黄双勒集仪型 。②

此诗前两句写《兰亭序》真迹殉葬之慨叹，后两句写唐太宗下令供奉临摹《兰亭序》之无赖。王羲之《兰亭序》之书的历史遭遇，也如同赵飞燕、杨贵妃等古代美女的人生悲剧一样，无论其艺术价值和审美价值何等高贵，最后也只能成为封建统治者把玩的殉葬品。

阎立本兄弟以宗教人物故事画名世，此画笔法圆润细腻，形象逼真传神。而后的唐画逐渐转向贵族仕女画，因而有以仕女品茶为主题的作品涌现，如佚名《调琴啜茗图卷》、周昉《烹茶图》《烹茶仕女图》，以绮罗人物、绚丽色彩、金碧山水、工笔手法，表现唐代仕女悠闲自得的品茶生活习俗。

茶画之写意者，崛起于盛唐王维之后，是中国茶文化繁荣发展的产物。写意诗画产生的基本条件一是画家的饮茶之风日盛与画家对饮茶题材的密切关注；二是诗人对茶画的爱好与题画诗的勃然兴起。

———————————

① "瘗鹤铭"，是著名的摩崖石刻，为华阳真逸撰，上皇山樵正书。其时代和书写者，前人众说纷纭，或谓为王羲之，或以为陶弘景，或以为隋人，或以为唐人王瓒、顾况，皆无确证。原刻于江苏镇江焦山西麓石壁，宋以后被雷击崩掉落于长江，直至清代康熙五十二年（1713）陈鹏年雇工从江中移至山上，现存与定慧寺壁间。碑文残缺，字势雄壮而秀逸，是古今行书佳品。

② "硬黄"，唐宋时代流行的纸名，以黄檗与蜡涂染而成，质地坚韧而莹彻透明，便于法帖墨迹之响搨双钩。故多用于临摹古帖和写佛经。

王维之后，中国的绘画艺术走上了一条中国化的道路。其突出的审美特征，是以水墨写意为画，注重神似而又形神兼备，风格淡雅而又情趣盎然，没有西方油画那样浓墨重彩式的涂抹，也没有唐代前期佛教人物画、宫廷仕女画那样富丽精工。茶，以其清苦淡泊的审美情趣，而备受中国诗画作家的青睐，茶画与题茶画诗也因此而繁荣昌盛于中国画坛与诗坛。

茶画作为中国画的一个专门品种，肇始于先唐，而盛于中晚唐与宋元明清时期，几乎嗜茶的画家都有茶画。纵观中国茶画的传世之作，其基本艺术特征和美学风格，主要有以下几点：

1.题材的专门化

茶画与一般国画所不同者，是绘画题材内容的专门化，即以茶为描绘对象，属于茶文化的艺术范畴。北宋文同有《谢许判官惠茶图茶诗》诗云：

> 成图画茶器，满幅写茶诗。
>
> 会说工全巧，探谙句特奇。
>
> 尽将为远赠，留与作闲资。
>
> 便觉新来癖，浑如陆寄疵。

文同，字与可，北宋梓州永泰人，著名画家。擅长画竹，认为画竹必先"胸有成竹"。此诗为表谢许判官惠茶图茶诗而作。美妙的茶画，奇特的茶诗，引发出文同的茶癖，诗人自认自己与陆羽无异了。"茶图茶诗"，皆系诗歌创作题材专门化的结果。与茶诗一样，茶画的基本题材是茶和以茶为中心的茶事、茶人、茶趣、茶情、茶品、茶境、茶具。如：五代周文矩的《火龙烹茶图》《煎茶图》（俱佚，见《宣和画谱》卷七），顾闳中的《韩熙载夜

宴图》中有饮茶画面；宋代张择端的《清明上河图卷》中描写北宋汴京茶坊，佚名的茶画《东坡海南烹茶图》，南宋刘松年的《卢仝烹茶图》（佚，见厉鹗《南宋院画录》卷四），南宋史显祖的《陆羽品泉图》《斗茶图》（佚，见厉鹗《南宋院画录》卷八），南宋李嵩的《斗茶图》《茶会图》（俱佚，见厉鹗《南宋院画录》卷五；元代赵原的《陆羽烹茶图卷》，赵孟頫的《斗茶图轴》；明都穆有《刘松年卢仝烹茶图跋》《唐子西拾薪煮茗图》（佚，见厉鹗《南宋院画录》卷四）、《茗园赌市图卷》，明人袁华《玉山草堂雅集》有《题李嵩茶会图诗一首》。

明代文徵明的《惠山茶会图》《真赏斋图卷》《茶具十咏图轴》，沈周的《桐荫濯足图轴》，唐寅的《事茗图轴》，仇英的《松溪论茶图轴》《临溪水阁图轴》，丁云鹏的《玉川烹茶图卷》，陈洪绶的《品茶图轴》《高贤读书图轴》《谱泉》，钱谷的《蕉亭会棋图轴》；清代钱杜的《白云僧栖图轴》，李□的《岁朝清供图轴》，乾隆皇帝的《竹炉图》，任伯年的《时花名壶扇面》《闲庵先生小相图》，钱慧安的《烹茶洗砚图》，虚谷的《茶壶秋菊册页》，边寿民的《紫砂壶图册》，胡锡圭的《洗砚烹茶图卷》，阮元的《竹林茶隐图》，金农的《玉川先生煎茶图》，李方膺的《梅兰图轴》……

其中宋代佚名茶画《东坡海南烹茶图》描绘苏轼谪贬儋州时烹茶之景，表现诗人随遇而安、安之若素的人生态度。此画已佚，唯元好问《中州集》录有金人冯璧题画诗一首云：

讲筵分赐密云龙，春梦分明觉已空。

地恶九钻黎洞火，天游两腋玉川风。

然而此诗并无多具体画面的描绘，前两句叙述苏轼蒙受皇帝恩宠赏赐密云龙御茶的往事早已成为一场春梦，后两句概括描述苏轼身处恶地烹茶饮茶而两腋生风的情景。

历代茶画这种创作题材的专门化、专业化，乃是中国茶文化与中国诗文化相结合的良好契机，以致一种以茶画为吟咏对象的题茶画诗随之崛起。

2. 茶画与茶诗、书法三位一体，形成泱泱大观的题茶画诗

诗画同源，最早是源于中国的方块字。许慎《说文解字》云："文，即纹"。秦汉以前，人们都将文字与花纹、图案等量齐观。所以《释名》解释说："文者，会集众彩以成锦绣，合集众字以成辞义，如绣然也。"中国汉字，本身既可以为画，又可以为诗、为文，如诗词、曲赋、骈文、楹联等用于雅致的装饰之类。

苏轼《书摩诘蓝田烟雨图》谓"味摩诘之诗，诗中有画；观摩诘之画，画中有诗"。其实，王维之前是以画为诗的时代，之后才是以诗为画的时代。无论是以画为诗，还是以诗为画，都说明中国诗歌艺术与绘画艺术所追求的理想境界，乃是诗与画的妙合无垠，是诗笔与画笔的有机结合，是诗心与画心的和谐统一，是诗境与画境的艺术结晶。

茶画，是茶与诗书画的结缘。每一幅茶画，或作画者自书自题其诗，或是自画而他人书题一诗者，或是前人作茶画而后人题诗者，皆以茶画之画面为主，往往集画、诗、书法艺术为一炉。自画自书者，如清人王翚作茶画《石泉试茗》，画面中"层峦，松竹结庐数椽；开轩晏坐，童子煮茶，侧有仙鹤。山涧溪桥，一人拄杖来访。"王翚自题《石泉试茗图》诗云：

　　石泉新汲煮砂铛，竹色云腴两斗清。

为问习池邀酒伴，何如莲视觅茶盟。

乾隆皇帝又作《题石泉试茗图》诗云：

崇山为障带清池，取水烹茶便且宜。

著个胎仙茗鼎侧，知伊善反魏家诗。

"胎仙"为仙鹤别名。宋人魏野《书友人屋壁》有"烹茶鹤避烟"句，作者反用魏家诗意。这两首题茶画诗，皆为七绝，王翚自题较之乾隆皇帝御题，则更加切合画意和品茶境界。自题茶画者，颇多知其画意而以诗点缀之，因而能够表现"画中有诗""诗中有画"的艺术境界。汪士慎嗜茶如卢仝，且常是茶碗（越瓯）、画笔（湘管）不离手，一边饮茶一边画梅花；扬州八怪之一的高翔（号西唐）特意为他作画《煎茶图》一幅，汪氏《自书煎茶图后》诗云：

西唐爱我癖如卢，为我写作《煎茶图》。

高杉矮屋四三客，嗜好殊人推狂夫。

时余始自名山返，吴茶越茶篓裹满。

瓶瓮贮雪整茶器，古案罗列春满碗。

饮时得意写梅花，茶香墨香清可夸。

钱蕊万菡香处动，横枝铁干相纷拿。

淋漓扫尽墨一斗，越瓯湘管不离手。

画成一任客携去，还听松声浮瓦缶。

此首题茶画诗，既是对高翔《煎茶图》画面的真实描写，又是对自我生活方式和风格个性、审美情趣的一种表白。

3.茶画的基本美学风格是闲淡雅致

北宋梅尧臣有《依韵和邵不疑以雨止烹茶观画听琴之会》

诗，称"弹琴阅古画"之趣在于"淡泊全精神，老氏吾将师"。淡泊宁静雅致，乃是中国历代文人士大夫所共同追求的生活情趣和人生境界。因淡泊而不骄奢淫逸，是谓其身正也；因宁静而不浮躁专横，是谓其性格和顺也；因雅致而不庸俗低下，是谓其行止情趣高尚也。受茶画闲淡雅致的美学风格之影响，历代题茶画诗一个共同的艺术旨趣，就在于恬淡。元代于立《题赵千里临李思训煎茶图》诗云：

> 山风吹断煮茶烟，竹外谁惊白鹤眠。
> 写就淮南招隐曲，松花离落石床边。

茶烟，山风，幽竹，白鹤，松花，招隐士，借淮南《招隐》曲而写恬淡隐逸之趣。明人文徵明的《题画》、崔子忠的《题品茶图》、陆治的《题烹茶图》、文嘉的《题石田品泉图》、王绂的《题茅斋煮茶图》、卢昭的《题鹤亭斗茶图》、董嗣成的《题崔青蚓品茶图》、邵弥的《题崔青蚓品茶图》、张以宁的《题李文则画陆羽烹茶》，清人厉鹗的《题汪近人煎茶图》、方文的《题刘紫凉山人品泉图》、曾谐的《题金粟园桐荫煮茗图》、曾垲的《题金粟园桐荫煮茗图》、谢浙贤的《题金粟园桐荫煮茗图》、曹寅的《题丁云鹏玉川煎茶图》、马日璐的《题文待诏自写煮茗图》、朱星渚的《题写怀山窗清供图》、何绍基的《题紫阳茶饯图赠江龙门同年》、阮元的《丙申正月廿日茶隐于城南龙树寺题癸未竹林茶隐小像卷中》等，都以淡泊雅致为基本美学风格。

乾隆皇帝有题茶画诗《题丁云鹏卢仝煎茶图》《题钱选画卢仝煎茶图》《题姚绶煮茶图咏》《题文徵明茶事图》十首、《题

235

沈周茶磨屿》《题石泉试茗图》《赵丹林陆羽烹茶图》《金廷
标鬻茶图》《项圣谟松阴焙茶图》《题和田玉观泉煮茗图》《题
刘松年烹茶图用题牟益茅舍闲吟图韵》《题居节品茶图用文徵
明茶具十咏韵》《题唐寅品茶图》《乔仲常煮茶图》等四十多首,
是历代题茶画诗之最者。此等题茶画诗仍然以淡泊雅致为基本
美学风格,但与一般文人的题茶画诗有所不同者,则在于这种
淡泊雅致的美学风格中蕴涵着一种富贵之气,一种帝王之气。
如其《题钱选画卢仝煎茶图》诗云:

> 纱帽笼头却白衣,绿天消夏汗无挥。
>
> 刘图牟仿事权置,孟赠卢烹韵庶几。
>
> 卷易帧斯奚不可,诗传画亦岂为非。
>
> 隐而狂者应无祸,何宿王涯自惹讥。

卢仝,自号玉川子,唐代人,祖籍范阳(今河北涿州),
嗜茶如命,赋《走笔谢孟谏议新茶》一诗而名扬古今,又作《月蚀》
诗以讥刺宦官专权。唐文宗大和九年(835)11月"甘露之变"
时,卢仝夜宿于宰相王涯家,与王涯、李训等千余人被宦官集
团所杀。此诗之题钱选所画《卢仝煎茶图》,从卢仝之死立意。
首联写钱选画《卢仝煎茶图》画面,呈现一片清凉幽静的世界,
画面人物卢仝虽"纱帽笼头"却是一个布衣平民而已;颔联写
钱选《卢仝煎茶图》画意来源于南宋刘松年《卢仝煎茶图》,
并引用孟谏议(简)送茶给卢仝与卢仝烹茶韵味相似;颈联评
议钱选模仿刘松年《卢仝煎茶图》;尾联评论卢仝之死,称其
狂放不羁的隐居生活本无祸水,其遭受杀身之祸者就是不该到
宰相王涯家里过夜。本来,卢仝是中晚唐时期愈演愈烈的朋党

中华茶美学

之争的牺牲品，而"隐而狂者应无祸，何宿王涯自惹讥"二句，则表明乾隆皇帝对卢仝之死的批判性，认为"隐而狂者"卢仝之死是"宿王涯自惹讥"。一个"惹"字，可见一代帝王写此诗的讥刺意味和封建正统观念。

4. 茶百戏是在茶盏茶汤之面作画，茶汤通过点茶、分茶而与绘画相互结合，构成山水花卉虫鸟的自然意象之美，乃是中国茶画之中的一枝奇葩

茶百戏，原名汤戏，是唐宋流行的一种茶艺，起源于唐宋煎茶、分茶工艺。因其茶汤倾入茶盏之时，茶汤表面形成一种奇幻莫测、如诗如画的物象，似山水田园，似自然景观，似人事百态，可观，可赏，瞬息即逝，想象空间极其开阔而又奇妙。这种茶汤，最初谓之汤幻茶，而其物象谓之汤戏。汤戏，是茶汤的表面物象。最先见于《全唐诗外编》下册记载：晚唐诗僧福全的《汤》诗。作者在《汤》字题下自注"汤幻茶"，又有诗序云："馔茶而幻出物象于汤面者，茶匠通神之艺也。"沙门福全生于金乡，长于茶海，能注汤幻茶成一句诗，并点四瓯，共一绝句，泛乎汤表。小小物类，唾手辨耳。檀越（犹言"施主"）日，造门求观汤戏，（福）全自咏曰：

　　　生成盏里水丹青，巧画工夫学不成。
　　　却笑当时陆鸿渐，煎茶赢得好名声。

水丹青，就是茶汤表层的各种物象，即茶百戏。花样百出，变幻莫测，是茶匠通神之艺，连煎茶高手陆羽也未能做到。

茶百戏，出自晚唐五代茶人陶谷的《清异录》。陶谷，五代为翰林学士，入宋即历任礼部、刑部、户部尚书。嗜茶，曾

得到党家一美姬，命其以雪水烹茶。问道："党家有此雅兴吗？"美姬回答："其乃粗人，只知销金帐下，浅酌低唱，饮羊羔酒而已。"陶谷听了，深感愧疚。他著录的《清异录·茶百戏》曰："近世有下汤运匕，别施妙诀，使汤纹水脉成物象者，禽兽虫鱼花草之属，纤巧如画，但须臾即就散灭。此茶之变也，时人谓之茶百戏。"

古往今来，真正意义上的茶画派并未形成，只是书画家品茶之余的一种画风而已。中国现代茶画家，寥寥无几。国画大师齐白石有几幅简略的茶画，而今齐白石家乡湘潭的青年画家彭湘伟热衷于茶画，可谓是中国茶画的后起之秀。他的茶画艺术，以中国茶文化为主题，以捧茶美女为描绘对象，构思细腻而雅致，笔画流畅如丝竹，风格古朴而淳厚，画面清朗而飘逸，笔力清晰而独特。更为别致者，是茶画与茶诗、茶文融为一体，采用独具一格的拓片手法，将颜体书法艺术影印于茶画之中，如仿古碑林，如皇宫宴饮。典雅之中而不失轻快，雍容之外而不失浪漫，写真之余而不失夸张，是传统艺术与现代观念的妙合无垠。其代表作有《中国风》《茶经茶艺》《春江花月夜》《茶韵筌筷引》《茗香丝竹赋》《集雅品茗图》《茶禅一味》《茶祖神农》《难得壶图》《梦好壶图》等，茶文化底蕴深厚，与古代以山水自然为主要描写对象的茶画截然不同，乃是对传统中国茶画的一种质性超越。

湘潭人彭伟湘君的现代茶画，具有三个明显的审美特征：一是融茶画与茶诗文于一纸，图文并茂，内涵丰富，富有茶文化经典之意。二是构思精巧，以茶女、茶乐、茶趣、茶文为主，富有古典神韵。三是画面的意象化与意趣化，人物与图景追求

神似，而非形似，笔墨夸张，意趣横生，而又色彩艳丽；意象鲜明，而又精致典雅。注重形神、墨彩，于变态之中，使传统与现代的融合为一，开创了中国现代茶画的一个意象派。

湘画《茶经》 彭伟

如果说中国茶画派之成立，那就是本书作者蔡镇楚教授的《灵芽传·中华茶文化史诗书画谱》108 幅，融诗、书、画与中华茶文化史的经典故事、历史人物、重大事件与为一体，不啻是中华茶文化史诗书画谱的集大成者，开创了中华茶文化史上诗书画相互融合的新生面，具有以下几个基本特征：

一是史诗书画一体化，其史诗书画文赋颇多叙事内容，注重故事情节性与意象结合，又不同于一般的写意画，因而诗后以文解读，表明作者的茶文化史观，是史家之笔、诗家之韵与书画之境的有机统一。

二是中华茶文化史的整体性与连贯性，108 首茶诗，配以

239

108幅茶画书法，图文并茂，既再现中华茶文化发展历程中的历史故事、重大事件和典型人物，又注重其历史的传承性与现实延续性，以时为序，以远古神农氏尝百草、发现茶饮用茶开篇，以2009年谷雨节世界茶人汇聚湖南炎帝陵首祭中华茶祖神农氏收笔，首尾照应，涵盖完阔，是中华茶文化的史诗之作。

三是注重更新茶学观念，既尊重传统，又不恪守一隅，力求新的突破。本史诗书画谱《灵芽传》，既兼顾中国十大名茶的历史性，又顾及各大茶类的包容性和地域分布的合理性，对中国各大茶区的名茶都给予客观评价，将安化千两茶和普洱茶、福鼎白茶纳入中国历史名茶之列。

四是构建茶美学的基本范畴与美学体系。从来佳茗似佳人，茶性历来都以为阴性，属于阴柔之美；而《茶美学》与本《灵芽传·中华茶文化史诗书画谱》，以安化黑茶文化发掘的最新成果，改变了茶为阴性的传统美学观念。安化千两茶，以其气势豪壮的制作工艺，千锤百炼、日晒夜露，吸天地之灵气，聚日月之精华，铸造世界茶王的博大精深和阳刚之状，赋予茶以阴柔之美与阳刚之美两大审美范畴，填补中国茶史与茶美学的一大空白。

蔡镇楚教授独创的这108幅《中华茶文化史诗书画谱》，以108首创作的茶诗、茶书法、茶画，配以五千年中华茶文化传播历史故事、历史事件、关键人物、茶叶品牌等，合而为《灵芽传》，不啻是五千年中华茶文化发展与传播的一部史诗之作，是中国茶叶改变世界格局的一幅博大、恢宏、广阔之历史画卷，也是传承千年茶画优秀传统的中国现代茶画立派集大成之作。

中华茶美学

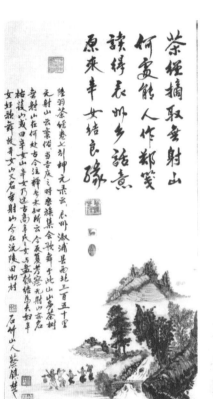

茶经摘取尽射山
何处能人作邸笺
读得表姊乡话意
原来丰女结良缘

日月星辰何渺然
总之茶道洁于己
张陵召斗米中衔
白鹤翔云结茗缘

西山兰若试茶歌
昔日刘郎谙绿萝
且问绿茶炒青法
朝邢司马赋诗多

平民皇帝出凤阳
废弃团茶改散装
灵芽妙青承羽翼
神州瑶品茶香

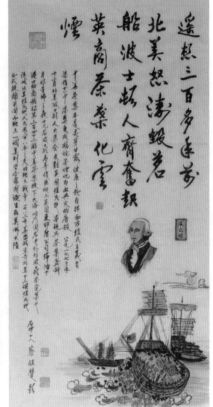

第五节　茶　联

何谓茶联？

茶联是关于茶的对联，是中华楹联的一个分支，是适用于茶馆、茶楼、茶店、茶亭、茶园、茶场、茶厂、茶叶公司等茶叶生产销售之地的对联。

茶联，是中国茶文化的产物，也是中国茶文化与茶美学的主要载体之一。

从这个意义来说，茶联是茶之诗，是茶之词，是茶之曲，是茶之韵，是茶文化与茶美学的载体。

茶联与一般楹联一样，讲究的是语言韵律对称之美。故茶联的基本美学特征有三点：

一是茶联的审美中心是茶，以茶叶、茶具、茶味、茶韵、茶品、茶情、茶人、茶缘、茶寿、茶道、茶趣、茶禅、茶境为根本宗旨。离开了"茶"字，则无所谓茶联者也。

二是茶联具有中华楹联的规范性，注重对仗工整、和谐对称之美，而与茶诗、茶词、茶曲、茶文、茶画等艺术样式不同者，无论长短，皆以简洁明快的两个联语出之，出联与对联都必须

符合一般楹联的基本格式。

三是茶联具有实用性和观赏性，注重视觉感官艺术之美。其艺术价值与审美意义，主要体现在茶联与书法艺术的结合，不仅要求其联语本身蕴涵着深刻的茶学意义和美学价值，而且表现在茶联制作的书法与篆刻艺术水平。

茶联，是茶的韵律之美，是茶叶与茶馆的包装艺术之美，是中国茶文化的联语化即语言对称形态之美。

茶联，属于文化的茶馆、茶楼、茶店、茶园、茶亭。一幅高妙绝伦的茶联，以其高雅、别致、浓郁的文化气息，而使一个茶馆、茶楼、茶店等蓬荜生辉。例如江苏镇江"京江第一楼"茶联：

> 酒后高歌，听一曲铁板铜琶，唱大江东去。
>
> 茶边话旧，看几番星轺露冕，从淮海南来。

上联以苏轼"大江东去，浪淘尽、千古风流人物"如铁板铜琶似的豪放风格，写"酒后高歌"之豪情奔放；下联以帝王钦差与达官显贵之惠顾光临茶楼，写"茶边话旧"之旷世情谊。"星轺"，指古代帝王之车；"露冕"，指达官贵人之冠冕。此等茶联，意蕴隽永，文采飞扬，使茶楼充溢着中国文化的浓厚气息，令茶人赏心悦目。

茶联，使自然茶一变而成文化茶。自然茶，出于天地山林；文化茶，出于人文精神，是天、地、人的三位一体。

中国的对联，是汉字文化的必然产物。

汉字，是世界上最古老的语素文字，以形、音、义的三结合，而具有相当稳固、千古不变的书写体系。由于地域文化的影响，汉语的读音与方言虽有千差万别，但是其字形与字义却是汉民族所共同相通的。所以，自秦始皇统一文字以降，中国汉民族始终以此为语言交际工具与心灵沟通的纽带。

许慎《说文解字》云："文，即纹"。秦汉以前，人们都将文字与花纹、图案等量齐观。所以《释名》解释说："文者，会集众彩以成锦绣，合集众字以成辞义，如绣然也。"中国汉字，本身既可以为画，又可以为诗、为文，如诗词、曲赋、骈文、楹联等之用于雅致的装饰之类。

汉字是方块字，是艺术化的符号体系。其字形可以为画，千变万化，任意构成各种不同的图画形态；其字义可以为书，其书写本身就是一门绝妙的书法艺术；其字音本身就有一个声调系统，其平仄四声，音义对偶，可以为乐，可以为诗，可以为联语。所以，当人们着力研究中华楹联得以兴盛的原因时，则应该着眼于汉字文化；当人们在考查楹联的历史渊源时，则应该着眼于中国古诗中的对偶句式，直接追溯到《诗三百》时代。当然，中华楹联之所以崛起于唐宋时代，其直接原因乃是永明声律运动以后中国诗歌走向律化之路的结果。诗歌的律化，律诗的崛起，促进了中华楹联的蓬勃发展。

诚然如此，茶联之兴，毕竟是中国茶文化的宁馨儿。有了茶之饮，有了茶楼茶馆之兴，而后才有茶联的应运而生。茶联，是根据中国人品茶、饮茶的社会习俗之需而产生的，是茶人们附庸风雅的艺术装饰品，也是茶楼主人招徕顾客、掩饰其以茶盈利的一种商业文化手段。

茶联的撰写，一般有三种类型：

其一是集句，即集结与茶有关的诗词文赋佳句隽语而为联语者。最著名的是明人杨慎，集结苏轼诗词佳句而为茶联云：

欲把西湖比西子

从来佳茗似佳人

这是茶中绝对，上联出自苏轼《饮湖上初晴雨后》诗"欲把西湖比西子，淡妆浓抹总相宜"，下联选自苏轼茶诗《次韵曹辅寄壑源试焙新芽》中的"戏作小诗君勿笑，从来佳茗似佳人"。前后两联，对仗工整，平仄合律，珠联璧合，含义深邃，韵味无穷。杨慎爱不释手，将此联引用于其茶诗《香雾髓歌》之中。

清人许善长《谈麈》记载："烹茶：西湖藕香居茶室，悬一联云：'欲把西湖比西子，从来佳茗似佳人。'间往小憩，以湖水瀹龙井芽茶，如柳眼才舒，葱蒨可爱，色香味三者，去美不备。"这就是茶联给茶人的一种惬意的审美感受，这就是茶联创造的一种雅致的茶文化氛围。这种美感与文化氛围，高雅、恬静、优美、淡泊，是任何以喧哗豪爽世俗为风格特征的酒肆饭馆无可媲美的。

其二是化用，即化用或改写古今人诗语而为茶联者。化用或者改写他人诗句而为茶联，是古今茶联常见的写法之一。乾隆皇帝嗜茶如命，晚年欲退位颐养天年，大臣非常惋惜，说："国不可一日无君。"乾隆皇帝哈哈大笑，风趣地回答："君不可一日无茶。"后人化用乾隆此语，曾写茶联一幅，现见于杭州"茶人之家"迎客轩的门柱上：

得与天下同其乐

不可一日无此君

此茶联之高妙是无一"茶"字，实则"茶"已隐寓于其中矣。上联写品茶之乐是与天下同乐；下联化用乾隆茶语，以"君"喻茶。"此君"者，茶也，君子也，而非帝王也；较之乾隆茶语，含义更深刻，茶趣更高雅。

其三是创作，即自我独创为茶联者。茶联的创作，是茶心、诗心与禅心的融会，是茶韵、诗韵与禅韵的和谐，是天地人"三才"的妙合无垠。因此，茶联的创作，必须具备三个基本条件：一是茶趣，二是诗情，三是禅意。此三者，缺一不可。

在中国楹联史上，梁章钜《楹联丛话》以为楹联始于后蜀孟昶的春联"新年纳余庆，佳节号长春"。近年有人以荆楚唐代楹联之发掘为据，认为"楹联唐早有，后蜀岂能先"[1]。甚至有主"对联始于汉代"或《诗经》说者。那么，有意而为茶联者，肇始于何时？窃以为在唐代。例如白居易《琴茶》诗云：

琴里知闻唯渌水

茶中故旧是蒙山

渌水，古琴曲名。诗人《听弹古渌水》云："闻君古渌水，使我心和平。"蒙山，即蒙山茶，出产于四川蒙顶山。还有郑谷《峡种尝茶》诗云：

① 青申丙等《对联起源于唐初》，《对联》1997 年 5 月 20 日；余德泉《对联通》，湖南大学出版社 1998 年本；闻楚卿《简述荆楚唐代楹联之发掘及其他》，载《湘楚楹联》总 6，2000 年 12 月。

入座半瓯轻泛绿

开缄数片浅含黄

此联语写茶的美妙形态，"轻泛绿"与"浅含黄"，其色之美、其动感之雅，写得真切动人。

清人郑燮，字克柔，号板桥，江苏兴化人，是"扬州八怪"之一。他创作的茶联之多，堪为历代茶联之最。例如：

扫来竹叶烹茶叶

劈碎松根煮菜根

楚尾吴头，一片青山入座

淮南江北，半潭秋水烹茶

茶联的创作，内容相当宽泛，形式可以多样，风格可以雅俗共赏。如有以名茶为茶联者，有以茶事为茶联者：

龙井云雾毛尖瓜片碧螺春

银针毛峰猴魁甘露紫笋茶

小住为佳，且吃了赵州茶去

曰归可缓，试同歌陌上花来

俗亦俗矣，雅则雅哉。雅俗共赏，才是茶联的基本风格。还有广州百年茶楼"陶陶居"的一副茶联：

陶潜善饮，易牙善烹，饮烹有度

陶侃惜分，夏禹惜寸，分寸无遗

这是嵌名茶联，以四个典故出之，贴切，典雅，深刻，据说是当年以 20 银圆征集所得。

茶联必须切合其身份,突出自身的文化个性和审美特征,不可泛泛而谈。湖南省的茶陵县,立县于西汉初,因茶祖神农氏崩葬于茶山之尾而得名,是中国唯一一个以茶命名的行政县。而今崛起于茶陵县的"中华茶祖文化产业园",是中国茶文化的天字第一号工程,气势雄伟,大气磅礴。大门的对联是:

神农尝茶,开启千年国饮

嘉木吐艳,玉成亘古茶陵

中华茶祖文化产业园,坐落在云阳山麓,园区依山而建有十二座茶亭,我们为之命名,其中镌刻有十二副对联,可谓集古今茶亭对联之大成者。下面节选其中的部分茶亭及对联如下:

茶福亭:福缘天地

　　　　茶运九州

茶王亭:盛汉茶王城郭月

　　　　云阳谷雨叶嘉风

茶缘亭:香径采花勤酿蜜

　　　　绮窗留月细烹茶

茶韵亭:煮一壶茶,浇胸中垒块

　　　　穷千里目,极赤地奇观

茶修亭:围炉煮茶,千酌雩泉修心去

掠影赏月，一帘蝶梦养气来

茶禅亭：万水千山，神韵禅心，茶禅济济

　　　　一花五叶，慧根善德，瓜瓞绵绵

茶逸亭：雅士有情品佳茗

　　　　清香无欲酬逸君

茶寿亭：七杯雀舌仙风起

　　　　一缕清香彩凤归

茶心亭：清茶一碗爽君口

　　　　妙曲三弦怡我心

茶道亭：茶和天下

　　　　道法自然

2015 年茶陵县中华茶祖文化园开园大典

第六节　茶书法

　　历史悠久的方块汉字，取法于天地自然，以形声和象形为其造字主要特征，乃是世界上最优美、最富内涵的文字。远古时代，结绳而治，没有文字，人们交流都是口耳相传。相传黄帝轩辕氏大臣仓颉，奉命造字。仓颉于是集中先民的智慧，以天地自然为意象，创制一批批的方块汉字，揭示世上万事万物的名称与本质特征，让不同氏族、不同语言的人民进行交流，沟通情感，宣告华夏民族发展史上蒙昧时代结束，惊天地，泣鬼神，以致神鬼夜哭。①

　　中国书法，是汉字书写的艺术化。汉字的字形构造，大多属于象形字与形声字，模拟于草木花卉与鸟兽虫鱼等自然意象，所以汉字本身就是一种书法艺术。从甲骨文、篆书、隶书、魏碑到楷书、行书、草书，等等，中国古代的汉字书写艺术，笔走龙蛇，力透纸背，各体皆备，众彩纷呈。

　　涉茶书法艺术，称之为"茶书法"。茶书法的缘起，应该属于仓颉当初造"荼（茶）"字之时，但是流传至今的茶书法，

① 参见许慎《说文解字·序》。

一般认为是唐代大书法家怀素（737~799)，字藏真，俗姓钱，永州零陵人的《苦笋帖》："苦笋及茗异常佳，乃可迳来。怀素上。"此帖仅仅两行十四字，字虽不多，但技巧娴熟，精练流逸。运笔如骤雨旋风，飞动圆转，虽变化无常，但法度具备。

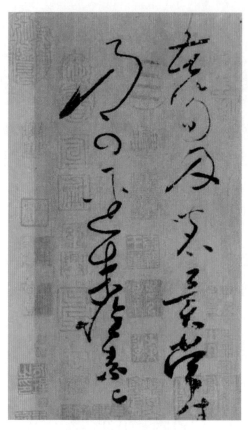

怀素《苦笋帖》草书

茶书法的审美特征，大致有三点：

一是以茶为中心，属于中华茶文化的重要载体与传播媒介之一；

二是其字体与书法结构艺术，体现其书家自己的审美情趣与艺术个性；

三是茶书法艺术之美，在于其自然灵动之美与茶境之美妙无垠，但往往因人而异，具有很强的个性化。

古往今来，中国历代的文人骚客大多爱茶，以茶为乐，涉茶书法甚多，而留存于世者，多系书法艺术的传世佳作，弥足珍贵。

蔡镇楚《蛮境》篆书

第七节　茶歌舞

茶歌舞，是茶的音乐舞蹈，是茶人的音乐舞蹈美学。

茶歌舞，以茶女为主体，以茶山为背景，茶园叠翠，灵芽旗枪，生机勃发，云雾缭绕，这是茶山之欢，茶山男女，载歌载舞，寄托春茶采摘的希望。

茶与音乐的旋律之美，最早的历史记录见于《坤元录》。茶圣陆羽《茶经》卷七引《坤元录》云："辰州溆浦县西北三百五十里无射山，云：'蛮俗：当吉庆之时，亲族集会，歌舞于此山。山多茶树。'"

中国的茶歌舞，起源于远古高辛氏时代的"无射山"。何谓"无射山"？"无射山"在何处？这是千古之谜。

无射山，乃古代湘西武陵山脉之一茶山。今在何处？此乃陆羽《茶经》留给今人的千古难题，日本茶学界朋友，曾不远万里，施兆鹏教授亲自陪同专程前往溆浦考察，却如大海捞针，未得其果。

2011年11月中旬，秋高气爽，我与湖南农大施兆鹏教授、省农科院黄仲先研究员以及高级评茶师陈晓阳、湖南省茶业集团尹钟等一行七人，驱车前往沅陵县，对陆羽《茶经》所述之无射山，进行为期三天的实地考察。

我们驱车前往二酉乡所辖的田坳村。汽车沿着清澈碧绿的沅水，在崎岖的乡间小公路上行驶，两个多小时之后，来到沅陵、泸溪、古丈三县交界的山区，而后步行到田坳村。这里是辛女山的所在地，山高路陡，溪水潺潺，绿树成林，废弃的茶园，掩映在松柏林之中。

我们与村里的支书、村长及其特地邀请来的老人聊天采访，谈论与无射山——辛女山——枯藃山——无鬃山相关的故事。

无射山，与古典音乐结缘，因无射而得名。无射（yì），是古代十二律吕之一，以音律配月份，属于九月之律，属于民间秋收季节的集体喜庆乐舞。《吕氏春秋》"季秋之月"云："其音商，律中无射。"《史记·律书》指出："无射者，阴气盛用事，阳气无余也，故曰无射。"

据历史记载，盘瓠原本是远古帝王高辛氏的家犬，因其立功受赏，帝喾以辛女妻之。东汉应劭《风俗通义》记载："昔高辛氏有犬戎之寇，帝患其侵暴，而征伐不克。乃访募天下有能得犬戎之将吴将军头者，购黄金千镒，邑万家，又妻以美女。时帝有畜狗，名曰盘瓠。下令之后，盘瓠遂衔人头造阙下，群臣怪而诊之，乃吴将军首也。帝大喜，而计盘瓠不可妻之以女，又无封爵之道，议欲有报，而未知所宜。女闻之，以为帝皇下令，不可违信，因请行。帝不得已，乃以女配盘瓠。"

帝喾高辛氏之好古乐，乃远古帝王之乐。《吕氏春秋·古乐》云："帝喾命咸黑作为声歌——《九招》《六列》《六英》；有倕作为鼙鼓钟磬，（吹）苓管埙篪。帝喾乃令人抃鼓鼙，击钟磬，吹苓展管篪。因令凤鸟、天翟舞之。"辛女在帝喾身边，耳濡目染，

亦爱好音乐，《荆楚岁时记》引《洞览》云："帝喾女将死，云：'生平好乐，至正月，可以见迎。'"季秋之月，辛女吹奏无射之律，与山民载歌载舞于辛女山，故沅陵之辛女山，乃誉称为"无射山"，其可谓顺理成章矣。

那么这里的"无射山"，究竟是辛女山、枯蔎山、无鬃山之别名，还是武陵山之原名？《坤元录》所记载的"辰州溆浦县西北三百五十里无射山，云：'蛮俗：当吉庆之时，亲族集会，歌舞于此山。山多茶树。'"我们查阅标目详尽的清代《苗疆全图》以及中国历史上的郡县图志，皆无"无射山"或"无时山"之名。其实，当地土著乡话辛女山叫作"枯蔎山"，又称"无鬃山"。枯蔎山之名，出自远古方言。蔎，见于扬雄《方言》，与茶、茗、槚、荈一样，都是茶的异称和别名。枯蔎，就是干枯的茶叶。无射山上多茶树，山民秋收时节，在此载歌载舞，乃是武陵山地区苗、瑶、土家各族的民风习俗。

2015年初春，沅陵县政府根据我们几年前的初步考察，再次组织本土专家对田坳村的辛女山地段的地理、历史、风俗、民情、乡话，等等，进行综合性的实地考察，撰写出《寻找无射山》一部送审书稿，我审读再三，深感其态度之缜密，考察之详尽，内容之丰富，文献之翔实，石破天惊，得出无射山、辛女山就是"枯蔎山""无鬃山"的结论。随后，中国茶叶学会与沅陵县政府在长沙联合举行专家论证会，正式确定沅陵田坳村的辛女山，就是《坤元录》所记载的"无射山"。从此，陆羽《茶经》最后一个历史谜题，"无射山"之谜得以揭开，这是湖南茶人对中华茶文化的又一个巨大贡献。

古代的茶歌舞，与民歌俚曲结合在一起，与民俗风情

中华茶美学

结合在一起，也是中国茶文化与音乐美学的重要载体与传播媒介。

中国现代茶歌，盛行于南方茶乡。诸如福建的《武夷山采茶歌》《我从安溪茶乡来》《名茶铁观音》，江西的《请茶歌》，湖南的《冷水泡茶慢慢浓》《挑担茶叶上北京》，湘桂黔侗族的《茶歌节》，浙江的《采茶好似蜂采蜜》《融入茶香让你醉》，广东潮州的《采茶歌》，西藏的《请喝一杯酥油茶》，广西的《采茶姑娘上茶山》，贵州的《上茶山》，云南的《采茶调》，安徽的《天下红茶祁门的好》，台湾的《三月里来好风光》，等等。最出名的是湖南的《挑担茶叶上北京》，乃是现代茶歌的扛鼎之作。

综观中国现代茶歌，主要有以下基本的音乐艺术审美特征：

其一，茶歌与民歌结缘，具有浓郁的地域文化色彩。歌词与曲调，其歌咏的茶叶、采茶女、乐曲情调、歌舞形式、艺术风格都属于地方性的，是各个茶叶产区民俗风情、人情物理的艺术再现。如云南采茶调，就出自云南玉溪花灯。湖南茶歌，曲调带有花鼓戏气息，曲调活泼跳跃。福建茶歌吸取闽南音乐特色，抒情而欢快。又有采茶调发展而为板腔体，变成地方小戏，如赣南采茶戏。

其二，茶歌与采茶灯等民间歌舞结缘，属于茶乡茶农自娱自乐的一种民间采茶活动与生活娱乐方式，充满着浓厚的茶乡生活情趣。采茶灯，以载歌载舞的艺术形式，表现茶乡茶农的采茶劳动生活情趣，以烧山开荒、点茶种茶、茶园培植、摘茶制茶、零担卖茶以及茶乡男女爱情婚姻等为主要内容，歌舞者或一男一女，或一男二女，或集体表演，身穿采服，腰系彩带，

男的手持线尺（鞭）以为扁担、锄头、船竿，女的手拿花扇以为竹篮、雨伞或茶叶篓子，对舞于场上。茶歌曲调分为正采茶、倒采茶、十二月采茶，伴奏以二胡、唢呐、锣、鼓、钹等。形式活泼，气氛热闹。

其三，采茶灯，起源于明朝，流行于江南各地茶乡，是民间茶文化的主要传播方式。如流行于福建的《采茶扑蝶》曲。明代戏剧学家王骥德《曲律》论及地方曲调时指出："南之滥，流而为吴之《山歌》、越之《采茶》诸小曲，不啻郑声，然各有其致。"

其四，中国的茶歌舞，具有中国古典美学的两大审美范畴。古往今来的茶歌舞一般以茶女歌舞为主，旋律欢快，表现一种阴柔之美，而安化千两茶的踩制，却以男性茶人为主，唱着《千两茶号子》歌，是力的崇拜，气的张扬，富有阳刚之美。

第八章

茶论：茶文化经典的美学化

博大精深，雅俗共赏是中国茶论的美学特征。

许多人以为茶文化属于俗文化范畴，其实是一种误会。中国茶文化乃是一种雅俗共赏的文化形态，包含着的有雅文化和俗文化。雅者，在于文人雅士品茶论道，在于茶文化著述的经典化、学术化、美学化；俗者，大多体现在饮茶之习的大众化、民俗化、生活化。

茶论，属于茶学著作，是中国茶文化与茶美学的主要载体与传播媒介，是茶文化的学术化、经典化与美学化，是中国茶道的经验总结与理论升华。

第一节　茶论与美学

　　丰富多彩的茶学论著，是中国茶文化学术化、经典化、美学化的主要标志。其美学价值，可以从以下几个方面来加以探讨：

一、茶与茶史

　　历史，是人类生存发展过程的沉积，是人类文明的结晶，是一种厚重深邃的社会生活之美与丑、善与恶的交融混一。茶，作为人类生存发展中不可或缺的绿色饮料，她的存在与饮用，本身就是一种文化，一种美感，一种审美享受。因此，一部茶史，就是人类文明进程中的美的生活史。中国茶论的史学价值，主要体现在茶对人类生活的优化与美化。有了茶，人类生活就有了品位，逐渐变得高雅，赋予了文化品位，提高了健康水准。

　　中国茶论注重茶的历史的论述：一是茶源，论及茶叶的起源者，有陆羽《茶经》，其中卷一论茶的起源，认为茶起源于"南方之嘉木"，并从字源学的角度，指出茶字"或从草，或从木，或草木并。其名，一曰茶，二曰槚，三曰蔎，四曰茗，五曰荈"。清人陆廷灿《续茶经》卷上之一论"茶之源"者，集录了从许慎《说文》到清代各类著作之论茶源者凡 91 种之多，一字一句也不丢弃，集历代茶源论说之大成。二是茶业，论及茶叶行业发展的历史演变者，以茶叶论，唐代茶论之重蜀茶（蒙顶茶），宋代茶论之重建茶，元明清三代亦然；以茶肆、茶楼论，历代茶论就其起源与发展，均有论述，不啻是中国茶业发展的一个缩影；以茶园茶场论，唐代的蒙顶、鳌源，宋代的扬州、建溪，元代的"御茶园"，使中国茶园的规模化与皇家化达到了辉煌的峰巅；以茶市论，从唐代茶市集中在成都与浮梁，宋代茶市集中在都城汴京与临安，以及成都、苏州、潭州、浮梁等地，宋、明、清专事茶马交易的西北关市，明清时代的茶叶出口贸易等，中国茶论所述甚详，乃是一部资料翔实的中国茶业发展历史。三是茶史，总体论及中国茶史者，唯有清代出现了中国第一部以"茶史"名篇的著作，即刘源长的《茶史》2卷，实际是中国茶史研究的资料汇编；还有余怀的《茶史补》1卷，性质与体例，与刘源长《茶史》同；清代有万邦宁的《茗史》2卷。茶史的专门化，使中国茶论还关注各地方茶史的论述。如蒙顶茶史，有宋代王庠《蒙顶茶记》1卷；北苑茶史，有宋代丁谓《北苑茶录》3卷、熊蕃的《宣和北苑贡茶录》、赵汝砺的《北苑别录》、刘异《北苑拾遗录》、范逵《龙焙美成茶录》、吕惠卿《建安茶记》；鳌源茶史，有宋代章炳文《鳌源茶录》；罗岕茶史，有明人熊明遇的《罗岕茶记》、冯可宾的《岕茶笺》。还有所谓贡茶史、茶税史、茶政史、茶叶贸易史，等等专门史的研究，皆为茶史研究的一个分支学科，中国茶论著作为此提供了极其详尽的史料。从其史料价值来看，陈彬藩、余悦等编辑的《中国茶文化经典》，实际上就是一部中国茶文化史料学著述。

二、茶与贡茶

贡茶，是地方官吏向皇帝与皇室朝贡的名茶。贡茶的出现，是中国封建社会宗法文化的产物。

以茶朝贡，一般认为肇始于晋代。宋人寇宗奭《本草衍义》卷14记载："晋温峤上表，贡茶千斤，茗三百斤。"这是贡茶最早的文献记录。而后，唐宋元明清各朝各代，贡茶一直伴随着中国茶业发展的始终，成为中国茶业发展进程中一种独特的文化现象。

贡茶，是中国历代茶叶的最佳产品，是茶中极品。以其出产地的自然生态环境、采摘制作与包装工艺之美的要求相当严格，故贡茶生产大大提高了中国茶业的总体发展水平。可以说，贡茶其形态之美、其色香味之美，乃是中国茶美学的集中体现者。特别是丁谓与蔡襄相继担任福建转运使时制造的大小龙凤团茶，享誉天下。而其中的"密云龙""瑞云翔龙""无比寿芽""无疆寿龙""云叶""玉华""玉清庆云""玉叶长春""龙凤英华""龙园胜雪"等贡茶极品，吉祥安康，美不胜收，是茶美学的渊薮，也是饼茶作为中国宗法文化和祥瑞文化的一种物质载体之一。

中国茶论对历代贡茶的关注是空前绝后的。如前所述的历代茶论著述，而宋代茶论则以贡茶为论述中心。丁谓《北苑茶录》、蔡襄《茶录》、宋子安《东溪试茶录》、熊蕃《宣和北苑贡茶录》、赵汝砺《北苑别录》、宋徽宗《大观茶论》、刘异《北苑拾遗录》、范逵《龙焙美成茶录》、吕惠卿《建安茶记》、王庠《蒙顶茶记》、章炳文《壑源茶录》、曾伉《茶苑总录》、佚名《北苑修贡录》、《北苑煎茶法》等茶论著作，都是贡茶的真实记录，是贡茶制作工艺之美的经验总结，是贡茶的文化载体与传播媒介。

三、茶叶与文化交流和国际竞争

茶为佳人。茶叶生产一旦成为产业，就给茶叶插上了文化的翅膀，成为汉民族与周边少数民族、中国与东亚、西洋各国文化交流的媒介。

中国茶叶之东传日本，肇始于唐代留学日僧空海与最澄两位大和尚。他们是中国茶叶与中国茶文化在日本最早的传播者。日历弘仁四年（815）闰七月二十八日，留学归国的空海和尚《奉献表》于日本嵯峨天皇，汇报自己在中国的留学生活，云："观练余暇，时学印度之文；茶汤坐来，乍阅振旦之书。"他与最澄和尚回国时都将中国茶种与茶碾等带回日本，最澄将中国茶种种植在京都比叡山麓的"日吉神社"旁边，变成日本最早的茶园，至今还立有"吉茶园"之碑。宋金时期，日僧荣西两度来到中国学习儒学、禅学与茶学，回国后以汉文撰写了《吃茶养生记》2卷，被日本尊为日本茶道的开山之祖。

茶叶交易，肇始于唐代成都与浮梁的茶市；而茶叶贸易，则起源于西北地区的茶马关市。茶马交易，在唐代就开始进行了。宋代在西夏边关设立西夏榷场，并设立茶马司，负责在西北、西南地区加强以茶易马的茶马贸易，明清在四川雅安设立马市古茶场，清代在云南北胜州设立茶马贸易集市，终于形成了从西北与西南通往西藏与南亚、中亚的"茶马之路"，一称"行茶之路"。这条"茶马之路"，与古代的丝绸之路相互交叉辉映，是古代中国与南亚、中亚乃至西欧的经济文化交流之路。明人陈讲《茶马志》4卷、胡彦《茶马类考》6卷、清人鲍承荫《茶马政要》7卷，均有详细的历史记录。

茶叶与丝绸，是古代中国出口贸易的两大支柱产业。而茶

叶出口贸易，于清代为盛。据《光绪己巳（1905）年交涉要览》下篇卷三收录的《历年出口丝茶比较表》记载：

年份	红茶	绿茶	共计担数
光绪二十四年	1353294	185306	1538600
光绪二十五年	1416997	213798	1630795
光绪二十六年	1183899	200425	1384324
光绪二十七年	968563	189430	1157993
光绪二十八年	1265454	253757	1519211
光绪二十九年	1375910	301620	1677530
光绪三十年	1210103	241146	1451249
光绪三十一年	1127170	242128	1369298

晚清时期的中国茶叶出口贸易的每下愈况，充分说明国际茶叶市场的竞争愈演愈烈。主要的竞争对手来自印度。印度种茶制茶术皆源于中国，在邻近昆仑山南麓的北印度地区种茶，又雇佣中国茶工制作。以其为英联邦国家，故得到英国资助，采用机器制作，且此前大量以鸦片兑换中国茶叶。于是茶叶贸易转化而为国际政治经济文化领域里的斗争工具。清代茶论著述，所记载的茶叶贸易而引发的这场国际竞争，正是中英鸦片战争的一种延续与转换，实际上是一场没有硝烟的战争。

从清代的茶叶贸易与国际茶叶竞争的一代历史中，我们可以清楚地认识到：中国茶叶，历史悠久，品种齐全，但面临着新的挑战。唯有"两手抓"，才能立于不败之地：一手抓茶叶栽种与制作的科学技术，不断提高产品质量；一手抓中国茶文化的文化包装，不断提高中国茶叶的文化品位。这就是历史的结论。

第二节　唐五代茶论

唐代，是中国茶学论著的发轫期，也是中华茶美学正式确立的关键时期。

唐五代茶论的审美特征有三：

第一，开创性。

先唐以前，一则饮茶尚未普及于大众，二则文人士大夫尚未对茶学引起重大关注，茶学著作尚未拓荒，茶美学更是处在文化荒漠之中。隋唐五代，随着饮茶之风崛起于寺院和民间，茶文化和茶美学因此应运而生。最早开拓茶学领域者，是被后世尊为"茶圣"的陆羽，他开创了茶学和茶美学的一个新纪元，其主要的标志性成果就是陆羽的《茶经》，从此中国乃至世界上有了第一部茶学著作。

陆羽《茶经》三卷，凡十篇。其内容涉及茶学与茶美学的各个方面：一论茶的起源，认为茶出自"南方之嘉木"；二论茶叶采制工具；三论茶叶的采撷制作技巧；四论煮茶的器具；五论煮茶的方法；六论茶的饮用；七述饮茶的历史故事，不啻是唐代以前的茶史记录；八是记录唐代茶叶的著名产区；九是茶具的省略；十是《茶经》内容的图解化，书写张挂，以便广而告之。

陆羽《茶经》，是中国茶叶生产与茶饮普及于大众的结果，它自成理论体系，是中国茶文化的开山之作。这部茶学著作的诞生，不仅奠定了中国在世界上作为茶叶故乡与茶叶生产大国的历史地位，也开创了中国茶文化发展的历史新纪元。其开创之功，彪炳于史册，泽被于后世。尔后，明代亦有人著述，如徐渭有《茶经》二卷，张谦德有《茶经》一卷，黄钦有《茶经》等，皆未能超出陆羽《茶经》的窠臼，反而更加显示出陆羽《茶经》强盛的科学文化生命力，以至成为世界茶学界共同景仰的必读书籍，享誉国内外。

唐人茶论的开创性，还表现在"茶道"一词的创建。"茶道"是中国茶文化的灵魂。"茶道"出自唐人，有皎然茶诗《饮茶歌诮崔石使君》之"孰知茶道全尔真，唯有丹丘得如此"，又有封演《封氏闻见录》的"又因鸿渐之论广而润色之，于是茶道大行"。"茶道"得以诞生，此后衍生出韩国茶道与日本茶道。

第二，茶的科学饮用性。

茶叶经过科学制作加工之后，因与水的融合而成为人们的日常饮料。所以，唐人论茶又特别注重论水，一则注重煎茶用水，二则注重茶汤。

张又新的《煎茶水记》，是评述煎茶用水之作，虽多为转述陆羽、刘伯刍、李季卿论水之述，但首次为天下煎茶用水排名次，如陆羽之谓"楚水第一，晋水最下"者，刘伯刍之谓"水之与茶宜者凡七等"者，李季卿之谓天下"二十水"者。而张又新论此"二十水"，亦有所发明，云："夫茶烹于所产处，无不佳也，盖水土之宜。离其处，水功其半；然善烹、洁器，全其功也。"其独特见解有二：一是强调煮茶用水的地域性，以此地之水烹煮此地之茶，因"水土之宜"而无不佳，一旦离开其特定地域，则"水功其半"；二是注重茶水的烹煮方法与

茶具的清洁，认为"善烹、洁器，全其功"。

苏廙撰有《十六汤品》一卷，认为"汤者，茶之司命"。司命，星名。出自《周礼·大宗伯》，屈原《九歌》有《大司命》与《少司命》者。《史记·天官书》云："文昌六星，四曰司命。"苏廙论茶汤，认为茶汤主宰着茶的生死命运。"若名茶滥汤，则与凡末同调矣"。故他把茶汤分为十六品第，其中"煎以老嫩言者凡三品，注以缓急言者凡三品，以器标者凡五品，以薪论者凡五品"。

晚唐时的温庭筠撰有《采茶录》一卷，名为采茶，实则历数茶事。如述陆羽之辨水，李约之辨活火；陆龟蒙之嗜茶，以其《品第书》为继陆羽《茶经》《茶诀》之后；刘禹锡病酒，以菊苗荠芦菔鲊换取白居易的六班茶醒酒；王濛之"水厄"；刘琨兄弟之以茶解闷。

第三，审美鉴赏性。

唐人论茶，不仅注重茶叶科学实践和科学饮用，还注重品茶时的审美鉴赏性。五代的毛文锡撰有《茶谱》，是中国茶文化史上第一次从审美鉴赏与医药保健角度论茶的著述。其论茶的形态之美者，多以比喻，如其"嫩芽如六出花者"，如"片甲、蝉翼"者，如"五出花"者，色如韭叶者，色如钱者，片团如月者，"煎如碧乳"者，有"云雾覆其上若有神物护持之"者。其多以"味"论品茶之妙，如"味颇甘苦""其味甘苦""其味极佳""其味辛而性热"、其"芳香异常""其味极甘芳""其味甘香如蒙顶也"等，一连用了7个"味"字、3个"妙"字和2个"佳"字，以突出茶的品尝鉴赏之美感。其涉于茶与生命美学者，即注重茶的医药保健功能。如谓泸州茶为"饮之疗风"；鄂州茶"治头疼"；建州茶"治头痛"；"茶之别者，枳壳牙、枸杞牙、枇杷牙，皆治风疾"等。

267

第三节　宋元茶论

宋元时代，是中国茶叶产业与茶学繁荣发展的关键阶段。

刺激茶叶产业化的主要因素有二：一是随着城市商业经济的发展，饮茶的大众化、普及化，茶叶需求不断增加；二是贡茶的生产制作，更加专门化、制度化。

茶论之类茶学著述，是相应于茶叶的产业化而繁荣发展的。

宋代茶论著作繁多，现存者主要有蔡襄的《茶录》、宋子安的《东溪试茶录》、熊蕃的《宣和北苑贡茶录》、赵汝砺的《北苑别录》、审安老人的《茶具图赞》、宋徽宗的《大观茶论》、黄儒的《品茶要录》、陆师闵的《元丰茶法通用条贯》、尚书省《政和茶法》；散佚者更多，主要有丁谓《北苑茶录》三卷、刘异《北苑拾遗录》一卷、周绛《补茶经》一卷、范逵《龙焙美成茶录》一卷、吕惠卿《建安茶记》一卷、王端礼《茶谱》一卷、沈立《茶法易览》十卷、王庠《蒙顶茶记》一卷、李稷《茶法敕式》、蔡宗颜《茶山节对》一卷、章炳文《壑源茶录》一卷、曾伉《茶苑总录》十二卷、林特等编辑《茶法条贯》、桑庄《茹芝续茶谱》、蔡京《崇宁茶引法》《崇宁茶法条贯》《崇宁福建路茶法》、佚名《治平通商茶法》《元丰水磨茶场茶法》《大观七路茶法》《大观更定茶法》《北苑修贡录》《北苑煎茶法》等。

元代茶论并不系统，但是茶人都关注茶业。如杨维桢的《清苦先生传》，几乎沿用苏轼《叶嘉传》的拟人化手法，极写茶叶的人格之美。赵孟頫的《御茶园记》和张焕的《重修茶场记》等，都关注武夷山茶园。

宋代茶论著作，总体而言有以下审美特征：

一、注重茶色之美

宋茶尚白，茶汤以色白为美。蔡襄《茶录》上篇"茶论"论茶的色香味之美，而论其茶色云："茶色贵白，而饼茶多以珍膏油其面，故有青黄紫黑之异。善别茶者，正如相工之视人气色也，隐然察之于内，以肉理润者为上。既已末之，黄白者受水昏重，青白者受水详明，故建安人斗试以青白胜黄白。"下篇论茶盏时又云："茶色白，宜黑盏，建安所造者，绀黑，纹如兔毫，其胚微厚，燂之久热难冷，最为要用。"宋子安《东溪试茶录》之论鑿源南山茶，云：其"土皆黑埴，茶生山阴，厥味甘香，厥色青白，及受水，则醇醇光泽。（民间谓之'冷粥面'）视其面，涣散如粟。虽去社芽叶过老，色益青明，气益郁然。"黄儒《品茶要录》之"采造过时"云："凡试时泛色鲜白，隐于薄雾者，得于佳时而然也"；而"试时色非鲜白、水脚微红者，过时之病也"。宋徽宗《大观茶论》论茶色云："点茶之色，以纯白为上真，青白为次，灰白次之，黄白又次之。天时得于上，人力尽于下，茶必纯白。"罗廪的《茶解》指出："茶须色、香、味三美具备。色以白为上，青绿次之，黄为下；

香以兰为上，如蚕豆花次之；味以甘为上，苦涩斯下矣。"

二、注重贡茶之美

宋代茶论多为贡茶而作,总结贡茶采造烹煮工艺技术之美，几乎成为宋代茶论著述的主要内容。蔡襄的《茶录》，实际是一部宋代烹茶技巧之作。前后有二自序，分述写作与上奏皇帝的目的，在于总结龙茶烹煮经验。全书分为上下两篇，上篇为茶论，总述茶之色、香、味与藏茶、炙茶、碾茶、罗茶、候汤、点茶等；下篇为器论，简述茶焙、茶笼、砧椎、茶钤、茶碾、茶盏、茶匙、汤瓶。所述虽简，如语录条目，内容却很全面，较之陆羽《茶经》，更切合宋代贡茶与茶饮生活实际。熊蕃的《宣和北苑贡茶录》，专门论述北宋宣和年间福建北苑贡茶产生发展的历史过程与贡茶龙团的制作情况，并且附之以北苑贡茶精美别致的茶饼图录。其龙茶成品设计制作的形态之美，与表面雕龙绘凤的图案花纹之美，是历代茶叶形态美学与制作工艺美学中的妙品，令人叹为观止。其他如丁谓《北苑茶录》三卷、赵汝砺的《北苑别录》、宋徽宗《大观茶论》、黄儒《品茶要录》、刘异《北苑拾遗录》一卷、周绛《补茶经》一卷、范逵《龙焙美成茶录》一卷，为贡茶之美张目，简直不遗余力。

三、注重建茶之美

建茶，因出产于建州（今福建建瓯）而得名，创制于唐代，发展于五代，鼎盛于宋代，是宋代贡茶最主要的茶源，也是宋代茶论的主要研究对象与茶诗的歌咏对象。张舜民《画墁录》云："有唐茶品，以阳羡为上供，建溪北苑未著也。贞元中，常衮

中华茶美学

为建州刺史，始蒸而焙之，谓'研膏茶'。"周绛《茶苑总录》云："天下之茶建为最，建之北苑又为最。"（《舆地纪胜》卷129引）宋代茶诗盛赞建茶之美者甚多，且多以"建溪""建安雪""建溪春"等为喻。如陆游《建安雪》诗云："建溪官茶天下绝，香味欲全须小雪。"宋释义青《云门糊饼颂》云："祖佛超谈问作家，困来宜吃建溪春。"建茶之美甚者，既得力于贡茶制作工艺之美，也受益于建溪山川形胜之美。故宋子安《东溪试茶录》云："堤首七闽，山川特异，峻极回环，势绝如瓯。其阳多银铜，其阴孕铅铁，厥土赤坟，厥植唯茶。会建而上，群峰益秀，迎抱相向，草木丛条，水多黄金。茶生其间，气味殊美。岂非山川重复，土地秀粹之气钟于是，而物得以宜软？"又指出："建安茶品，甲于天下，疑山川至灵之卉，天地始和之气，尽此茶矣！"

四、注重茶具之美

茶具，是茶的主要载体；茶具之美，才能呈现出茶叶、茶水之美。宋代茶论特别关注茶具。蔡襄的《茶录》，以其下篇论茶器，简述茶焙、茶笼、砧椎、茶铃、茶碾、茶盏、茶匙、汤瓶。宋徽宗《大观茶论》亦以大量篇幅论茶器，如罗碾、茶盏、茶筅、茶瓶、茶杓。最为别致的是，审安老人的《茶具图赞》之论茶具，竟以人的官职为比喻，茶罗、茶碾、茶磨等十二种茶具，被称作"十二先生"，并一一为之命名，有名、有字、有号、有图示、有赞辞，赋于茶具以无限的生命力。在其《茶具图赞》中，茶具之美，美在生命。如其论茶炉，命名为"韦鸿胪"，姓名为"文鼎"，字景旸，号四窗闲叟。其赞辞曰："祝

融司夏，万物焦烁，或炎昆冈，玉石俱焚，乐尔无与焉。乃若不使山谷之英，坠于涂炭，子与有力矣。上卿之号，颇著微称。"

五、注重茶法之立

宋代实行茶叶专卖制度，由官府统一经营，立法掌管茶叶产销。故宋代茶论颇多论茶法者，如蔡京《崇宁茶引法》《崇宁茶法条贯》《崇宁福建路茶法》、佚名《治平通商茶法》《元丰水磨茶场茶法》《大观七路茶法》《大观更定茶法》等。宋代第一部茶政法典，是宋初林特等编辑《茶法条贯》，这是宋初推行榷茶制度的诏令汇编，凡23册，已佚。而后的《政和茶法》，是蔡京主持茶法改革以来宋代茶叶政策法规的集大成者，包括水磨茶法、园户茶商自相交易法、茶商持引贩卖法、长短引法、茶价确定法、蜡茶通商法、笼箬法，以及赏罚则例等，是现存中国最早且最完整的一部茶政法典。

第四节　明代茶论

　　宋元时期，茶以团茶、饼茶为主，贡茶扰民。朱元璋为百姓休养生息下诏罢贡茶，废团茶，兴散茶，是中国茶发展史上一次重大变革。

　　明代，是中国茶学论著繁荣鼎盛的时期。其时的茶论著作层出不穷，主要有朱权的《茶谱》，王绂的《竹炉新咏故事》1卷，朱祐的《茶谱》12卷，钱椿年的《茶谱》，顾元庆的《茶谱》，赵之履的《茶谱续编》1卷，夏树芳的《茶董》2卷，陈继儒的《茶话》《茶董补》2卷，朱曰藩、盛时泰的《茶薮》，罗廪的《茶解》1卷，俞政的《茶集》2卷，高元浚的《茶乘》4卷，龙膺的《蒙史》1卷，陆树声的《茶寮记》1卷，蔡复一的《茶事咏》，胡彦的《茶马类考》6卷，闻龙的《茶笺》1卷，冯时可的《茶录》1卷，徐渭的《茶经》1卷、《煎茶七类》，胡文焕的《新刻茶集》1卷，张源的《茶录》1卷，程用宾的《茶录》4卷，僧真清的《茶经水辨》1卷、《茶经外集》1卷，田艺蘅的《煮泉小品》1卷，徐渤的《茗谭》1卷、《蔡端明别记》1卷，邓志谟的《茶酒争奇》2卷，何彬然的《茶约》1卷，徐献忠的《水品》2卷，陈师的《茶考》1卷，高叔嗣的《煎茶七类》1卷，熊明遇的《罗岕茶记》1卷，

张德谦的《茶经》1卷，屠隆的《茶说》，冯可宾的《岕茶笺》1卷，万邦宁的《茗史》2卷，屠本畯的《茗笈》2卷，等等。

综观明人的茶学论著，其内容与形式对唐宋茶论既有继承又有创新。从茶美学的角度来看，主要有以下审美特征：

其一，集大成之美。

集大成，是一种美，一种难得的博采众长的壮阔浩大之美。明代茶论，以广博的胸怀继承与发展唐宋茶论的历史成果，成就了自己博采众长的茶美学风格。明人茶论颇多重复书名者，如《茶经》，则有徐渭的《茶经》1卷、张德谦的《茶经》1卷，僧真清的《茶经水辨》1卷、《茶经外集》1卷；如《茶谱》，则有朱权的《茶谱》、朱祐的《茶谱》12卷、钱椿年的《茶谱》、顾元庆的《茶谱》、赵之履的《茶谱续编》1卷；如《茶录》，则有张源的《茶录》1卷、程用宾的《茶录》4卷。虽然陈陈相因，却是相续相禅，是明代茶论注重历史的沉积与精粹之美的茶文化表现。

其二，茶论自成体系的完备之美。

明代茶论著作，自成茶文化理论体系者居多。从朱权的《茶谱》到田艺蘅的《煮泉小品》，从冯时可的《茶录》到俞政的《茶集》，无不以完备的理论体系而名世。例如田艺蘅的《煮茶小品》，前有引言，叙述其写作缘起，并列"品目"，凡10节，目录清晰；后有跋语，正文分论源泉、石流、清寒、甘香、宜茶、灵水、异泉、江水、井水、叙谈等，结构严密，条理清晰，构成煮茶泉水论的一个完整体系。龙膺的《蒙史》，以《泉品述》和《茶品述》构成，分论泉品和茶品，涵盖极为广阔。明代茶论并且注重品茶要领的理性规范化，如钱椿年《茶谱》提出"煎

中华茶美学

274

茶四要"（一择水，二洗茶，三候汤，四择品）与"点茶三要"（一涤器，二熁盏，三择果）之说，且一一加以论述，对茶艺的总结，充满着一种超乎前人的理性思考与文化分析。较之于宋代茶论，明人对茶的社会文化价值与审美鉴赏功能的认识更加深刻。

其三，注重茶人的人格之美。

茶品宜真，人品宜真。以茶喻君子，以茶墨俱香比喻贤人君子，早在宋代茶诗茶文中见之，而明代茶论第一次将"人品"写入茶论。屠隆《考槃余事》论茶，其中有"人品"一则，云："茶之为饮，最宜精行修德之人，兼以白石清泉，烹煮如法。不时废而或兴，能熟习而深味，神融心醉，觉与醍醐甘露抗衡，斯善赏鉴者矣。使佳茗而饮非其人，犹汲泉以灌蒿莱，罪莫大焉。有其人而未识其趣，一汲而尽，不暇辨味，俗莫甚焉。"作者对武则天之恶茶、李德裕之水递、陆羽之以铁索缚奴等缺德无行，均予以鞭笞。徐渭《煎茶七类》，则以"人品"为首，谓："煎茶虽微清小雅，然要须其人与茶品相得。故其法每传于高流大隐、云霞泉石之辈，鱼虾麋鹿之俦。"俞政辑录《茶集》2卷，卷一收录宋人苏轼的《叶嘉传》、元人杨维桢的《清苦先生传》、明人徐爌的《茶居士传》与支中夫的《味苦居士传》，皆以茶喻君子，"叶嘉""清苦先生""茶居士""味苦居士"之誉，赋予茶以高雅名号，表明茶人对茶的人格之美的无限景仰之情。

其四，注重茶论的语言之美。

明人茶论善于对茶文化作语义学分析，是审美语言学在论茶品茶方面的具体运用。诸如田艺蘅《煮泉小品》，以小品文的艺术手法写作茶论著作，文辞优美，妙语连珠，平易流畅，

不啻是明代小品文的佳作。其论"源泉"之美者，则从字源学角度入手，注重"源""水""泉"三字的构建形态之美，云：

"积阴之气为水，水本曰源，源曰泉。水，本作川象，众水并流，中有微阳之气也，省作水。源，本作原，亦作厵，从泉出厂下；厂，山岩之可居者，省作原，今作源。泉，本作𣳸象，水流出成川形也。知三字之义，而泉之品思过半矣。"其论水的"甘香"之美，则从语义学角度入手，注重甘香的味觉嗅觉之美，云："甘，美也；香，芳也。"《尚书》："稼穑作甘黍。"甘为香，黍惟甘香，故能养人。泉惟甘香，故亦能养人。然甘易而香难，未有香而不甘者也。味美者曰甘泉，气芳者曰香泉，所在间有之。其论"灵水"者，则从自然与哲学角度入手，注重其天地自然之美，云：

灵，神也。天一生水，而精明不淆。古怪上天自降之泽，实灵水也。古称上池之水者，非与要之，皆仙水也。

露者，阳气胜而所散也。色浓为甘露，凝如脂，美如饴。一名膏露，一名天酒。《十洲记》："黄帝宝露。"《洞溟记》："五色露"，皆灵露也。庄子曰："姑射山神人，不食五谷，吸风饮露。"《山海经》："仙丘绛露，仙人常饮之。"《博物志》："沃渚之野，民饮甘露。"《拾遗记》："含明之国，承露而饮。"《神异经》："西北海外，人长二千里，日饮天酒五斗。"《楚辞》："朝饮木兰之坠露。"是露可饮也。

雪者，天地之积寒也。《氾胜书》："雪为五谷之精。"《拾遗记》："穆王东至大峨之谷，西王母来进嵊州甜雪。"是灵雪也。陶谷取雪水烹团茶，而丁谓《煎茶》诗："痛

惜藏书箧，坚留待雪天。"李虚己《建茶呈学士》诗："试将梁园雪，煎动建溪春。"是雪尤宜茶饮也。处士列诸末品，何邪？意者以其味之燥乎？若言太冷，则不然矣。

雨者，阴阳之和，天地之施。水从云下，辅时生养者也。和风顺雨，明云甘雨。《拾遗记》："香云遍润，则成香雨。"皆灵雨也，固可食。若夫龙所行者，暴而霪者，旱而冻者，腥而墨者，及檐溜者，皆不可食。

文子曰：水之道，上天为雨露，下地为江河，均一水也。故特表灵品。

这是茶论，是论灵水，更是一篇优美的水品散文，文笔灵动，诗心涓涓，如行云流水，如诗歌神韵，给人以无限的美感。这种茶论，在明代茶学著作中并不少见，诸如徐献忠的《水品》、龙膺的《蒙史》、张源的《茶录》等，代表着中国茶学的最高审美境界，是茶美学与审美语言学的妙合无垠，在唐宋茶学论著中则并不多见，唯有苏轼《叶嘉传》等几篇茶文可以媲美。

第五节　清代茶论

清代茶学论著并不多，为明代茶论之余绪，是中国茶论著述的衰落期。

主要茶论著作有：冒襄《岕茶汇钞》1卷，汪灏《茶谱》4卷，陆廷灿的《续茶经》3卷，陈鉴的《虎丘茶经注补》1卷，鲍承荫的《茶马政要》7卷，刘源长的《茶史》2卷，余怀的《茶史补》1卷，蔡方炳的《历代茶榷志》1卷，张英、王士祯《茶》1卷，陈元龙《茶》1卷，赵尔巽《茶法》一卷。

一个奇怪的茶学现象是，清代的茶学论著大多出现在清初，多数承袭明代茶论余绪而作，而后两百余年很少有颇具影响的茶学力作，即使出现过不少茶文，与繁荣兴盛的明代茶学论著相比，却显得相形见绌。

清代茶论的文化特征：

一、承继性

清代茶论，其内容与方法基本上承袭前代茶论（如陆羽《茶经》与明代茶论），试图对前贤茶论予以总结。如刘源长《茶史》、汪灏《茶谱》、陆廷灿《续茶经》等，大多从各个方面广泛引用前贤茶论见解，罗列堆砌各代各家茶学资料，汇集而成书册，而自身却无多发明，不啻是历代茶论的汇编集成者。其中汪灏《茶谱》收录于《广群芳谱》，其一辑录历代茶论，其二、三、四均为"集藻"即集录历代茶文、茶赋、茶诗及其散句散论，是历代茶诗的最早选集本。陆廷灿《续茶经》承陆羽《茶经》余绪，又多采录唐、宋、元、明、清初等历代茶论为之补阙，故题曰"续"。如其卷上之一论"茶之源"者，从许慎《说文》到清代各类著作之论茶源者，凡91种之多，一一列举其语，分时代先后次序，排列有序，其他卷数亦然，如同茶学类书，实为辑录之作。

二、资料性

　　总结千年茶史，是清代茶论得天独厚之处。故清人特别注重对历代茶学论著的整理与研究。这种整理研究主要表现在两个方面：一是中国茶叶与饮茶历史发展线索的梳理与研究，出现了中国第一部以"茶史"名篇的著作，即刘源长的《茶史》2卷。前有张廷玉等人的三篇序言，称其"因《茶经》而广之为《茶史》"者。其编目为：第一卷依次为"茶之原始""茶之名产""茶之分产""茶之近品""陆鸿渐品茶之出""唐宋诸名家品茶""袁宏道《龙井记》""采茶""焙茶""藏茶""制茶"；第二卷依次为"品水""名泉""古今名家品水""欧阳修《大明水记》""欧阳修《浮槎水记》""叶清臣《述煮茶泉品》""贮水""汤候""苏廙《十六汤》""茶具""茶事""茶之隽赏"、"茶之辩论""茶之高致""茶癖""茶效""古今名家茶咏""杂录""志地"。以其所述内容而言，并不是一部真正意义上的中国茶史著作，却是中国茶史研究的资料汇编。

三、研究性

清人注重茶学研究，得出许多与前贤不同的结论。一是四库全书馆将历代茶学著作列入《四库全书总目提要》者，有陆羽《茶经》、蔡襄《茶录》等18部，是首次以提要形式研究茶学者，所述提要写得颇为精确。二是乾隆皇帝推崇玉泉水。自唐以来，茶圣陆羽以庐山谷帘泉为天下第一泉，惠山泉第二；刘伯刍以扬子江南泠水为第一，惠山泉第二；茶人皆以此为准，几成历史定论。清乾隆皇帝认为"水以最轻为佳"，并特制银斗以较之，得出结果："京师玉泉之水，斗重一两；塞上伊逊之水，亦斗重一两；济南珍珠泉，斗重一两二厘；扬子金山泉，斗重一两三厘，则较玉泉重二厘或三厘矣。"乾隆皇帝遂御撰《玉泉山天下第一泉记》一文，正式提出烹茶的泉水应该以"玉泉为天下第一，则金山为第二，惠山为第三"的论断。其《汲惠泉烹竹炉歌五叠旧作韵》诗有句云：

> 陆羽品泉今古闻，山下出者次第分。
>
> 金山第一此第二，未知玉泉迥出群。
>
> 以是推之当历逊，辞仲为叔居后尘。

以银斗衡水，以数据为准，对各家水质给予科学性的量化，用以评判其优次，重新排列水质名次。这可谓是乾隆的一大发现，也是对中国茶文化的一个贡献。然后水质之别，同样反映出人们品茶时不同的生活情趣与审美理想。乾隆皇帝"以玉泉为天下第一"的结论且勒石于京师玉泉山，乃是一种封建帝王意志的表现，一种不同于常人的品茶意识和审美情趣的反映。

四、茶叶流通贸易的开放性

虽然清代几部茶学著作仍然是传统型的，积淀着中国茶文化的千年历史烟云，但随着茶叶国际贸易竞争的日趋激烈，清王朝与清代茶论也将其商业文化视野投向了国际茶业界，朝廷官员关于中国茶叶贸易的所论所述，已经相当注重茶叶流通贸易的国际市场，具有一种前所未有的开放性。钟琦在《皇朝琐屑录》中记载：中国茶以俄罗斯所销为最，荷兰次之（定例荷兰贩茶在澳门），藏卫又次之（藏卫贩茶在打箭炉，光绪甲午，遣人至峨洪夹犍等处收买，不论苦涩粗恶。因该处食青稞，其性热滞，非茶不能涤也）。道光十年，俄罗斯在北徼（jiào，边界）喀尔喀地界，买中国黑茶五十六万四百四十棒（洋银为五元为一棒）；道光十二年，在恰克图买黑茶至六百四十六万一千棒之多，见《澳门日报》。又俄罗斯只准陆路带茶，谓历风霜，其味反佳，若海运，恐其蒸湿霉醭。见《俄罗斯总记》。同治间统计，欧洲各国买茶，岁入银三千五百万有奇。今意大利、法兰西、英吉利各地种茶，且繁茂。自光绪以来，买茶仅入银一千三百万有奇，见《盛世危言》。

中国茶叶危机四伏，陈炽的《振兴商务条陈》，以一种茶务由盛而衰的危机感，论述中国茶叶在国际贸易中缺乏竞争力的原因：一则印度、日本之仿种太多；二则中国皆散商，洋商之抑勒太甚；三则山户与商人互相嫉妒，动辄抬价居奇。他进而提出中国茶叶走出困境的四法：一曰参用机器制茶，二曰准设小轮运茶，三曰创立公栈卖茶，四曰暂减茶叶捐厘。他认为："此四者如能本末并举，则华茶销路必年广一年。"清代的茶叶出口贸易，是关国计民生的大事，引起当时朝野上下有识之士的倍加关注。邵之棠不愧是茶叶贸易专家，他的《论茶务》，从中国茶叶出口现状与西洋茶商论中国茶务的独特视野出发，

而论中国茶务，力求整顿茶市与茶务，是一篇中国茶叶贸易的指导性文件，至今仍有一定的现实意义。他在《振兴茶业刍言》一文中指出："夫茶不外色香味三字，三字中有无限层次，良楛由此分，贵贱由此判。今欲化楛为良，易贱为贵，则必改弦更张，将造茶之法，极力讲求，尽除从前积弊，而后可以致利。"他认为积弊有四：一是采摘之弊，二是拣筛之弊，三是堆焙之弊，四是装箱之弊。他认为：今欲整顿茶业，必须去此四弊。延请精于识茶者，慎采办以固其本；如法制造，认真拣筛，以清其源；或办新式机器，或置新式茶炉，定造厚密之箱筒，以保其长久；于是茶纯而工本轻。盖工本之损耗，大半由于糟蹋靡费。——精求，工本反省，而茶则全美，声名既著，余利自厚矣。万物各有其宜，中国之茶，乃造化自然之利。洋人欲以人力夺天工，于外洋多种茶树，以夺中国之利，土地非宜，究属勉强，终不若中国茶味之厚且纯。只以中国制造未精，遂存蔑视之意。今果能极意整顿，各自奋勉，则公道自在人心。方且重价争购，先期预订，何患销场之不广、茶业之不盛、大利之不返乎？

这种茶论之见，精妙绝伦，真可谓前无古人，于古于今，都是一面镜子。他另有《论茶市》《茶市》《论中国整顿茶务》《论整顿茶市》《论保全茶业》等，皆是一篇篇关于中国茶业的诛心之论，字里行间洋溢着放眼世界、开放与振兴中国茶业的赤子热情。这种开放性的论茶视野，在历代茶论中是相当少见的。

中华茶美学

第六节　现代茶学

"五四"运动以后，随着中国社会形态的转移，中国茶论进入空前繁荣的历史时期，其基本特征是：

第一，茶叶科学文化的高度发展，古代茶论上升为新的茶学，使茶学成为一门崭新的学科。学科者，学术门类之谓也。古代的茶论著作，是中国茶叶的历史积淀，而茶学现代化的主要标志则是成为一门传统的独立于农学的新兴学科。总体而言，中国茶学涵盖了茶叶科技、中国茶文化与茶叶产业三大领域。

第二，农林院校茶学专业与茶叶研究所的开创，成为中国茶业人才培养的教学科研基地，加速了现代茶学的科学化进程。吴觉农是现代茶业的开创者，被茶学界誉为"当代茶圣"。浙江与湖南是全国最早创办茶叶学校与茶叶研究机构的两个省份。民国元年（1912）安化县成立茶叶总工会（后改为茶叶公所）；1915 年成立湖南省茶叶学校（后改为湖南茶叶研究所）；1937年 5 月 6 日，中国茶叶公司在南京成立，总经理寿景伟随即来到湖南安化，成立中茶安化支公司，并将酉州的华安、晋安、大中华等私营茶厂合并，成立湖南省安化茶厂。1938 年湖南私立修业高级农业职业学校设置茶科。新中国成立之后，全国农

林院校，如浙江农学院、安徽农学院以及1953年湖南大学农业学院调整而为湖南农学院，分别设立茶学专业。1958年湖南农业大学茶学系开始招收茶学专业本科生，培养茶学专业人才，改革开放以后，又与安徽农大、浙江农大成为全国三个茶学博士点。

第三，中国现代茶学著述的资源化与系统化。其主要著作包括四种类型：

一是茶书集成之述。万国鼎编撰的《茶书总目提要》（1958）著录中国历代茶书98部，日本布目朝沨编著的《中国茶书全集解说》（1987）解说中国茶书48部，陈宗懋主编的《中国茶经》（1992），余悦、周志刚编撰的《中国古今茶书简目》（1999）收录中国从唐代到新时期的茶书582种，是中国古今茶书的集大成者。其中：

时 期	唐五代	宋元	明代	清代	现代	当代	合计
茶书数	10	26	58	11	10	467	582

这个数字还只统计到1999年，此后的十年，中国茶学、茶文化著述更为丰富多彩，成果累累，具有开创意义的，有蔡镇楚、曹文成、陈晓阳的《茶祖神农》、蔡正安、唐和平主编的《湖南黑茶》等。

二是茶学专业教材，诸如黑茶之父彭先泽的《安化黑茶》（1940），王云飞的《茶作学》（1942），陈椽的《茶叶制造学》（1949），庄晚芳的《中国的茶叶》（1950）《茶树生物学》（1957），陆松侯、施兆鹏主编的《茶叶审评与检验》（2001）等。其他专业教材，大多采用各专业课程的自编教材，其基本特征是科学性与实用性的结合。

三是茶学与茶文化著述，诸如许明华等的《中国茶艺》（台湾 1983），黄墩岩的《中国茶道》（台湾 1983），丁文的《中国茶道》（1994），陈香白的《中国茶文化》（1998），林治的《中国茶道》（2000）《中国茶艺》（2000）《中国茶情》（2001）《亮剑普洱》（2007），刘枫的《茶为国饮》（2005），蔡镇楚、施兆鹏的《中国名家茶诗》（2003），蔡镇楚的《中国品茶诗话》（2004），蔡镇楚、曹文成、陈晓阳的《茶祖神农》（2007），蔡正安、唐和平主编的《湖南黑茶》（2006），曹文成主编、蔡镇楚、包小村任执行主编的《魅力湘茶》（2007），伍湘安编著《安化黑茶》（2008）。其中《茶祖神农》，是中华茶祖神农文化的奠基之作，具有划时代意义。

四是大型茶学与茶文化词典，诸如吴觉农主编《中国地方志茶叶历史资料选辑》、朱世英主编的《中国茶文化辞典》（1992），中国茶叶总公司《中国茶叶五千年》（2001）、余悦主编《中国茶文化大观》、陈彬藩主编《中国茶文化经典》（1999）、徐海荣主编《中国茶事大典》（2000）、陈宗懋主编《中国茶叶大辞典》（2000）、朱先明主编的《湖南茶叶大观》（2000）等。这些辞书，属于茶学与中国茶文化的大型工具书，具有集大成性。

第四，必须加强现代茶学建设。

现代茶学，属于多学科的复合型交叉学科，涉及地理学、植物学、土壤学、气候学、栽培学、环境美学、神话学、史学、文化学、民俗学、儒学、道学、佛学、茶美学、艺术学、食品学、生物学、生物化学、商品学、鉴赏美学、工艺美学、市场学、文学、机械学、实验分析、医药学、营养学、生命科学、旅游经济学等，几乎涵盖了自然科学和人文科学两大学科领域。以此而论，

现代茶学尚存在的几个严重的不足之处，亟待教育部门和茶学专业院校实施新的改革：

其一，只注重茶叶科学技术的研究，而不注重茶学理论体系的构建。当今流行的茶学著作，既缺乏茶学理论的提炼，又缺乏理论体系的创建，尚处于经验型的状态，未能上升到科学理论的学科高度。

其二，茶叶科学人才建设，只注重科学技术人才，而不注重中国茶文化和茶美学研究人才的培养，以致文化型、技术型、实用型人才较多，而理论研究人才相当匮乏。江西陈文华与余悦早就倡言建立"中国茶文化学"，是功底深厚的茶文化专家，他的《中国茶文化流通简史》《茶文化论》以及主编的《中国茶文化大观》与副主编的《中国茶文化经典》等，都是中国茶文化研究的集成之作。像余悦这样的茶文化专家，得益于古典文学修养，限于学科本身的差异，茶学界是难以培养的，唯有广泛吸收文人的参与，中国茶学才会焕发出勃勃生机。

其三，茶学专业，本来是文化内涵深邃的学科，覆盖了茶科技与传统文化两大领域。当今之茶学专业，仍然锢禁在传统的农业之中，以农学为本，并未涵括茶叶科技与茶文化两大领域，与博大精深的中国茶文化很不相称。可喜者是新世纪以来，各大农林院校正在加强茶学专业的人才建设、教材建设与师资队伍建设，全面落实国家元首关于"三茶统筹"的指示精神，以茶文化为引领，以茶科技为支撑，以乡村振兴为目标，推动国家"一带一路"建设，助力实现中华民族伟大复兴中国梦，茶运中华，茶和天下。

第九章

茶史：茶美学的历程

　　中华茶文化的博大精深，具有五千年以上的悠久历史。大致经历了三个重大发展阶段：一是茶祖神农，二是茶圣陆羽，三是现代茶人。唐宋以降的茶人，与茶同行、品茶论道而续其弦，儒道释三教合流而明其志、增其色、壮其势，成就了中华茶美学史的一座座丰碑。

　　古往今来，人类历史上的许多争议、争夺与战争，大多因饮食之需而发生，因争夺生存与发展空间之需而发生。鼎中茶，杯底月，中华茶文化，中华茶美学，内涵丰富，博大精深，是中华民族儒道释三大主流文化的重要载体和传播媒介之一。

第一节　先秦两汉：茶美学滥觞与文化奠基

从远古到先秦两汉时期，是中国茶叶和中华茶文化发展史上的萌芽与奠基时期，星星点点，熠熠生辉。我们称之为"茶祖神农"阶段，是中华茶美学乃至世界茶美学的滥觞。其主要标志有四点：

第一，中华茶文化与茶美学，渊源于"神农尝百草"的远古神话传说。中国远古神话，是中华民族历史文化的长河之源，炎黄神话乃是中华茶文化的巍巍昆仑上的皑皑白雪。大汉帝国的创立，改变了中国先秦时代诸侯纷争的社会格局，"罢黜百家，独尊儒术"的国家文化战略，使汉朝儒生肩负着"神化孔子、神化天子"的神圣职责。于是，汉代兴起的今文经学和谶纬之学大行其道，儒生掀起的"皇权神授"的造神运动，则以远古帝王神话传说，特别是《吕氏春秋》《淮南子》《山海经》《白虎通义》等关于"三皇五帝"的神话原型之全力塑造和神农尝百草而发现茶的神话故事，为中国茶叶的远古发现和中华茶文化的起源提供了文化人类学的最早依据。可以说，远古时期，"神农尝百草"的神话传说，开启了中国先民发现茶和饮用茶的悠

久历史。茶之起源与神话传说相关，这是汉儒对中华茶文化的一个重大贡献。

第二，先秦诸子百家的学说，既是中国学术文化思想智慧元典，又为中华茶文化的美学概念、范畴乃至理论体系的确立奠定了学理基础。合抱之木，生于毫末；九层之台，起于垒土。先秦诸子百家的学术文化思想，特别是道家学派崇尚道法自然，注重淡泊明志与《周易》的生命哲学、阳刚阴柔之美；儒家崇尚仁义礼智信，注重仁学与国计民生；农家崇尚农耕，注重农耕文明而塑造的农业之神——炎帝神农氏，为中国茶业的可持续发展与中华茶道的构建乃至茶文化的繁荣发展，奠定了深厚的农业根基，加之东汉张道陵依据黄老之学而创立的本土宗教"道教"，为中华民族传统文化（包括茶文化）铸造了"天人合一"的基本精神与文化灵魂。这就是至今的茶科学，为何归属于"农学"学科范畴的学理基础。没有自然生态文明与农耕文明，没有农业之神，没有先秦诸子创立"天人合一"的哲学基础，岂有当今之世的茶学与茶道哲学？所以，我们认为先秦诸子百家，既是中华民族传统文化的开山之祖，也是博大精深的中华茶文化的长河之源与思想基础。

第三，先秦文献典籍略微对茶叶有所记载，但并不详尽，说明此时的茶尚未普遍作为饮食之物。茶之为饮，主要起源在于民间，上流社会主要用于祭祀、敬神、祭祖。陆羽《茶经》记载："茶之为饮，发乎神农氏，闻于鲁周公。齐有晏婴，汉有扬雄、司马相如，吴有韦曜，晋有刘琨、张载、陆纳、谢安、左思之徒，皆饮焉。"陆羽的记述，大致概括了先秦汉魏六朝

时期的中国先人饮茶简况。然而民间茶，也开始进入流通市场，西汉王褒的《僮约》有"烹茶尽具""武阳买茶"的记载。茶的名称大多散见于《尚书》《诗经》《尔雅》《广雅》《晏子春秋》等先秦文献和地方志，而且名称并不统一，因方言而有"槚""荈""茗""蔎""蔎""葭"等，唯有西汉王褒《僮约》出现两个"茶"字，以致前人在六经中看不到一个"茶"字，经学注释家们都误以为"六经无茶字"。

第四，贡茶是茶美学的物质载体，中国贡茶最早出现在禹贡时代。清道光年间，安化籍两江总督陶澍以通假字考证法，在《印心石屋试安化茶成诗四首》中提出中国贡茶最早出自《尚书·禹贡》之说，认为荆州南的三邦衡阳出产茶叶，说："包匦旅菁茅，厥贡名即茗"，厥同"蕨"，名同"茗"，茶叶的异称。匦（gui）：即杨梅。是说三邦进贡的蕨菜、茶叶、水果。1992年湖南省茶叶研究所的王威廉先生发表《禹贡"贡厥名"的探讨——略论茶事起源和传播》一文，则从秦汉茗茶、名即茗的语言学分析、名即茗的词义分析、禹荆州茶事溯源、禹荆州茗茶追流等几个方面，首次论证了陶澍所提出的"贡厥名即茗"之说，认为中国茶事起源地应在荆州的今鄂西、川东、湘西、衡阳一带。陶澍这个"厥贡名即茗"的新发现，王威廉的考证可谓石破天惊，乃是改写了中国贡茶的历史。

第五，秦汉时期，中国大西南民间出现的是秦汉擂茶，以茶叶、生姜、花生、芝麻等磨制而成，冲开水而食，可饮可食，散寒祛病，强身健体。这是中国最古老的茶饮食，流传至今，是中国茶与茶俗、茶美学的活化石，叫作"秦汉擂茶"。1972

年长沙马王堆出土的西汉古墓，有一幅《敬茶仕女图》绢帛绘画；1、3号汉墓出土文物中有茶叶与茶具，还有竹简与木牌，竹简上有汉隶"檟一笥"。据湖南省博物馆周世荣《关于长沙马王堆汉墓中简文——檟（檟）的考订》（1979）考证，"檟"为"檟"的异体字或楚文字，"檟"，茶之异名，即苦茶，茶味清苦。所谓"檟一笥"，就是"苦茶一箱"；所谓"檟笥"，即"苦茶箱"，就是茶叶盒。2016年5月6日，吉尼斯世界纪录认证仪式在北京举行，最终确认陕西考古研究院于汉景帝"汉阳陵"出土的茶叶碳化物，乃是迄今为止世界上"最古老的茶叶"。

第六，是西汉时代，中国茶文化史出现三大历史事件，证明茶叶在西汉的地位已经形成：一是西汉武帝元朔二年（公元前124），长沙王刘欣在炎帝神农氏崩葬之长沙茶山之尾修建"荼王城"，元封五年（前106）正式建县名"荼陵县"，这是中国唯一以茶命名的行政区县，炎帝神农氏为中华茶祖的历史地位，开始以国家行政区域命名形式得以确立，这是一个文化符号，一种国家意志，茶美学的地域标志；二是据四川《名山县志》和《雅安府志》记载，西汉甘露年间，邑人吴理真在蒙顶山的上清峰移栽七棵茶树获得成功，高不盈尺，不生不灭，能治百病，被封为仙茶，吴理真移栽茶树成功，在中国茶叶史上实现了茶树由野生到人工种植的历史跨越；三是王褒《僮约》记载的武阳茶市与便了买茶的事实，证明四川成都的武阳茶叶市场已经初具规模。

第七，汉武帝时代，张骞通西域，而后是班超；陆上古丝绸茶路的开辟，为中国茶业与中华茶文明或茶美学的传播搭建了千古平台。到东汉永平年间，汉明帝随即派遣蔡愔、秦景、王遵等十八人前往天竺寻访佛法；三年后蔡愔等归国时，即邀请中天竺僧人摄摩腾、竺法兰及其所得佛像和《四十二章经》，以白马驮来洛阳，明帝修建白马寺以居，请天竺僧人翻译出中国第一部印度佛经《四十二章经》。陆上古丝绸茶路的开辟与印度佛教的传播，既加速了中国丝绸、陶瓷与茶叶的对外交流，又促进了儒家、道家学派与佛教，特别是禅宗文化的融合，为中华茶文明与茶美学的构建，确立了儒道释三教合一的文化构架。

第二节　魏晋六朝：茶美学积淀与文化培育

魏晋六朝，是中国茶业逐渐兴起、中华茶文化由徘徊低迷到文人参与的萌发时期。魏蜀吴三国纷争，儒道释三家论剑，南北朝民不聊生，中国茶叶身处百年乱世，只能在战争烽烟与武将权贵醉酒的世俗夹缝之中生存发展。

魏晋文人，是天上的酒星，地上的酒泉；魏晋风度，建安风骨，竹林七贤，都是酒的渊薮。那么茶呢？此时的中国茶文化与茶美学，在儒道释三家不断融合之中积蓄，还在成长发育，主要特点是：

其一则是民间制茶、卖茶，茶市始作；上流社会、佛教寺院和道观开始饮茶，设立寺庙茶寮和道场茶肆，且用于接待文人香客。

其二是三国时期，蜀汉丞相诸葛亮，南征云贵，七擒孟获，开发大西南，教民种茶制茶，以茶治病疗伤，对云贵茶业的崛起，功垂千秋，被西南边民奉为当地茶祖，祭祀至今。

其三则是茶能醒人，被魏晋茶人奉为"不夜侯"；茶尚清雅淡泊的物质文化属性，逐渐被魏晋茶人认识；精行俭德的仕宦们，开始提倡以茶养廉，培育俭德家风与世风。孙皓"以茶

代酒”，东晋大将军桓温为扬州牧，提倡节俭，每有宴请，酒不过七樽，则以茶果替代之。陆纳任吴兴太守，“以茶养廉”，接待卫将军谢安时，其侄儿陆俶出于礼节，背着叔叔陆纳，私自准备一席酒菜佳肴，热情款待卫将军。陆纳强忍着奉陪将军，待酒醉饭饱的谢安走后，陆纳以玷污我陆纳清廉之风、败坏陆门家风之罪，命令卫士杖责侄儿四十大板。陆纳从严整肃家风、官风，以儆奢靡腐败之习，成为中国茶史上的茶事佳话，开创了一代社会新风尚。

其四则文人骚客开始进入茶界，以诗赋文辞咏叹茶事，杜育的《荈赋》、鲍令辉的《香茗赋》以及左思之诗以涉茶，都预示着中国各种文体将进入茶文化领域，成为中华茶文化与茶美学的主要载体和传播媒介。

其五是道教奉茶，道士种茶，道教信徒的茶事活动，有力地促进了中华茶业与茶文化乃至道家茶美学的发展。葛玄，字孝先，自幼好学，博览五经，好黄老之学，十几岁就名震江左，后绝意仕途，归隐山林，入天台山修炼，师从左元放，研学《白虎七变经》《太清九鼎金液丹经》《三元真一妙经》等道教经典，而后遨游于括苍、南岳、罗浮等名山。三国纷争时期，他以《上清》《灵宝》等真经授徒讲学，治病救人，羽化登仙，成为道教灵宝派之祖师，被尊为“葛天师”“葛仙翁”。葛玄精通茶事，曾亲自带领教徒种茶制茶。东晋道士葛洪，号抱朴子，是葛玄的从孙，潜心修道炼丹，著述《抱朴子》《神仙传》等，是著名的道教理论家、炼丹术家和医学家。他注重老庄养生术，种茶饮茶，将茶境与神仙道化融为一体，构建茶道的人生仙境。《抱朴子》记载：“盖竹山（即天台山）有仙翁茶圃，

中华茶美学

旧传葛玄植茗于此。"据《嘉定赤城志》记载,天台山尚存"葛仙茗园"。元代诗人萨都剌《题葛洪》诗云:"千年瑞气生瑶杆,施半天风响吟环。"据近代茶学家晚庄芳推论:茶叶蒸熟、研末,掺入有关药料的矿物质和草药,从而炼成丹砂。浙江杭州、台州地区种茶,应该始于道士葛玄。

其六是佛教在中国的传播,寺院林立,僧侣云集,翻译佛经。特别是南天竺达摩于南朝刘宋年间,自印度航海至广州,北上金陵,遭梁武帝冷遇后,不得已以一根芦苇为舟,渡江西去,到达河南嵩山,居少林寺,面壁十年,创立禅宗,被尊为禅门初祖,导致印度佛教的中国化。佛教禅宗与禅宗美学的兴盛,对中国茶业与茶文化的繁荣之影响太深远了。杜牧诗云:"南朝四百八十寺,多少楼台烟雨中。"佛教寺院,设立的茶寮,既能解决僧徒念经打坐的睡意困扰,又吸引大批文人骚客前来抄经喝茶。南岳的马祖开创农禅,以农养禅,以茶参禅,成为推动茶禅文化蓬勃发展的一支巨大力量。至于唐宋,禅宗美学与中国诗文化、茶文化的融合,逐渐形成唐宋诗学领域中的"诗禅论"与"茶禅论"两大著名学说。茶寮遍地,诗僧辈出,禅门云水,以茶为媒,以禅为心,以诗为果,茶修禅修,茶诗禅诗,中国文人骚客与茶禅结下不解之缘。故元人王旭《题三教品茗图》诗云:"异端千载益纵横,半是文人羽翼成。方丈茶香真饵物,钓来何止一书生?"茶与禅宗结缘,极大地影响着中国文化,并成为中国茶文化与茶美学得以繁荣发展的重要载体与传播媒介。

第三节　唐五代宋辽金：茶文化与美学生成

唐宋辽金时期,随着中国茶业的蓬勃发展,佛教禅宗的崛起,文人与寺院禅师的品茶论道,对外经济文化交流的加强,中国茶业与中华茶文化进入了空前繁荣的发展阶段。我们称之为"茶圣陆羽"阶段。这是中华茶美学的空前发展与成熟阶段,其主要标志是:

第一,陆羽《茶经》的问世。中国乃至世界上第一本茶学专著《茶经》,以茶文化与茶美学经典横空出世,是中华茶学、茶美学与茶文化赖以成熟的主要标志。《茶经》首次历数茶叶历史、茶叶产地、茶叶工艺和茶事典故,把饮茶当成一种艺术过程来欣赏,将儒、道、佛诸家精华及诗人气质同艺术思想渗透其中,奠定了中国茶文化的理论基础,陆羽因此被后人尊为"茶圣"。

第二,儒道释,三教合一,儒家美学、道家美学、禅宗美学及茶道哲学的创立。这是在中华茶文化与茶美学史上具有里程碑意义的重大事件。中华茶道之"道",源于道家自然无为之道、儒家仁义道德之道、释家空寂涅槃之道。盛世兴茶,隋朝统一中国,结束了南北朝长期分裂的政治局面。李唐王朝建立在隋朝大统一的基础之上，以道教为国教，以道家始祖老子李耳为玄元皇帝，将儒道释三教合一，武则天又建立了"三教馆"，组织编辑大型丛书《三教珠英》，道教被推到至高无上的地位，为唐朝僧人皎然与封演先后从茶与宗教关系角度赋诗作文首倡"茶道"提供了哲学依据，为中华茶道的正式创立打下来了坚实的文化哲学基础。

第三，茶文化与茶美学的重要载体得以完备。随着茶产业的发展和饮茶之风的盛行，随着茶马易市的茶马古道和古丝绸茶路、海上丝绸茶路的国内外贸易，文人骚客以茶会友，品茶论道，茶社、茶肆、茶楼、茶席、茶会、茶百戏、斗茶之风盛行；"雅士品茶，俗人饮酒"，品茶成为文人墨客的一种高雅的生活方式和审美情趣；中国茶文化与茶美学如异军突起，无孔不入地涌进宫廷、寺院、道观、茶肆、酒馆、瓦舍勾栏、青楼楚馆……进入中国古典文学的创作领域，茶诗、茶词、茶文、茶赋、茶画、茶曲、茶论、茶书法、涉茶小说戏剧，诗美学、生活美学、艺术美学，得以众彩纷呈，层出不穷，特别是宋徽宗的《大观茶论》、蔡襄的《茶录》与苏轼的《叶嘉传》等，都成为博大精深的中华茶文化与茶美学的主要载体和传播媒介。

第四，茶马互市，茶叶成为国家战略物资。随着中唐榷茶与宋代贡茶制度的完善，茶产业与茶文化空前繁荣。中唐与晚唐五代两宋开始实施的榷茶法和宋代盛行的龙团贡茶与"以茶易马"的官茶制度，为唐宋茶产业之发展和茶文化之繁荣，提供了前所未有的法律制度保证，国家增加茶叶税收，茶产业与茶文化相结合，有力推动了历史贡茶的产业化和艺术化，茶市、茶肆、茶楼崛起，斗茶之风盛行，茶文、茶论著、

茶诗词、茶曲赋、茶书画、茶戏剧、茶艺表演，蔚然成风。特别是丁谓和蔡襄在福建武夷山精心制作的龙凤团茶，以中国祥瑞文化为其标记，将茶产业、茶文化、茶包装、茶品牌融为一体，成为中国茶史上空前绝后的顶级茶叶品牌和茶文化杰作。欧阳修在《归田录》中感其精美绝伦，价压黄金，赞叹道："金可有而茶不可有"。

童嬉图（河北宣化辽墓壁画）

第五，隋唐佛学之兴，促进了佛教的中国化。而佛教禅宗的崛起，禅宗的无字禅演变而成文字禅，茶、诗、禅三结合，成就了中国学术文化史上两大学说——"茶禅论"和"诗禅论"，为茶与禅、茶与诗的结合，为茶美学的兴旺提供了绝世机缘。诗禅论，即以禅喻诗，肇始于中晚唐，而盛行于南北宋之际，认为"作诗浑似学参禅"，到南宋著名诗论家严羽撰《沧浪诗话》之时而得以成立，严羽认为："禅道唯在妙悟，诗道亦在妙悟""唯悟乃为当行，乃为本色""如空中之音，相中之色，水中之月，镜中之像，言有尽而意无穷"。茶禅论，即以茶参禅，品茶悟道，以"茶禅一味"为四字真诀，肇始于中晚唐五代，而成于北宋时期在湖南夹山寺讲法的圆悟克勤禅师所撰写的《碧岩录》，该书被尊为"宗门第一书"，还有惠洪的《石门文字禅》，属于文字禅，与禅宗六祖以前的无字禅不同。

第六，国势的强大、文化的繁荣、社会的进步，吸引了大批外国留学僧人来唐留学深造，他们与外交使节一起，攻读、抄写中国文献典籍，学习茶道茶艺，收集文献资料，归国时，带回中国茶种与制茶技术，成为中国茶文化的继承者与传播者，日本留学僧人遍照金刚编纂的《文镜秘府论》保留了大量中国古籍资料；宋金时期，日韩各国使臣与僧侣来华学习，特别是日僧荣西来宋金参禅品茶，将中国茶种、茶树移栽至日本奈良，开辟茶园，在日本的茶树移栽成功与茶道艺术，开创了中国茶传播东亚各国之先河。

第七，茶商军是中国茶农、茶商为维护自身利益而自发组建的一支民间贩茶军队，是中国茶文化史上的一大创举。茶商军之名，最早出自《宋史·郑清之传》："湖北茶商，群聚暴横，（郑）清之对总领何炳说：'此辈精悍，宜籍为兵，缓急可用。'（何）炳亟下招募之令，趋者云集，号曰茶商军，后多赖其用。"这是地方政府组建的茶商军。还有民间自发组建的茶商军。赖文政，字赖五，湖广荆南（今湖南常德）人，茶商出身。南宋末年，朝廷加重对赣、湘、鄂等地茶商茶农的茶叶赋税，引发茶商与朝廷的对抗。赖文政和黎虎将于乾道九年 (1173) 参加湖南茶商军起义，声势浩大，队伍达三四千人。茶商军被朝廷污为"茶寇"并派出军队，在安化资水边的龙塘设寨，控制私茶水陆运输要道，

打击其武装。淳熙二年 (1175) 四月，赖文政在荆州被推为茶商军首领，率众攻打潭州 (今湖南长沙)，转战湖南、江西，以永新县禾山为据点，屡败官兵。后进入广东受挫。辛弃疾时任江西提点刑狱，六月奉命率军残酷镇压茶商军；八月复返江西兴国，被王宣子官军招降，赖文政被杀于江州 (今江西九江)。辛弃疾特写有《满江红·贺王宣子平湖南寇》，祝贺王宣子，该事件成为南北宋茶文化史上的一件大事。

第八，道士嗜茶、种茶，倡导"无为茶"。唐宋辽金时期，道教几乎成为国教。道教仙人参与茶道的确立，为中国茶道与茶美学注入了一股仙气。唐著名道士吕岩，字洞宾，号纯阳子，是传说中的八仙之一。他头顶华阳巾，身怀金丹，脚生紫气，云游名山，嗜茶如命，行至武夷山，留下一首七言古诗，其中云："武夷山，多青霞，武夷道士多种茶。"南宋道士白玉蟾，原名葛长庚，原籍闽清人，居于琼州，字如晦，号海琼子，后隐居于武夷山，师从南宋著名道士陈楠，身通三教，学贯九流，时称其"入水不濡，逢兵不害"。嘉定年间，他奉诏入朝，命馆太一宫。忽一日不知所终，云游名山，神异莫测，被皇上封赐为"紫清真人"。他以茶为仙，有《茶歌》唱道："未知甘露胜醍醐，服之顿觉沉疴苏。身轻便欲登天衢，不知天上有茶无？"辽金两朝，茶饮限于朝廷贵族，老百姓难得饮茶。金宣宗元光二年（1223）宣布禁茶，规定唯亲王、公主和五品以上官吏方可饮茶，余人均禁止。"犯者徒五年，告者赏宝钱一万贯"。然而，此规定也难以抑制山中道士爱茶。如全真教掌门人马钰，一生嗜茶，创作了不少茶词。据道家自然无为学说，融入全真道教义，率先倡言"无为茶"和"自然茶"的茶学理念，其《长

思仙·茶》词云：

　　一枪茶，二旗茶，休献机心名利家，无眠为作差。

　　无为茶，自然茶，天赐休心与道家，无眠功行加。

　　无为茶，是道教清静无为之茶；自然茶，是天地赐予的纯粹之茶。上半阕将茶叶比作一枪一旗，因为其驱散睡魔的功利性，故建议人们不要将茶献给那些名利家，免得他们没有瞌睡而四处去谋取个人名利；下半阕首倡无为茶，认为只有无为茶才是自然茶，才是上天恩赐道家的修心茶、养性茶，有利于道教徒修行和建功立业。

第四节　元明清：茶美学集大成之功

元明清时代，承续唐宋茶文化与茶美学发展之势，中国茶文化与茶美学以其集大成之功，而彪炳史册，其主要标志如下：

第一，是宋金元实施茶叶专卖政策之后，元蒙帝国建立行省茶运司，推行榷茶之策，承续唐宋茶文化发展的历史延续，中国传统的制茶方法已具备，饮茶方式出现了用沸水直接冲泡的"瀹饮法"。洪武年间，平民皇帝朱元璋宣布废止团茶、贡茶，大力扶持散茶，各种茶类在此时期同步发展，直接应用于老百姓的生活方式和饮食习惯，饮茶之习逐渐普及于民间，中国社会进入"开门七件事，柴米油盐酱醋茶"的国饮时代。以茶敬客，以茶祝寿，以茶参禅，以茶论道，以茶为礼，以茶敬神，以茶主婚嫁，以茶祭祖宗，以茶喻人生……茶诗、茶词、茶曲、茶舞、茶乐、茶画、茶书法、茶戏剧，涉茶小说等，应有尽有，百花齐放，形成茶美学中的文学艺术重要载体高度繁荣的局面。

第二，明朝承袭元蒙帝国的茶运司的体制，实施官茶制度，茶马互市，颁布法令，禁止官茶私卖。北方边防军李文忠、常遇春等高级将帅，以茶易马，开辟万里茶路，建设强大的北方骑兵师。驸马欧阳伦贪赃枉法，倒卖官茶17030斤，获利

41530两银锭。根据朝廷颁布的《茶马法》，朱元璋决不徇私姑息，怒杀驸马欧阳伦，一时震惊朝野。

第三，是明代的茶学、茶文化、茶美学论著空前繁荣，内容与形式对唐宋茶论既有继承又有创新，呈现出茶文化美学的系统性和集大成性等特点。主要有朱权的《茶谱》，王绂的《竹炉新咏故事》一卷，朱祐的《茶谱》十二卷，钱椿年的《茶谱》，顾元庆的《茶谱》，赵之履的《茶谱续编》一卷，夏树芳的《茶董》二卷，陈继儒的《茶话》《茶董补》二卷，朱曰藩、盛时泰的《茶薮》，罗廪的《茶解》一卷，俞政的《茶集》二卷，高元濬的《茶乘》四卷，龙膺的《蒙史》一卷，陆树声的《茶寮记》一卷，蔡复一的《茶事咏》，胡彦的《茶马类考》六卷，明闻龙的《茶笺》一卷，冯时可的《茶录》一卷，徐渭的《茶经》一卷、《煎茶七类》，胡文焕的《新刻茶集》一卷，张源的《茶录》一卷，程用宾的《茶录》四卷，僧真清的《茶经水辨》一卷、《茶经外集》一卷，田艺蘅的《煮泉小品》一卷，徐渤的《茗谭》一卷、《蔡端明别记》一卷，邓志谟的《茶酒争奇》二卷，何彬然的《茶约》一卷，徐献忠的《水品》二卷，陈师的《茶考》一卷，高叔嗣的《煎茶七类》一卷，熊明遇的《罗岕茶记》一卷，张德谦的《茶经》一卷，屠隆的《茶说》，冯可宾的《岕茶笺》一卷，万邦宁的《茗史》二卷，屠本畯的《茗笈》二卷等。茶史研究同茶文化的发掘与传播都进入了全新的阶段。

第四，元明清时期特别注重茶器茶具，有力地促进了茶器、茶具的美学化。元代的青花瓷，明朝的四大官窑，清朝山西平定与江苏宜兴的紫砂壶，一个粗犷阳刚，一个精美阴柔，都是中国瓷器中的精品，是中国茶和茶文化的物质载体和传播媒介。

特别是青花瓷与宜兴紫砂壶，据清人黄浚《宜兴茶壶源流》中提到宜兴紫砂壶"始于供春，光大于时大彬，益昌于陈曼生；而供春其法，又实传自金沙寺僧"。青花瓷与紫砂壶是诗，是禅，是艺术，是工艺品，是中国茶文化的工艺化。李伯元在《庄谐诗话》说："供春壶，茗具中上乘禅也。"有了这些精美的陶瓷、紫砂工艺茶具，中国茶叶变得更加珍贵、可人。

　　第五，明清时期，中国茶叶的国际贸易与中国茶文化外传，随着海陆两条丝绸茶路的繁荣昌盛，而广泛传播于世界各地，开拓了中华茶美学的国际视野。特别是郑和七次下西洋与康乾盛世，中国茶叶产销，盛极一时，独霸天下。出现了盛极一时的欧洲"中国热"，成就了享誉世界的饮茶皇后凯瑟琳与饮茶皇帝乾隆，中国茶叶逐渐征服世界。中国茶叶的国际贸易逆差，动摇了日不落帝国的殖民主义地位，演绎出重大的茶叶战争：北美独立战争与两次鸦片战争。1773年，英属东印度公司对茶叶推行贸易垄断政策，大肆提高茶叶税，引发北美波士顿茶党组织的倾茶事件，爆发北美独立战争，导致美利坚合众国的诞生。这是中外茶文化史与国际茶美学传播史上非常著名的国际事件，彻底改变了世界的政治格局。为抑制中英两国茶叶国际贸易逆差继续扩大，英国殖民者对中国茶叶采取两手策略：一是派遣茶叶科技间谍罗伯特·福琼数次潜入中国茶乡，盗窃中国茶树、茶种，收买中国茶农，在印度的喜马拉雅山南麓大力种植茶树，扩大茶园，自力更生解决茶叶消费来源，减少对中国茶叶进口的依赖性；二是为减轻中国茶叶贸易逆差所支付的财政压力，英国殖民者在孟加拉制造鸦片，向中国大量输入鸦片烟膏，使中国人民深受其害，成为"东亚病夫"。清政府授命林则徐禁

烟，导致中英两次鸦片战争爆发，清政府腐败无能，丧权辱国，割地赔款，出卖国家主权，西方列强，接踵而至，八国联军火烧圆明园，甲午海战，庚子赔款，一连串的不平等条约，致使几千年辉煌文明的中华封建帝国在一朝一夕之间，轰然倒塌，沦为半封建半殖民地社会。此时此刻，中国南方的茶叶，由灵芽变成尤物，由瑞草变成一芽二叶的"旗枪"，由嘉木变成西方列强攻击中国、掠夺东方财富的舰炮。中国茶叶与茶美学的本质特性，演变而成"旗枪"之类战争硝烟，茶叶的阳刚之美得到空前的全球扩张。

第五节 近现代：华茶式微与茶美学崛起

近代中国的茶文化与茶美学是从鸦片战争到新中国涅槃重生的，这是中国传统社会的转型时期，也是风云变幻莫测的历史阶段。此时的中国茶业面临着激烈的国际茶叶竞争和西方列强的无情打压，中国茶业如江河直下，呈现出空前的衰落之势。我们称之为现代茶人阶段。其主要特点如下：

第一，中国茶叶的命运与国家民族的生死存亡紧密相连，中国茶业盛极而衰，中华茶文化面临着历史的转型变通。鸦片战争以后，中国社会由东方封建大国演变为半封建半殖民地的旧中国。西方列强纷纷瓜分中国，国运变坏，国力变弱，国势变衰，国家动乱不安，中华民族处在水深火热之中，中国茶业陷入百年之衰，几乎跌进历史的低谷。究其缘由，一是中国社会每况愈下，大势已去，无力回天；二是国际茶业日渐形成，彻底打破华茶一统天下，出现新的国际茶业竞争局面。自从英国、日本、印度等加入世界茶叶版图，华茶格局发生巨大变化。西方有着先进的机器生产和优惠的关税，如印度免收茶税等条件，而中国面临茶叶产销，雁过拔毛，杀鸡取卵，税务过重，工艺落后，茶务减少等不利因素。清代《皇朝经济文新编》商务卷三云："外

洋之茶出口皆免税，日本虽有税而亦甚轻；中国则无论茶价之贵贱，而税有定则，则丝毫不能减让。此中国之茶所以日疲，而外洋所产乃蒸蒸日上也。"作者尖锐地指出："盖茶业之坏，其病在贪。"谁在贪？是朝廷在贪。

第二，近现代中国茶业界中孙中山提倡"茶为国饮"，许多仁人志士面对华茶衰败之势，奋起抗争，广泛吸收西方的制茶科技和商业运作模式，力图复兴华茶，重振辉煌。如福州和汉口先后成立制茶公司，采取机器制茶。到民国时期，茶学家们又率先在广州中山大学开设茶学课程，在重庆复旦大学创办茶学系，积极培养茶学人才。1934年、1937年，吴觉农等人分别出版《中国茶叶复兴计划》和《中国茶业问题》，1941年胡山源出版《古今茶事》，1949年吴觉农主编、中国茶叶研究社翻译编辑出版美国威廉·乌克斯编《茶叶全书》。1937年5月6日，在抗日战争爆发前夕，吴觉农等在南京宣告成立"中国茶叶有限公司"，这是中国第一个国家级茶叶公司；抗战时期，茶叶变成国家战略物资，大后方的西南茶业蓬勃发展，中国茶业蓄势待发，准备迎接新中国茶业美好的未来。

第三，新中国诞生后，中国茶业及中华茶文化走上了复兴之路。新中国的现代中国茶业与中华茶文化，呈现出前所未有的发展趋势：第一，"中茶"走向了集团化、品牌化之路。早在新中国成立之初，国家就将1937年5月成立的"中国茶叶公司"改组为"中国茶叶总公司"（简称为"中茶公司"），陈云同志亲自参与为公司设计"中茶"商标，使之成为国家茶品牌，在各省市设立分公司，形成遍布全国的茶叶网络机构；第二，加速农业院校茶学专业的学科建设与人才培养，茶学研究的系

统化、科学化；第三，茶叶科技和茶业经济与文化旅游业相结合，科研成果突出，科研团队蓬勃向上；第四，茶学与茶文化、茶美学著作、五彩缤纷的茶文化节与茶业博览会等茶事茶艺活动生气勃勃，层出不穷，如蔡镇楚的《茶美学》之问世，首次将茶文化研究提升到美学层面；第五，茶学教育体系化，茶叶科技人才迅速成长，涌现出吴觉农等十大茶学家与三个茶学博士点学科；第六，全国性的茶业社团组织相继成立，茶文化学术交流面向全国，走向世界，富有开拓性；第七，具有开创意义的是改革开放以来，湖南茶文化界连续召集两次全国性"中华茶祖神农文化论坛"，全国六大国家级茶叶社团集体通过的《中华茶祖神农文化论坛倡议书》与《茶祖神农炎陵共识》，正式确认炎帝神农氏为中华茶祖，陆羽为茶圣，确立每年谷雨节为"中华茶祖节"（即中国茶节），"2009中华茶祖节暨世界茶人首祭茶祖神农大典"在湖南炎帝陵隆重举办，开启了中华茶人乃至世界茶人认祖归宗、正本清源的历史巨幕，在中国茶文化发展史上矗立起巍峨的里程碑。

第十章

茶道：美的哲学

茶道何意？意在精神；茶道何为？为在道义；茶道何美？美在哲学。茶道仪轨，道法自然；美缘天地，茶韵天成。这就是中国茶道，一部美的哲学。

第一节　茶道何为

何谓"茶道"？许多人都把茶艺与茶道混为一谈，说"茶道表演"。其实都是误传，科学地说，应该是"茶艺表演"。茶艺表演，属于茶博士和茶艺小姐的茶艺表演技术，是庄子《养生主》所说的"技"，而不是"道"。道，属于古典哲学范畴。道的本义是路，一个人行走在路上。道路四通八达，却有自身的规则和方向性。于是引申为道理、原则、规律。

茶道者，茶之道也，茶人之道也，茶业之道也。茶道之兴，根源于道。此之为道，有儒家之伦理仁义之道，道家之自然无为之道，释家之空灵清寂之道。何谓道？道属于哲学范畴，是事物之本原、本体、法则、规律之意。韩非子说："道者，万物之所然也，万理之所稽也。"意思是说，道是万物的本原，是一切原则规则得以确立的依据。茶道之涵，是茶与天地，茶与水，茶与器，人与茶，人与自然的和合之美，是天道，地道，人道的妙合无垠，是阴阳五行学说的产物。

茶道之道，以茶之道而论，茶道者，乃茶之自然之道。茶叶，是中国南方嘉木之叶，非一般自生自灭的树叶。以其珍贵，前人谓之灵叶，灵芽，灵草，瑞草之英，以最灵妙之词称颂之。茶叶之生，遵循着天地自然之道，否则不灵不英，不佳不奇，如同自生自灭的树叶草芥。

以其茶人之道而论，茶道者，品茶之道也。茶农种茶，茶工制茶，茶商卖茶，沾天地之灵气而种，得日月之光华而制，因"柴米油盐酱醋茶"的生活方式之需和"琴棋书画诗酒茶"的审美情趣之雅而卖茶。茶农，茶工，茶商之于茶，在于职业行业和谋生谋利，茶道之义理，在于勤奋与诚信。而自称为茶人，即以品茶交友，品茶论道，品茶悟道为宗，茶人之饮，乃生活之饮，健康之饮，生命之饮；文人之饮，乃文化之饮，雅致之饮，情趣之饮，君子之饮，所谓"俗人饮酒，雅士品茶"之谓。茶道义理，在于君子之交，在于茶德、茶理。非君子之交者，难以品茶论道。有人给茶人自订了几条标准，其最末者曰道德标准，即以伦理论茶人。这茶德，则天地人伦，是茶道之核心和灵魂。

【皎然茶道】

壶中茶，杯底月。茶道何妙？天地人三才、儒道佛三教、真善美三种境界，乃至中华民族的优秀文化，尽在其中矣。然而，"茶道"，乃是中国先人的创造发明。早在唐代，释皎然（720—796？）与茶圣陆羽为茶中知己，他以《饮茶歌诮崔石使君》一诗纵论饮茶之道而首创"茶道"，其诗云：

> 越人遗我剡溪茗，采得金牙爨金鼎。
> 素瓷雪色缥沫香，何似诸仙琼蕊浆。
> 一饮涤昏寐，情来朗爽满天地。
> 再饮清我神，忽如飞雨洒轻尘。
> 三饮便得道，何须苦心破烦恼。
> 此物清高世莫知，世人饮酒多自欺。
> 愁看毕卓瓮间夜，笑向陶潜篱下时。
> 崔侯啜之意不已，狂歌一曲惊人耳。

孰知茶道全尔真，唯有丹丘得如此。

"一饮涤昏寐，情思朗爽满天地；再饮清我神，忽如飞雨洒轻尘；三饮便得道，何须苦心破烦恼。"皎然品茶，三饮得道，故谓之"茶道"。而后，封演《封氏见闻记》又称：茶"因鸿渐之论，广润色之，于是茶道大行"。"茶道"一词，从而名世。其后传至朝鲜、日本，派生出"韩国茶道"与"日本茶道"二系。皎然此诗之论茶，其意义和在中国茶史上的价值，并不亚于一部陆羽的《茶经》，具有里程碑式的历史地位。"茶道"，在中国和日本，被张扬为茶文化的精髓。

中国人品茶，日本、韩国与东南亚人品茶，都讲究"茶道"。所谓"茶道"，就是品茶之道，是品茶的一种最高境界。其文化内涵，中国人或以为是"廉美和敬"，日本人或以为是"和敬清寂"，韩国人或以为是"清敬和乐"或"和敬俭真"……关于茶道"四谛"，虽然可以见仁见智，但始终都离不开一个"和"字。

和者，合也，和谐也，协调也。茶，首先是茶叶与水的和合之物。水，是生命之源，也是品茶之源，是茶道之源。水为茶之母。茶与水的关系，注重的是一个"和"字。茶缘于水，水是茶的寄托，茶是水的溶化；茶艺是人的艺术，也是茶水的艺术；茶与水相依相托，相辅相成，相续相禅，才成就了中国茶道，积淀了中国茶文化。茶为水的神韵，水为茶的体态；茶水，是神与形的交融合一。

"和"是茶道的核心，也是中国茶文化的灵魂。中国茶道，注重其哲学内涵，品悟天地自然，领悟乾坤日月之光华；注重礼仪化和生活化，感悟社会和谐之美和世道人生真谛。而日本茶道，注重其宗教意蕴，感悟佛教之真谛；注重茶道表演的程式化，追随教义的虔诚。故人们常说：中国茶道是"美的哲学"，而日本茶道是"美的宗教"。以其是"美的宗教"，故日本茶

中
华
茶
美
学

道将茶道神化，神化茶道的艺术技巧和基本精神；以其是"美的哲学"，故中国茶道特别注重其文化哲学内涵，其核心是一个"和"字，关注其赖以建立的"天人合一"的哲学基础，以天、地、人为"三才"，天道、地道、人道三位一体，从而构建了中国茶文化的三大理论支柱和美学基础。

茶道，源于中国哲学之道，主要是道家之道，加之儒家之道义与释家之禅道。所谓"茶道"，古今中外，人言人殊，众彩纷呈。不论日本人怎样解释，也不论中国学者议论如何精微，都有其合理性的一面，期待一个人人认同的共识，是永远不可能的。比如有人把"茶道"称之为临济宗的口头禅"吃茶去"，虽然很有禅味，但有两大疑点：一是"吃茶去"只是临济宗的口头禅，不足以概括整个中国茶道的深刻内涵。二是"吃茶去"仅仅表达了禅宗茶美学的一种意蕴，并非能够包含中国茶道所体现的儒道佛三位一体的文化精神。

我们认为，道法自然，乃是茶道的基本法则。所谓"茶道"，就是品茶之道。此中之"道"，就是品味社会人生，是种茶、制茶、品茶、论茶的内在规律性，唯有遵循自然规律和茶的内在规则，方可把握其中真谛。意蕴之深刻，自然包括所谓茶理、茶艺、茶趣、茶禅、茶境等。老子认为天地万物，都是由道派生出来的，所谓"道生一，一生二，二生三，三生万物"。中国先哲们非常注重"道"，因为"道"，乃是事物的本原、本质、内在的规律性。日本人滥用"道"，将技艺视为"道"。所以，从学术角度讲茶道，就是指品茶而引发出的一种哲理思考，重在理性思致，属于美的哲学。一般而论，茶道是人类饮茶之习而形成的一种生活方式，是品茶论道的一种重要手段，是博大精深的茶文化的重要载体和传播媒介，传承着中华民族大家庭各个不同民族沉积而成的主流文化、民俗文化、饮食文化和人生哲学。

　　"道"，是中国人最高的哲学思想和文化理念。从老子、孔子、庄子、孟子到宋明理学诸子，中国人从不轻言"道"。茶道，是人与物、人与自然的和合，是天人合一的结果。而日本人则好以"道"名物，凡涉及艺能者，皆称之为"某某道"，诸如茶道、花道、香道、歌道、剑道、弓道、柔道等。人们称中国茶道是"美的哲学"，日本茶道是"美的宗教"。"美"是其共同点；哲学是智慧之学，是广博的学问，而宗教即是其分支而已，可以成就一个"宗教哲学"。"美"的哲学意义，又使这个区别变成了美学意义的解释：中国茶道是哲学意义上的美学，是茶的人性化和生活化；而日本茶道即是宗教意义上的美学。所以，中国茶道与日本茶道同根两树花，却有着质的差异。中国茶道属于哲学，是茶的哲学化；而日本茶道属于宗教，是茶的宗教化。哲学注重理性，宗教注重信仰。理性以文化素养为根底，以社会人生为宗旨，信仰以虔诚为基石，以宗教为宗旨。

　　中国茶道是"美的哲学"，而日本茶道即是"美的宗教"。这是从茶道的理论基础而论的。如果从茶道的本质特征而言，无论是中国茶道，还是韩国与日本茶道，皆注重一个"和"字，注重品茶所达到的以"和"为核心的审美境界与程序的规范化。

　　明人张源《茶录》论"茶道"，云："造时精，藏时燥，泡时洁。精、燥、洁，茶道尽矣。"此所谓"茶道"，是狭义的，与广义的中国茶道或日本茶道之注重民族文化精神者不同，指的是茶法要领而言，注重三大环节：制作，贮藏，冲泡。每一个环节必须抓住一个字：茶叶制作要"精"，精选，精制；茶叶贮藏要"燥"，即干燥；茶叶泡制要"洁"，茶叶要清洁，茶具要清洁，水质要清洁。张源大言不惭地认为，只要抓住这三个字，就足以囊括"茶道"的所有法则。

第二节　茶道四谛

茶道四谛，就是茶道四字真诀，主要原理、基本范式。

中华茶道，历来以"廉美和敬"为茶道四谛，积淀着中华民族传统文化的基本内涵，以茶养廉，倡清正廉美之风，拒奢靡腐败之习；以和为贵，以善呈和，以孝敬为尚，体现中华民族的传统美德和基本精神。中国茶道是哲学意义上的美学，是茶的人性化和生活化；中国人品茶论道，重在哲学和社会人生，中国茶道属于美的哲学，是茶的哲学化。

明末清初，黄冈人杜濬，号茶村，明季诸生，入清后隐居金陵，一次乘舟过维扬，在蒋子家饮茶，欣喜不已，作《茶喜》五律一首云：

维舟折桂花，香色到君家。

露气澄秋水，江天卷暮霞。

南轩人去尽，碧月夜来赊。

寂寂忘言说，心亲一盏茶。

此诗前有长序一篇，称"海内丧乱后，好事之地颇数维扬，然不精茗理。井溲亦浊，腐人肺肠，望而畏之矣。唯茶社有某轩者，

315

粗知用江水，间及天泉，瀹新安选茗，差可入口。余每过，啜数碗，然香色浅薄，天质不幽，市气嚣嚣，厥病丈俗。苟可以漱涤腥醲、驱解渴躁而止，非茶也。私谓此中断可勿生茶想矣"。维扬水质不好，茶香色浅薄，品茶环境喧闹，这就使人对饮茶产生一种失望情绪。然而品饮蒋子煮茶，感受则特佳，于是他顿生一种"茶有四妙"的理性思考：

> 蒋子吟嘅有会，徐出茗饮。余素瓷若空，微馨绝类，余少呷而沁心焉。遽惊视蒋子，不能言。良久，问蒋子何由得此，蒋子云："此吾久澄秋水，濯峒岕精英，躬亲洁器，察火，而有此也。"虽然，岂繄非天，盖他日未尝若是也矣。余然后悔向来绝望为太勇，岂可易料天下事哉！夫余尝论茶有四妙：曰湛，曰幽，曰灵，曰远；用以澡吾根器，美吾智意，改吾闻见，导吾杳冥。今亦俱是矣。

杜濬从饮蒋子以久澄秋水濯峒岕精英茶得到启迪，引发出"茶有四妙"之论："曰湛，曰幽，曰灵，曰远"。真是一语道破了茶的天机。

此"湛"者，安也，清也，乐也；"幽"者，深也，静也；"灵"者，善也，真也；"远"者，大也，和也。

杜濬"茶有四妙"之论，是中国茶道最先阐释的"四妙"，乃是中国茶文化的"四谛"，是对中国茶文化意蕴的发展。

"湛"是中国茶道所强调的饮茶人的品性禀赋和德行心态之美，"幽"是中国茶道修行所达到的幽深宁静的理想境界，"灵"是中国茶道所追求的心灵感悟和人生目标，"远"是中国茶道赖以成立的哲学基础和审美理想。

"根器"，乃佛教语，以木譬喻人性者曰"根"，根能堪物者曰"器"。这"澡吾根器，美吾智意，改吾闻见，导吾杳冥"四个方面，正是茶之"四妙"所能达到的一种人生目标和审美境界，说明饮茶可以澡身浴德，使我们的身心纯洁清白，使我们的智慧更加聪明美妙，使我们的见识更加广博高远，使我们的思维更加敏捷而思维空间更加广阔。

日本茶道，以"和敬清寂"为四谛。"清寂"是指冷峻、恬淡、闲寂的审美观；"和敬"表示对来宾的尊重，注重宗教礼仪的程式化。日本茶道即是宗教意义上的美学，属于宗教，是茶的宗教化。即使是这种美的宗教，也根源于中国。

韩国茶道，以"和敬俭真"为基本精神。"和"是要心地善良，和平共处，互相尊敬，互相帮助。"敬"是注重礼仪，尊重别人，以礼待人。"俭"是俭朴廉正，提倡朴素生活。"真"是真诚待人，注重人格之美。

日本茶道、韩国茶道，还有英美、澳大利亚等国流行的下午茶及其所谓茶文化，其源头都是中华茶道。

综观中韩日三国茶道，虽然各有不同，表述各异，或"廉美和敬"，或"和敬清寂"，或"和敬俭真"，其基本精神与核心价值，都在于一个"和"字。"和"，是茶道的灵魂，是茶文化的基本精神。和者合也，和谐也，协调也，融合也。因天地之和，而生南方之嘉木；天地人之和，人与自然共生共存，而有茶树栽培、茶园种植、茶叶制作加工业的繁荣发展；水为茶之母，张源《茶疏》云："茶者，水之神也；水者，茶之体也。"茶与水之和，相互依托，相辅相成，相得益彰，才成就了中外茶道，积淀了中华茶文化。

比较而言，中国茶道重在以茶养性，强调以人为本，属于饮食文化之列，比较随意自如，寓于一种理性观念；而日本茶道重在宗教崇拜，以佛教为本位，属于宗教文化之列，讲究仪礼程式，带有一种神秘色彩。这就容易造成一种误解，以为茶道虽出于中国却盛于日本。实则非也。因为中国茶道趋于人文化、大众化，日本茶道走向僧侣化、贵族化。从这种意义上来说，中国茶道是茶道之正宗，日本茶道只是中国茶道的枝叶与末流，或者说是中国茶道的禅宗化、礼仪化。

日本人多认为日本"茶道文化是以吃茶为契机的综合文化体系"（久松真一）。我以为，此中的"文化"主要是佛教文化，日本茶道是宗教化的茶道，是中国茶文化与佛教文化相结合的产物。

无论是中国茶道还是韩国、日本茶道，其共通之点有三：

其一曰茶人之心。

茶道，是"天人合一"的产物。天为自然，人为茶人；茶为自然界出产的灵物，人为灵物的主宰。故而，茶道以茶人为本；离开茶人，则无所谓"茶道"。茶人，无论是种茶人、采茶女、制茶工还是买茶人、茶艺师、品茶人，都是茶道的主体，是茶道的中心。

茶人之心，凝聚在茶里。种茶人为茶而种，其心在茶；采茶女为茶而采，其心在茶；制茶工为茶而作，其心在茶；买茶人以茶谋生，其心在茶；茶艺师以茶为工艺，其心在茶；品茶人以茶为乐，以茶养心，以茶论道，以茶品人生，其心在茶。因为有了这颗茶人之心，才生发出了茶趣、茶缘、茶寿、茶禅，才引申出了如此深邃的茶文化，才焕发出了不可替代的民族文

化精神。

其二曰茶艺之精。

茶艺，一般而言，是指茶道表演艺术。茶艺，是茶道的基本载体，是茶道的艺术表现形式。因而，茶艺必然具有三个明显的特征：

一是民族性，茶艺表演往往因民族而异，包括茶叶、茶具、茶艺师服饰、表演程序、表演风格、茶礼配乐，等等，都带有鲜明的民族特色甚至宗教色彩。

二是美感性。茶艺表演，旨在传播茶道，弘扬茶道所体现的文化精神，因此必须具有美感，符合表演艺术的美学风格。这种美感，主要来自茶艺师的形态容貌、程序熟练、举止文静、心地自然、风格典雅、环境幽雅、解说得体、音乐优美、气氛和谐，给人以美感，以审美享受，能够与茶人以心会心，追求高尚的艺术境界。

三是可操作性。茶艺在于表演，是表演艺术之一。因此，茶艺必须程序化，具有表演艺术的可操作性特点。林治《中国茶道》有言："茶文化的核心即茶艺茶道，茶艺主技，载茶道而成艺，茶道主理，因茶艺而得道。"

茶艺主技，茶道尚理，这是不错的。其实，茶道才是茶文化的核心，茶艺只是茶道的外在表现形式，因而特别注重其茶艺表演的程序化。这种程序是茶人根据茶道要义与茶品类别设计出来的，如林治为武夷山红袍茗品有限公司茶艺馆设计的茶艺程序，即包括用具、基本程序、解说词，其中有"花茶茶艺""绿茶茶艺""工夫茶茶艺""红茶茶艺""禅茶茶艺"五种，具有较强的可操作性。

中华茶道之美，综合来说，主要有以下几点：

一是自然之美。中华茶道以道为哲学基础，主张道法自然，集天地之精气，聚日月之灵光，追随自然法则，秉承自然规律。

二是和谐之美。中华茶道以和为灵魂，注重人与自然、人与社会、人与茶、茶与水、茶水与茶具、茶与哲学、茶与艺术之间的和谐关系，以和为贵，茶和天下。

三是生活之美。中华茶道是社会化、生活化的茶道，而非宗教化、仪轨化的茶道，植根于社会生活，具有生活情趣和特强的亲和力。

四是五彩缤纷之美。中华茶道源于博大精深的历史文化，植根于广袤的中华大地，鲜活在中华五十多个民族的日常生活之中，茶道仪轨之繁多，五彩缤纷，气象万千，不像单一化的日本茶道。

五是仪态之美。中华茶道，特别注重仪态之美，从表演者的仪表、服饰、心态、笑脸到行为举止，都十分讲究，显得生动活泼、形态自然、落落大方，给人无限的审美享受，而不像宗教化的日本茶道，过于庄重整饬，严肃有余，鲜美活泼不足。

六是器具之美。茶似佳人，茶具是茶叶与茶水的外表包装。中华茶道特别注重茶具之美，从陶器、瓷器、金器到紫砂壶和现代茶具，设计制作越来越精美，包装越来越漂亮，几乎是工艺美学的荟萃。

中华茶美学

第三节　茶境三界

境者，境域也，境界也。

每一种事物的存在，都有一个有利于其自身生存与发展的特定境域；而事物生存与发展的最佳境域，就是人们常说的"意境"。

在中国，诗有"诗境"，词有"词境"，画有"画境"，语有"语境"，物有"物境"，情有"情境"，茶有"茶境"。此之谓"境"者，尽管其各自的构成因子有所不同，但皆指其高妙的意境，无与伦比的人文艺术境界。

茶境者，品茶的高妙意境、幽雅的人文艺术境界之谓也。

茶境如云岚晨曦，如星河熠熠，如春花秋月，如红枫霜染；茶境似潺潺溪流，似帘幕翔鱼，似平湖塔影，似千重瀑布；茶境是秦楼楚馆，是书香门第，是舞榭歌台，是禅林胜地；茶境有文苑佳人，有武林剑影，有天地风范，有河岳英灵。

品茶讲究文化氛围，注重环境的幽雅宁静之美。

中国人品茶注重茶境，以雅为美，追求雅致幽趣的审美情趣与人文境界。明人徐渤《茗谭》论及品茶的环境与境界时说：

> 幽竹山窗，鸟啼花落，独作展书，新茶初熟，鼻观生香，

睡魔顿却。此乐正索解人不得也。饮茶须择清癯韵士为侣，始与茶理相契。若腊汉肥伧，满身垢气，大损香味，不可与作缘。

此之谓"茶理"者，则茶道也；此之谓茶境者，"幽竹山窗，鸟啼花落，独作展书，新茶初熟，鼻观生香，睡魔顿却"是也。茶道与茶境的妙合无垠，这才是中国茶文化的真谛之所在。

佚名《茗笈》引《茶解》云："山堂夜坐，汲泉煮茗。至水火相战，如听松涛倾泻，入杯银光激滟，此时幽趣故难与俗人言矣！"水火相战，松涛倾泻，银光激滟，幽趣难言。这是怎样一种茶境？是高雅？是幽趣？说不清，道不明，唯有你自己进入此等境界，方解个中奥秘，方知此中真谛。

中国人品茶注重茶境，以雅为美，追求雅致幽趣的审美情趣与人文境界。茶境的创造，在于茶，更在于人；茶为境之媒，人为境之心，合而为茶境。故中国人品茶，历来注重茶德，近君子而远小人。以君子为伍，情趣盎然，茶境迭生；与小人同座，茶味索然，茶境丧失殆尽。

茶境的创造，在于品，在于悟，在于人之悟；茶为境之媒，人为境之心，悟为境之法，品为境之形，合而为茶境。

中国人品茶悟道，品茗论道，历来注重茶德，近君子而远小人。以君子为伍，情趣盎然，茶境迭生；与小人同座，茶味索然，茶境丧失殆尽。因而，茶境的创造，立足于三大要素：茶，境，人；茶美，境美，人美。

品茶悟道，论茶载道，有三种境界，称之为"茶境三界"。

第一是圣境，即儒家所崇尚的圣贤之境。

茶人圣境的主要特征是：以入世为宗，安社稷、济苍生、齐家治国平天下的志向，德高仁义的情操，处世平和的心态，安贫乐道的修养。品茶论道者，大多身处青壮年时期，追求功名，以儒家所宣扬的"立德、立功、立言"为"三不朽"。中国古典哲学，儒道释，都崇尚"真善美"，茶道之圣境，以"真"为本，以"美"为尚，要求茶人以"善"为先。

第二是悟境，即释家所追求的涅槃境界。

佛教禅宗，特别注重一个"悟"字。悟有两种：一是"渐悟"，要重在长期修炼，面壁十年，修成正果。这是以神秀为代表的禅宗北宗；二是"顿悟"，人人皆有佛性，并不注重修炼，可以行善积德，"放下屠刀，立地成佛"。这是以慧能为代表的禅宗南宗。

品茶论道者，要想达到这种悟境，需要的是智慧，是眼界，是胸怀，是思维之敏捷，视野之开阔，胸襟之博大，智慧之聪达。无论是渐悟，还是顿悟，都必须悟，追求严羽《沧浪诗话》所倡导的"妙悟"，他说："禅道唯在妙悟，诗道亦在妙悟"；"唯悟乃为当行，乃为本色"。诗道如此，茶道何尝不是如此？品茶悟道者，一旦进入"烈士暮年"，或功成名就，或壮志未酬，都要开悟人生，寻求人生归宿与心灵之美善。

第三是仙境，即道家所向往的回归自然、羽化登仙的神仙境界。

仙境，如同蓬莱仙岛，如同西王母的寿桃宴，如同黄帝在鼎湖乘龙飞天，所憧憬的乃是一种长生不老、羽化登仙的人生境界。天人合一，物我两忘。羽化登仙，乃是中国人品茶悟道的最高境界，也是人生命运的终极追求。秦始皇为长生不老，指派徐福率三千男女去蓬莱仙岛寻求不死之药；汉武帝赶赴西王母的仙桃宴；狂傲不羁的大诗仙李白，也曾在嵩山炼丹求仙，李唐王朝竟然以道教为国教……中国历代不少帝王将相和平民百姓，都曾向往道家的山水田园生活和阮郎采药遇仙女、萧玉吹箫登仙之类的理想境遇。元代大诗人揭傒斯有一首《题四清图》的品茶诗：

> 三清玉川子，忍穷吟《月蚀》，天高叫欲死。
>
> 独对烹茶婢，白头赤脚老无齿。
>
> 吁嗟乎，玉川子。

三清，是道教所崇尚的三位神仙灵祇，就是玉清元始天尊、上清灵宝道君和太清太上老君，他们都居于仙境，所以以三清为三种仙境。玉川子卢仝有七碗烹茶诗，所以道教又将卢仝烹茶列为一清，与道教三清并列，故有"四清图"。就这样，茶境也作为仙境之一，而为道教的"四清境"。这是道教仙境与茶境紧密结合的有力证据，也是揭傒斯与《四清图》作者对中国茶道的一大发明创造。

这三种境界，没有高下之分，只有层次之别。儒家说"人皆可以成尧舜"，释家说"慈悲为怀""人皆有佛性"，道家说"人法地，地法天，天法道，道法自然"，这些都是美好人生的真谛之所在。所以从社会人生的高度来考察，何谓茶境？茶境者，圣境也，悟境也，仙境也。从圣境到悟境再到仙境，几乎经历人生的全过程。比较而言，圣境之追求，悟境之把握，仙境之进入，取决于茶人的教养、胸怀、阅历、修炼和人格之美。

中华茶美学

第四节　茶道的哲学意蕴

茶道何为？茶道是品茶论道的哲理思考。

茶道源于天地自然，因天地自然而生，茶叶溶于水，却以壶中茶、杯底月而承载天地，运转乾坤，感悟社会人生。这就是中华茶道。

茶的灵魂入水，水的灵魂入心，心的灵魂入道。茶人行善，唯善呈和，与道无间；反之则如茶苦水涩，茶艺无色，茶道无存。爱茶人渴望回归自然，道法自然，在于追求心灵之美善、人性之纯真、社会之和谐、世界之安宁。茶人复苏茶叶的灵魂，茶水滋润茶人的心田，茶道追求人类的纯真，这就是中华茶道之真谛，即天道、地道、人道的和谐统一。

第一，中国茶道赖以成立，其哲学基础则在于中国古典哲学中的"天人合一"学说。

孔子贵天，老子法天；儒道互补，先秦诸子百家融合为一，而成就了中国哲学的"天人合一"学说，为中国茶美学奠定了深厚的哲学基础。

《易·系辞下》有所谓天、地、人"三才"者，则为天道、地道、人道。其三位一体，构成了中国茶道的三大理论支柱。

唯其是"天道"，因而种茶、采茶、制茶等特别注重气候、时序、季节、雨水等自然生态环境之美；

唯其是"地道"，因而注重土壤质性、地理环境、民族风情、地域文化对茶叶生长与茶叶生产的影响；

唯其是"人道"，因而强调以人为本，注重人力之功，重在中国茶文化的人本意识和美学风格。

唐人独孤及《慧山寺新泉记》云："夫物不自美，因人美之。"这样构成的"天时、地利、人和"的自然环境和人文环境，则造就了中国茶道的辉煌大厦。因而从这个意义上来说，"茶道"就是"人道"，是天道、地道、人道的"三位一体"。

第二，茶叶产销本身的哲学原理，是中国哲学之中的"天人关系"。

安化黑茶有一种特制的七星灶，是根据北斗七星的天文学原理制造的烘烤灶，安化千两茶制作成之后，必须经过七七四十九个日日夜夜的日晒夜露，吸天地之精气，积日月之灵光，才能出厂销售，都是充满着哲学智慧。

古代用茶磨捣茶，石制的茶磨，被古人赋予了天地乾坤的文化寓意。北宋大诗人梅尧臣有《茶磨二首》诗，其一对磨茶中的天人关系做了极其深刻的描述：

> 楚匠斫山骨，折檀为转脐。
>
> 乾坤人力内，日月蚁行迷。
>
> 吐雪夸春茗，堆云忆旧溪。
>
> 北归唯此急，药白不须挤。

此诗前四句以茶磨为喻，茶磨是人取山石雕琢而成的，又以檀香木制成"转脐"（即磨心）。茶磨之运转，如人之运转乾坤。上叶之磨为天，天为乾；下叶之磨为地，地为坤。上下两片磨叶，合而为天地乾坤——这就是茶磨。人之磨茶，使上下两片磨叶运转自如，犹如天地乾坤之运转一样，乃是人力之所为，是人的力量在运转乾坤。日月星辰犹如这运转中的茶磨上的蚂蚁一样慢慢爬行，时间一长久，既忘记了时间，也忘记了自我，进入了一种无我之境。

乾坤无迹，日月无言，唯有茶磨运转，茶沫如吐雪，如堆云。茶磨所显示出的这种时间的相对模糊性，就像"乾坤人力内，日月蚁行迷"一样，日月乾坤，无声无息，却以自身的规律性，运转自如，铸就了纷繁而绵远的历史时空和多姿多彩的宇宙人生，蕴涵着深刻的社会人生哲理！

第三，茶道的哲学内涵。

中国人品茶论道，给饮茶赋予了深刻的哲学内涵和审美意蕴，认为茶之为物，天涵之，地载之，人育之，是天、地、人"三才"的艺术杰作。

古人则以有托的饮茶盖杯为"三才杯"：杯盖以为"天"，杯托以为"地"，杯身以为"人"。这正说明天大、地大、人更大的一种哲学思考。如品茶，多习惯于把杯子、杯盖、杯托一起端着，这种品茶方法叫作天、地、人"三才合一"；如果把杯盖、杯托放在桌子上，仅端起杯子品茶，则突出一个"人"而置天地于不顾，称之为"惟我独尊"。这是中国人在饮茶这种日常生活方式上所表现出的一种与众不同的民族文化性格与人格力量。

第四，茶道与文人结缘才得以成立。

虽然中国茶文化历史悠久，源远流长，我们可以追溯到远古帝王神农氏时代，历经周秦汉、魏晋六朝，与中国儒道释三大主流文化结缘，积淀而成为博大精深的中华茶文化。但是真正意义上的中华茶道，到唐代才得以确立，其标志性成果就是陆羽《茶经》的问世。中华茶道的成立，与文人、僧侣是分不开的。元代诗人王旭有《题三教试茶图》一诗云：

> 异端千载益纵横，半是文人羽翼成。
> 方丈茶香真饵物，钓来何止一书生？

文人诗客的参与，不仅提升了茶的品位，而且酿造出了中国茶文化的主要载体和传播媒介，特别是茶与诗歌、禅宗的结合，成就了中国学术史上的两大学说——"诗禅论"和"茶禅论"。

文化，有雅俗之分。学术是文化的精粹，没有学术的文化，只是俗文化。中华文化之所以历久不衰，代代相传，没有出现断层，就是因为中华民族文化建立在老庄、孔孟等先秦诸子的大智慧、大学问、大哲学、大思想的理论基础之上。中国的学术，有先秦诸子学、两汉经学、魏晋玄学、隋唐佛学、宋明理学、清代朴学、近代西学。这一系列学术思想支撑着中华民族文化的辉煌大厦。

中国人品茶论道，注重于自我修养，自我清心。茶清了，水静了；水静了，茶清了。一杯清茶，一颗清心，茶终于寂静，水终于无声；茶味因水之甘而甜美，人因茶水入心田而宁静。时光悠远，世道纷纭，以茶洗心，因茶悟道，世事淡然。有一种情怀，淡香如茶；有一种人生，清澈如水。淡泊名利，淡泊争夺，以诚为本，以和为贵，世界才能安宁，人类才有和平。

从哲理高度而论，中华茶道之美和日本茶道是有本质区别的：中华茶道求"本"，日本茶道趣"末"；中华茶道宗"道"，日本茶道宗"技"。

文化无垠，智者无疆。中华茶文化之所以博大精深，因为有儒家、道家"天人合一"学说为其哲学基础，又有佛教禅宗的中国化而构建的"诗禅说"和"茶禅论"两大学说为其理论支柱，形成了中华茶道完整的理论体系。有了这种理论构架，中华茶文化才避免自己沉沦在俗文化的境遇之中，而进入博大精深的高雅文化殿堂。

"茶"是"天地人和"的产物。所谓"天地人和"者，是强调人立于天地之间，得天地之灵气，感自然之精英，因而人与人之间复杂万端的人事关系，都应该以"和"为贵。惟有得天时、地利、人和者，方能成就大事业。

第五节　中韩日茶道之比较分析

比较而言，中华茶道，是茶道之正宗，而韩日茶道，只是中国茶道的变种，或者说是"和而不同"的分支。和者，是其共通点；变者，是其差异性。

一、中韩日茶道之共通点

中韩日三国茶道，虽然各有不同，表述各异，或"廉美和敬"，或"和敬清寂"，或"和敬俭真"，其基本精神与核心价值，都在于一个"和"与"敬"字。"和"，是茶道的灵魂，是茶文化的基本精神。"敬"，是指茶道的表现形态，突出其敬茶之心态和恭敬之形态。和者，合也，和谐也，协调也，融合也。因天地之和，而生南方之嘉木；天地人之和，人与自然共生共存，而有茶树栽培、茶园种植、茶叶制作加工业的繁荣发展；水为茶之母，张源《茶疏》云："茶者，水之神也；水者，茶之体也。"茶与水之和，相互依托，相辅相成，相得益彰，才成就了中外茶道，积淀了中华茶文化。

比较中日韩三大茶道，同中有异，异中有同：日本茶道是"美的宗教"，韩国茶道是"美的人生"，中国茶道是"美的哲学"。

我们可以从日本茶道的宗教化和仪轨化、程式化之中，吸取其茶道之表演精华，但是不要过高地估价了日本茶道。就中韩日三国茶道而言，中国茶道才是茶道正宗，特别重在"天人合一"，以天道、地道、人道的三位一体，来构建中国茶文化的理论支柱和美学基础。中国茶道的主要特点有六：一是自然之美，二是和谐之美，三是生活之美，四是仪态之美，五是茶具之美，六是茶艺多元之美。

无论是中国茶道还是韩国、日本茶道，其共通之点有三：

其一，茶人之心。茶道以人为本；茶人，无论是种茶人、采茶女、制茶工还是买茶人、茶艺师、品茶人，都是茶道的主体。茶人之心，凝聚在茶里。种茶人为茶而种，其心在茶；采茶女为茶而采，其心在茶；制茶工为茶而作，其心在茶；买茶人以茶谋生，其心在茶；茶艺师以茶为工艺，其心在茶；品茶人以茶为乐，以茶养心，以茶论道，以茶品人生，其心在茶。因为有了这颗茶人之心，才生发出了茶趣、茶缘、茶寿、茶禅，才引申出了如此深邃的茶文化。

其二，茶艺之精。茶艺，是指茶道表演艺术，是茶道的基本载体，是茶道的艺术表现形式。茶艺表演，必须具有美感，符合表演艺术的美学风格。这种美感，主要来自茶花女的形态容貌、程序熟练、举止文静、心地自然、风格典雅、环境幽雅、解说得体、音乐优美、气氛和谐，给人以美感，以审美享受，能够与茶人以心会心，追求高尚的艺术境界。

其三，可以操作性，具有表演艺术的可操作性。茶艺主技，载茶道而成艺，茶道主理，因茶艺而得道。其实，茶道才是茶文化的核心，茶艺只是茶道的外在表现形式，因而茶道仪轨，

特别注重其茶艺表演的程序化。"花茶茶艺""绿茶茶艺""工夫茶茶艺""红茶茶艺""禅茶茶艺"等，都具有较强的可操作性。

二、中韩日茶道之差异性

中国茶道重在以茶养性，强调以人为本，属于饮食文化之列，比较随意自如，寓于一种理性观念；而日本茶道重在宗教崇拜，以佛教为本位，属于宗教文化之列，讲究仪礼程式，带有一种神秘色彩。这就容易造成一种误解，以为茶道虽出于中国却盛于日本。实则非也。因为中国茶道趋于人文化、大众化，日本茶道走向僧侣化、贵族化。从这种意义上来说，中国茶道是茶道之正宗，日本茶道只是中国茶道的枝叶与末流，或者说是中国茶道的佛教化、礼仪化。

日本人多认为，日本"茶道文化是以吃茶为契机的综合文化体系"（久松真一）。这是一个伪概念。此中的"文化"主要是佛教文化，日本茶道是宗教化的茶道，是中国茶文化与佛教文化相结合的产物。

应该明白，日本茶道源于中国茶道，之所以发展而为宗教化的日本茶道，究其原因大致有三点：

一是日本茶道之祖为留学中国的僧侣。日本人接受中国茶道，与佛教文化的传播关系十分密切。早在唐代，日本留学僧就深受中国茶文化的影响，成为中国茶文化的传播者。其中最著名的是最澄、空海与荣西三位禅宗大师。

最澄（767—822），是日本天台宗的创始人，永贞元年（805）学成归国后，将带回去的中国茶种子种植在比叡山东麓，成为

中
华
茶
美
学

日本最早的茶园，迄今仍立有一块"日吉茶园之碑"。

空海（774—835），法号遍照金刚，元和元年（806）携内外典籍数百部归国，编撰而成《文镜秘府论》。日本弘仁四年（815）他在上书嵯峨天皇的《奉献表》汇报在中国的生活情况时道："观练余暇，时学印度之文；茶汤坐来，乍阅振旦之书。"振旦，即"震旦"，古代印度人习称中国为 Cinistńāna，佛教典籍翻译为"震旦"。日本人最先称茶道为"茶汤"者，则源自此表奏，从此开"弘仁茶风"。

至南宋时代，日本临济宗的开山祖师荣西（1141—1215），乾道四年（1168）与淳熙十四年（1187）前后两次来到中国。赴天台山、育王山、天童山等地从高僧参禅，回国后将带回去的天台山华顶云雾茶种培植在山城，使山城的宇治成为日本第一产茶地，并著有《吃茶养生记》，这是日本第一部茶学著作。卷首写道："茶也，末代养生之仙药，人伦延龄之妙术也。山谷生之，其地之神灵也；人伦采之，其人长命也。"荣西开创日本"寺院茶风"，被尊称为"日本茶祖"。

二是日本寺院注重茶礼清规，促使日本茶道的程序化与规范化。日本人认为，"茶道"出于"茶礼"，而茶礼源于中国的"禅苑清规"。"日本仁治二年（1241），从南宋回国的东福寺开山祖师——声一国师园尔辨园带回《禅苑清规》一卷"。而荣西大师开创的日本寺院茶风有三个特点：一是以茶为药物，二是以茶参禅，三是以茶为礼。受封建宗法制度与宗法文化之影响，日本与中国一样是礼仪之邦，品茶注重礼节。寺院茶正好将这种礼节程序化、规范化，强调正确处理主与客、客与客、人与物之间的关系，从座位、顺序、动作等方面对茶道加以规

范化，如片桐石州的武门茶道《石州三百条》一样。

三是日本茶学界注重"茶道仪轨"的学术研究。茶道作为一种文化现象，日本学者予以热情关注。自荣西《吃茶养生记》后，有日本茶道集大成者——千利休的《南方录》，片桐石州的《草庵之心》，井伊直弼的《茶汤一会集》，冈仓天心的《茶の本》，久松真一的《茶道の哲学》，桑田忠亲的《日本茶道史》，村井康彦的《茶道史》，千宗室的《茶の精神》谷川彻三的《茶の美学》，井口海仙的《茶道入门》，等等。还有淡交社 1958年出版的《茶道古典全集》12 卷，淡交社 1976 年出版的千宗室《里千家茶道教科》17 卷，淡交社 1980 年出版的《茶道文化选书》等。日本人对日本茶道的研究和宣扬，是不遗余力的，更进一步促进了日本茶道的繁荣发展。

中韩日三国茶道，以中国茶道为本体，以日本、朝韩为两翼。比较而言，中韩日三国茶道（茶礼）具有明显的差异性：

1. 茶道概念之异

中国茶道，只是中华茶文化的一个组成部分。茶文化，无论其内涵还是外延，都是比较广泛的概念。而日本没有"茶文化"概念，将茶道与茶文化混为一谈，认为日本茶道是一个"综合文化体系"；韩国茶道以茶礼为主体，与日本相近，但韩国更接近于中国，茶诗比较兴盛，像崔致远、李奎报、郑梦周、李穑、崔怡、金正喜等撰写许多汉文茶诗和茶文，而日本仅空海、嵯峨天皇等撰有少量茶诗文，影响甚微，未能形成风气。

2. 茶道内涵之异

中国茶道主"道"，是儒道释三家互融互通的产物，茶道之美，

注重道法自然，生活化，大众化，礼节化，崇尚自然简朴，任运自在，无拘无束，率性而为，属于美的哲学；而日本茶道主禅，以"茶禅一味"为宗旨，是佛教文化的产物，注重其茶道仪轨之程式化、宗教化，属于美的宗教；韩国茶道主儒，注重茶礼，以程朱理学为茶礼规范，故韩国茶道又称韩国茶礼。

3. 茶道四谛之异

中韩日三国茶道"四谛"，虽共一个"和"与"敬"字，却具有较大的差异性：中国是"廉美和敬"，注重的是以茶养廉，健康美丽，和善敬畏，以礼相待；韩国是"和敬俭真"，注重的是俭美与真诚相待；日本是"和敬清寂"，源于"禅茶一味"，以湖南夹山寺及其圆悟克勤禅师的《碧岩录》为日本茶道的祖庭，以"一期一会"与"和、敬、清、寂"为根本。"一期一会"，是佛教"无常"思想的体现，而"清、寂"具有浓厚的佛教禅宗意味。

4. 茶艺之异

茶艺是茶道的外在表现形式，茶艺既有传承，又有其创新。唐宋以来，中华茶艺丰富多彩，先后形成了煎茶茶艺、点茶茶艺和泡茶茶艺三大类型。煎茶，唐宋茶艺："茶须缓火灸，活火煎。"煎茶之要，在于活火新泉。活火，即炭火有烟者。点茶，宋代盛行的茶艺，程序包括灸茶、碾罗、候汤、熁盏、烹试等一整套技艺，但各地有不同的点法。点茶有三昧，蔡襄《茶录·点茶》云："茶少汤多，则云脚散；汤少茶多，则粥面聚。钞茶一钱匕，先注汤调令极匀，又添注之，环回击拂，汤上盏四分则止，视其面色鲜白，著盏无水痕为绝佳。"泡茶，明朝以来

流行的茶艺，以散茶、叶茶，和开水冲泡，茶杯加盖。清人沈涛《交翠轩笔记》卷四云："古人煎茶，即今人之熬茶；点茶，即今人之泡茶。"煎茶、点茶、泡茶这三种茶艺，都分别于新罗时期、平安时代，传到了古代的韩国和日本。但煎茶与点茶茶艺在中韩日都已基本绝迹。点茶茶艺，在高丽前期传入韩国，镰仓时期传入日本，是韩国茶艺、日本茶艺的基本形式。泡茶茶艺于李氏朝鲜前期传入韩国，于江户时期传入日本，也成为韩国茶艺、日本煎茶道茶艺的基本形式。明代中期以来，中国仅流行包括壶泡法茶艺、撮泡茶艺和工夫茶艺在内的泡茶茶艺，煎茶、点茶茶艺已经消亡。但煎茶、点茶茶艺的某些方面，韩国至今尚有所保留。中国茶艺，注重其创新，而传承不足。如今，煎茶、点茶、泡茶三大主体茶艺，以及茶百戏、工夫茶与青绿红黄白黑茶六大茶类的各种茶艺，都在中国城乡茶馆崛起，百花齐放，一大批训练有素的茶艺师脱颖而出，前景相当可观。可以预测，中国依然是茶艺的集大成者。

第十一章

茶品：茶与鉴赏美学

　　茶，以青山绿水为宅，以清风明月、朝晖白云为伴，晨沐朝阳，夕饮甘露，钟山川河岳之灵气，感天地万物之神和，性心高洁，质地醇和，是天地自然之美的荟萃。品茶鉴赏，来源于饮食之美，由其色香味形之美而上升到艺术鉴赏美学范畴，是以特定的审美标准来鉴赏茶叶与茶水之美，即视觉之美、嗅觉之美、味觉之美和形态之美。

第一节 茶味：茶的味觉之美

"味"是何物？"味"字，是形声字，从口，未声。从生理学而言，口并不辨味，辨味者，舌头也。人依靠舌头而辨味。

"味"是人的口、鼻、眼、耳等器官能够体味到的一种生理感觉，一种审美体验。"味"的审美特征，可以从以下几方面来概括：

首先是生理机能的，即人在品尝食物、闻到气味时所感受到的一种普遍性的生理上的味觉、嗅觉方面的反应。当人们尝到某种食物或闻到某种气味的时候，人的口舌与鼻子立即产生一种条件反射，辨别出食物的味道是咸、酸、苦、辣、甜，辨别出气味的香、臭、腥、鲜、腐、陈。人的舌头与鼻子对食物与气味的辨别能力，是人与生俱来的一种生理机能，是人的味觉器官与嗅觉器官的一种本能的反应。所以，味，首先是一种饮食概念，出自人们在饮食中所感受到的味觉之美，属于中国饮食文化的一个基本范畴。东汉许慎《说文解字》云："味，滋味也。"也是指食物的味道，故中国古代有"五味"之谓。《左传·昭公元年》云："天有六气，降生五味。"《国语》云："和五味以调口。"《礼记·礼运》："五味，六和，十二食，

还相为质也。"东汉经学家郑玄注云："五味，酸、苦、辛、咸、甘也。"也泛指各种味道，如《老子》云："五味令人口爽。"可以说，"味"虽然是客观存在，但自然是以人为本；人的味觉器官与嗅觉器官，是"味"得以被人们感受到的物质基础。

其次，"味"又是审美的，是人们对美食、美味、美好事物、美妙的文学艺术境界的一种审美享受。这种审美享受，是必须通过"通感"来实现的，即心灵的品味鉴赏与情感的交融会意，是一种自我感觉意识，一种审美快感。"味"是人的审美情感通过"意象"与"兴会"转化为审美趣味的；味因情而生，正如印度梵语诗学鼻祖婆罗多牟尼的《舞论》所说："味产生于情由、情态和不定情的结合。""味"是人的口、鼻、眼、耳等器官能够体味到的一种生理感觉，一种审美体验。明"前七子"之一的诗人谢榛有《因"味"字得一绝》诗云：

> 道味在无味，咀之偏到心。
> 犹言水有迹，瞑坐万松深。

他认为"味"在无味，只有亲自咀嚼，从内心去体味，才能感觉到何种滋味。他又以水迹与瞑坐深邃的松林里为比，说明"味"在于心灵的审美体验。一般来说，美因爱好而产生，美味因美感而生。当某一种物质的滋味经过人的品尝鉴赏而升华到"美味""趣味""情味""韵味""兴味""余味""意味""风味""一味""遗味""精味""义味"等一种高雅优美的精神境界的时候，味的审美价值就得到了淋漓尽致的发挥与展示，而成为一种审美范畴，被广泛地运用于中国古典美学、诗学与文学理论批评的艺术实践之中。

再次，"味"的美感又是相对的，比较注重个人的审美体验。其鉴别标准具有多样化、多元化的特色，味的美丑、深浅、厚薄、雅俗、真假、好恶，文学艺术欣赏，因人而异，因时而异，因地域而异。每个人的生理需求、生活方式、个性修养、文化心态、审美情趣与时空的差异性，造成了人们对味的审美感受的千差万别。所谓"众口难调"，就是因为每个人的口味不同，对味的要求具有明显的差别性。中国古人以羊大为美，故而有"肥羊美味"；海生族以鱼腥为美，腥味则为美味；鲍肆老板以臭为美，久闻而不知其臭，臭味则为美味；少年爱好甜食，以甘甜为美味；而老年喜好清淡食物，以清淡为美味；北方人好喝奶酪，南方人好饮清茶；唐人嗜酒，宋人好茶。这些差异，皆因审美趣味的不同所致。所以，清人叶燮《原诗》云："幽兰得粪而肥，臭以为美；海木生香而萎，香反为恶。"味之美丑好恶，也是具有多样性的，是相对性的。

品茶，注重的是茶水的味觉之美。茶味，从感官而言，是品茶时人们的味觉所感受到的一种审美滋味。

茶味，是品茶者的一种味觉之美。品茶者对茶味的某种味觉之美的认可，决定于茶人的饮食习惯与审美感受。或鲜，或甜，或淡，或苦，或酸，或涩，或陈，或加姜盐有咸味。世界是多元化的，美的存在也是多样化的。茶之味，亦具有美的多样性特征。

宋人蔡襄《茶录》云："茶味主于甘滑，惟北苑凤凰山连属诸焙所产者味佳，隔溪诸山，虽及时加意制作，莫能及也。"

宋徽宗《大观茶论》之论茶味，云：

> 夫茶以味为上。甘香重滑，为味之全，惟北苑、婺源

中华茶美学

之品兼之。其味醇而乏风膏者，蒸压太过也。茶枪，乃条之始萌者，本性酸；枪过长，则初甘重而终微锁涩。茶旗，乃叶之方敷者，叶味苦；旗过老，则初虽留舌而饮彻反甘矣。此则芽铸有之。若夫卓绝之品，真香灵味，自然不同。

茶重味，"以味为上"。一般而言，茶之"真香灵味，自然不同"，但啜苦咽甘，才是茶之美味，故宋徽宗认为，茶味之全者在于"甘香重滑"。

茶尚清淡，以冲淡为美，贵香气，忌土气。这是茶人共同的审美观念。

茶学界认为，影响茶味之美的基本要素很复杂，但主要有以下六个方面：

第一，自然环境：茶味取决于土质等自然土壤环境。

明人冯可宾《岕茶笺》云："洞山之岕，南面阳光，朝旭夕晖，云瀚雾渟，所以味迥别也。"于山，明人佚名《茗笈》引熊明遇《岕山茶记》云："产茶处，山之夕阳，胜于朝阳。庙后山西向，故称佳，总不如洞山南向，受阳气特专，称仙品。"又引《茶解》云："茶地南向为佳，向阴者遂劣；故一山之中，美恶相悬。"于平地，《茗笈》又引《岕茶记》云："茶产平地，受土气多，故其质浊。岕茗产于高山，浑是风露清虚之气，故为可尚。"

第二，揆制：茶味亦决定于揆制。揆（kui）制，就是茶叶制作时必须遵循的标准、准则、尺度。如炒青、烘烤、渥堆等工艺，以及茶水冲泡的温度，所注重的火候，都决定茶味的程度。

第三，水质：茶味亦决定于水质，蔡襄《茶录》称"水泉不甘，能损茶味"。《茶解》云："烹茶须甘泉，次梅水。梅雨如膏，

万物赖以滋养，其味独甘。"甘泉则以山泉为上。田艺蘅《煮茶小品》云："山宣气以养万物，气宣则脉长，故曰'山水上'"；"江，公也，众水共入其中也。水共则味杂，故曰'江水次之'"。《茶录》又说："山顶泉清而轻，山下泉清而重，石中泉清而甘，砂中泉清而冽，土中泉清而白"；称山泉"流于黄石为佳，泻出青石无用；流动愈于安静，负阴胜于向阳"。

第四，候火：茶味亦决定于候火。唐宋人烹茶，特别注重于候火。明人佚名《茗笈》赞曰："君子观火，有要有伦。得心应手，存乎其人。"并引《茶疏》云："火必以坚木炭为上。然本性未尽，尚有余烟，烟气入汤，汤必无用。故先烧令红，去其烟焰，兼取性力猛炽，水乃易沸。既红之后，方授水器。乃急扇之，愈速愈妙，毋令手停，停过之汤，宁弃而再烹。"从而称"炉火通红，茶铫始上，扇起要轻疾。待汤有声，稍稍重疾，斯文武火之候也"。

第五，点瀹：茶味亦决定于点瀹。佚名《茗笈》第九"点瀹"引《茶疏》云："茶注宜小不宜大。小则香气氤氲，大则易于散漫。若自斟酌，愈小愈佳。"又说："一壶之茶，只斟再巡。初巡鲜美，再巡甘醇，三巡意欲尽矣。余尝与客戏论：初巡为婷婷袅袅十三余，再巡为碧玉破瓜年，三巡以来绿叶成荫矣！所以，茶注宜小，小则再巡以终。宁使余芳剩馨，尚留叶中，犹堪饭后供啜漱之用。"许次纾《茶疏》以女子"婷婷袅袅""碧玉破瓜"和"绿叶成荫"三个年龄段为喻，来说明一壶茶之饮的"点瀹"原则，形象生动，内涵深刻。

第六，茶壶：茶味亦决定于茶壶。明周伯高《阳羡茗壶系》，称宜兴茶壶"取诸其制以本山土砂，能发真茶之色香味"。《茶录》

说："金乃水母，锡备刚柔，味不碱涩，作铫最良。制必穿心，令火气易透。"因制茶壶质料宜无土气，故历来以宜兴紫砂壶为佳品。《茶疏》云："茶壶，往时尚龚春；近日时大彬所制，大为时人所重。盖是粗砂，正取砂无土气耳。"

这是总体而论，茶味是由茶的本质属性和茶人的审美情趣所决定的。

钱谦益《戏题徐元欢所藏钟伯敬茶讯诗卷》诗有"钟生品诗如品茶，龙团月片百不爱，但爱幽香余涩留齿牙"之句，可以反其道而曰"品茶如品诗"。茶味，本来因品种而异，因土质而异，因气候而异，因水质而异，因火候而异，因茶具而异，因品茶人的心情而异。然而，无论何种茶，何种水，何种人，其茶味共同的最高境界是"至味"。味，是一种美感，一种审美感受。"至味"，是味之最美者。陆次云认为，"此无味之味，乃至味也。"其之为至理名言，是因为它合乎自然，出乎天然，纯乎淡然，饱含着最为深邃的哲理。

当人的审美感受并不停留在物质本身的滋味之别，而是着意品味其蕴涵的审美价值和社会人生境界之时，此之味早已失去了其本体之味，而异化为一种"无味之味"。这种"味"没有物质之味，唯有一种融合了各种滋味的"淡"，淡得像一杯白开水，无色，无味，充溢者一种"太和之气"。

太和之气，是一种自然真气，是一种受之于天地的生命之气。"太和"，即"大和"。原出于《周易·乾·象辞》："保合大和，乃利贞。"北宋理学家张载主张宇宙本体论，认为宇宙之本体由阴阳二气构成。太和就是阴阳二气既矛盾又统一的状态。其《正蒙·太和》云："气不能不聚而为万物，万物不能不散而为太虚。"

并以"太和"为"道"，云："太和所谓道，中涵浮沉、升降、动静相感之性，是生氤氲相荡、胜负、屈伸之始。"认为"道"乃是天地之气升沉变化或阴阳相推的一个过程，故"太和"就是"道"。品茶之淡而无味，而"觉有一种太和之气弥沦于齿颊之间"，犹如得"道"飞仙一样，到达了茶道的最高境界。

茶汤的美味，千奇百怪，给人无尽的审美享受，是实用美学中的重要内容。一般来说，茶的滋味，因鲜叶质量、制作工艺与茶汤中呈味成分的数量、比例及组成结构的不同，而呈现出多样化的审美特征。据此，茶学界将茶汤滋味分为以下14种主要类型：

类 型	滋味形成依据	滋味审美特征	举 例
浓烈型	鲜叶嫩度好，为一芽二三叶，肥厚壮实，内含滋味物质丰富	口感滋味，先似苦涩味浓，后回味甜而爽口，如嚼新鲜橄榄	屯绿、婺绿、保靖黄金茶
浓强型	鲜叶嫩度好，内含滋味物质丰富，红茶制法，萎凋偏轻，揉切充分，发酵适度	味感浓烈，黏滞舌头，有较强刺激性	红碎茶、湘茶红（金毛猴）
浓醇型	鲜叶嫩度好，内含滋味物丰富，制作工艺得当	回味甘甜，有较强刺激性和收敛性	工夫红茶、毛尖毛峰、部分青茶

浓厚型	鲜叶嫩度好，叶片厚实，制法合理	口感内含物丰富，有较强刺激性和收敛性，回味甘爽	舒绿、遂绿、石亭绿、凌云白毫、滇红、武夷岩茶、桃源大叶
醇厚型	鲜叶较嫩，质地好，制作工艺正常	口感厚实，醇浓甘甜	绿茶之火青、古丈毛尖，青茶之乌龙茶、铁观音、水仙，红茶之闽红、祁红、川红，湖红等
陈醇型	鲜叶尚嫩，制作有发水闷堆之陈醇化过程	陈醇味	安化黑茶、六堡茶、普洱茶
鲜醇型	鲜叶较嫩，新鲜，加工及时，绿茶、红茶或白茶制法	茶味鲜而醇，回味鲜爽	太平猴魁、紫笋茶、高级烘青、大小白茶、高级祁红、宜红
鲜浓型	鲜叶嫩度高，新鲜，叶厚芽壮，水浸出物含量高，加工及时合理	茶味鲜而浓郁，回味爽快有韵味	黄山毛峰、石门银峰、茗眉、金骏眉
清鲜型	鲜叶一芽一叶，新鲜，红茶或绿茶制法，加工及时合理	口感鲜爽，有清香味	蒙顶甘露、碧螺春、雨花茶、碣滩茶、都匀毛尖、白琳工夫等
甜醇型	鲜叶嫩，新鲜，加工制作合理	味感鲜甜清醇、醇甜、甜和、甜爽	安化松针、恩施玉露、安吉白茶、小种工夫红茶

鲜淡型	鲜叶嫩，新鲜，鲜叶含多酚类、儿茶素、水浸出物少，而氨基酸较高，制作工艺正常	茶汤味较淡，鲜嫩舒服可口	君山银针、蒙顶黄芽
醇爽型	鲜叶嫩度好，加工合理	茶味不浓不淡、不苦不涩，回味爽口	黄芽茶、工夫红茶
醇和型	鲜叶较嫩，加工正常	茶味不苦涩，有厚实之感，回味醇和平弱	安化黑茶之天尖、广西六堡茶，中级工夫红茶
平和型	鲜叶较老，芽叶多半老化，制作工艺正常	茶味端庄平和，口感甜净，不苦不涩	此类茶甚多，绿红黄青黑皆有：绿茶汤伴有黄绿色或橙黄色，叶底色黄绿稍花杂；红茶伴有红汤，香底，叶底花红；青茶伴有橙黄色，叶底色杂；黄茶有深黄色，叶底色比较黄暗；黑茶伴有松烟香。

第二节　茶形：茶叶的形态之美

茶叶形态美学，是一门对茶鲜叶与干茶叶的外部结构形态进行美学分析的科学。

茶叶是茶树之叶，其千姿百态的外部形态，本身就是自然美的载体之一，是最完美、最和谐的美学形态。

一个嫩芽，一片绿叶，如雀舌，如鸟喙，如旗枪，是茶树无限生机的象征，是茶叶蓬勃生命力的标志，是植物生命美学的外部形态之美的表征。

茶叶的原初形态，是鲜叶的本然形态之美，大致有以下四种：

一是"雀舌"，二是"鸟喙"，三是"枪旗"，四是"嫩茎"。北宋梅尧臣《南有嘉茗赋》，有"一之日雀舌露，掇而制之"者；"二之日鸟喙长，撷而焙之"者；"三之日枪旗耸，搴而炕之"者；"四之日嫩茎茂，团而范之"者。此四种茶叶形态，皆以比喻出之，反映了茶叶生长的不同时段上的不同形态之美。沈括《梦溪笔谈》卷24论茶叶的形态之美云：

> 茶芽，古人谓之雀舌、麦颗，言其至嫩也。今茶之美者，其质素良，而所植之木又美，则新芽一发，便长寸余。

其细如针，唯芽长为上品，以其质干、土力皆有余故也。如雀舌、麦颗者，极下材耳。乃北人不识，误为品题。余山居有茶论，复口占一绝云："谁把嫩香名雀舌，定来北客未曾尝。不知灵草天然异，一夜风吹一寸长。"

雀舌，是茶叶初长的一种形态。其美如雀舌、麦颗者，比喻茶芽之嫩也。而沈括指斥茶之雀舌、麦颗命名者，是出于对茶芽实际饮用功能之考虑，并不否定茶芽的此种形态之美。

最为普遍的茶叶原初形态，当首推"枪旗"。早春之茶，茶芽未展者曰枪，已展者曰旗。形象生动逼真，是茶叶原初形态美学的集中体现。以茶的植物生命属性而言，"茶以枪旗为美"（李诩《戒庵老人漫笔》）。枪者，比喻茶芽尖细如枪；旗者，比喻茶叶展开如旗。所谓"枪旗"，是指茶树上生长出来嫩绿的叶芽，以其叶芽的形状如一枪一旗而得名。

茶叶，是茶树的绿色生命；而"枪旗"，是茶的一种蓬勃旺盛的生命力的表现。"枪旗"（或曰"旗枪"）之说，最早出自唐代。例如，唐人陆龟蒙《奉酬袭美先辈吴中苦雨一百韵》自注云："茶芽未展曰'枪'，已展者曰'旗'。"

五代蜀人毛文锡《茶谱》云："团黄有一旗二枪之号，言一芽二叶也。"

宋代以"枪旗"之喻茶叶者渐盛。周绛《补茶经》云："芽茶只作早茶，驰奉万乘尝可矣。如一旗一枪，可谓奇茶也。"（见《宣和北苑贡茶录》）

茶叶经过制作加工，茶叶形态有了诸多改变。干茶各式各样的外形之美，呈现出千姿百态的美学形态，是人工制作的结果，具有不同的审美个性。

茶叶外形，是茶叶的外部形态特征。包括形状和色泽两个方面。先看当今流行的中国干茶叶的形态美学特征：

干茶形状	类 别	形态美学特征	举 例
长条形		具有圆泽之美。茶紧结而有锋苗，切面圆浑，有光泽或菱角毛糙	红茶之工夫红茶、小种红茶，绿茶之炒青、烘青、晒青、珍眉，黑茶之黑毛茶、天尖、六堡茶，乌龙茶之水仙、岩茶，特种茶之黄芽、信阳毛尖等。
卷曲形		具有卷曲之美。条索紧细而自然卷曲，多密布白毛茸茸	碧螺春、都匀毛尖、高桥银峰
圆珠形	珠圆形	滚圆紧细，状如珍珠	珠茶
	腰圆形	腰圆卷结，状如纺锤	涌溪火青
	拳圆形	如拳头卷结	贡熙
	盘花形	卷曲紧结，形似盘花	泉岗辉白
	圆柱形	长条圆柱，花格篾篓	安化千两茶，长 1.5 米，重 36.25 公斤，被称为"世界茶王"
螺钉形		揉捻或包揉中茶条顶端卷曲而成螺钉形状	铁观音、色种、乌龙茶、闽南青茶
扁形		多为特种茶，外形扁平，光滑，尖削而挺直	西湖龙井、旗枪、大方、湄江翠片、天湖凤片、仙人掌茶

针 形		外形紧圆挺直，两端略尖如针状	君山银针、安化松针、雨花茶
花朵形		多为轻揉或不揉而干燥者，芽叶相连并舒展开而形似花朵	白牡丹、绿牡丹、沩山毛尖、小兰花茶
尖 形		呈两叶抱芽状，自然伸展，不弯不翘，两端略尖	太平猴魁
束 形		将条形茶理条后用丝线捆扎而成束状	菊花茶、龙须茶
颗粒形		外形细紧、匀齐如颗粒状	红碎茶、绿碎茶、造粒速溶茶
片 形	整叶状	单叶完整，叶缘向背翻卷，状如瓜子	六安瓜片
	细叶状	经切细筛分而成	三角片、秀眉
团块形	砖 形	由毛茶蒸压造型而成团块状	黑砖、花砖、茯砖、老青砖等
	枕 形		金尖、康砖、芽细
	碗臼形		沱茶
粉末形		以原茶切碎或粉末	茶末、超微茶粉
		以茶的抽提物喷雾干燥而成	速溶茶
雀舌形		鲜叶为一芽一叶初展，制作后形如雀舌	顾渚紫笋、敬亭绿茶、黄山特级毛峰
环钩形		茶叶条索紧细弯曲，如环如钩	鹿苑毛尖、歙县银钩、桂东玲珑茶、广济寺毛尖、官庄毛尖、碣滩茶、九曲红梅

干茶的色泽，是茶叶形态之美的重要组成部分。这种色泽，反映在茶叶的形体上，使茶叶本身更显示出一种亮丽的光泽之美。一般干茶的色泽，有翠绿、深绿、墨绿、黄绿、铁青、浅黄、金黄、黄褐、黑褐、灰绿、砂绿、清褐、乌黑、棕红等类型，自然界的各种颜色，在茶叶的色泽上皆有所体现。应该说，茶叶的色泽，是自然色彩美学的一种反映。

叶底，是茶叶冲泡后的渣滓。但由叶底之形，可知茶叶品种质地好坏。叶底的形态之美，大体有芽形、雀舌形、花朵形、整叶形、半叶形、碎叶形、末形等七种形态。

第三节　茶艺：茶人的无言之美

茶艺，是中国茶道乃至中华茶文化的一种表现形式，也是茶人品茶无言之美的艺术表征与文化载体。

无言之美，是语言艺术境界的无言状态，是对审美语言学的反拨。

从老子《道德经》所追求的"大象无形""大音希声"到白居易《琵琶行》所描写的"此时无声胜有声"的音乐艺术，无言之美乃是中国语言艺术所追求的最高审美境界。

我们认为，"和"是茶道的核心，也是茶文化和茶美学的灵魂。和者，合也，和谐也，协调也，和和美美之意。

茶，首先是茶叶与水的和合之物。茶叶，是茶之本体，是茶道之本原；水，是生命之源，也是品茶之源，是茶道之源。

【茶百戏】

茶百戏，原名汤戏，是唐宋流行的一种茶艺，起源于唐宋煎茶、分茶工艺。因其茶汤倾入茶盏之时，茶汤表面形成一种奇幻莫测、如诗如画的物象，似山水田园，似自然景观，似人事百态，可观，可赏，瞬息即逝，想象空间极其开阔而又奇妙。

这种茶汤，最初谓之汤幻茶，而其物象谓之汤戏。

这种汤戏，是茶汤的表面物象艺术。最先见于《全唐诗外编》下册记载：晚唐诗僧福全的《汤》诗。作者在《汤》字题下自注"汤幻茶"，又有诗序说："馔茶而幻出物象于汤面者，茶匠通神之艺也。"沙门福全生于金乡，长于茶海，能注汤幻茶成一句诗，并点四瓯，共一绝句，泛乎汤表。小小物类，唾手辨耳。檀越（犹言"施主"）日，造门求观汤戏，（福）全自咏曰："生成盏里水丹青，巧画工夫学不成。却笑当时陆鸿渐，煎茶赢得好名声。"

茶百戏，出自陶谷的《清异录》。陶谷，五代为翰林学士，入宋即历任礼部、刑部、户部尚书。嗜茶，曾得到党进一美姬，命其以雪水烹茶。问道："党家有此风味吗？"美姬回答："他是粗人，只知销金帐下，浅酌低唱，饮羊羔酒而已。"陶谷听了，深感愧疚。他著录的《清异录·茶百戏》曰："近世有下汤运匕，别施妙诀，使汤纹水脉成物象者，禽兽虫鱼花草之属，纤巧如画，但须臾即就散灭。此茶之变也，时人谓之茶百戏。"

【斗茶】

斗茶，亦称斗茗，是宋元时期盛行于茶人之间的一种茶叶质量好坏与茶艺精湛差异的竞赛活动，开创了中国茶叶评比竞争之先河。斗茶之风，盛于宋代。宋初范仲淹有《和章岷从事斗茶歌》，诗云：

> 年年春自东南来，建溪先暖冰微开。
>
> 溪边奇茗冠天下，武夷仙人从古栽。
>
> 新雷昨夜发何处，家家嬉笑穿云去。
>
> 露芽错落一番荣，缀玉含珠散嘉树。

终朝采掇未盈襜，唯求精粹不敢贪。

研膏焙乳有雅制，方中圭分圆中蟾。

北苑将期献天子，林下雄豪先斗美。

鼎磨云外首山铜，瓶携江上中泠水。

黄金碾畔绿尘飞，紫玉瓯心翠涛起。

斗余味兮轻醍醐，斗余香兮薄兰芷。

其间品第胡能欺，十目视而十手指。

胜若登仙不可攀，输同降将无穷耻。

于嗟天产石上英，论功不愧阶前蓂。

众人之浊我可清，千日之醉我可醒。

屈原试与招魂魄，刘伶却得闻雷霆。

卢仝敢不歌，陆羽须作经。

森然万象中，焉知无茶星。

商山丈人休茹芝，首阳先生休采薇。

长安酒价减千万，成都药市无光辉。

不如仙山一啜好，泠然便欲乘风飞。

君莫美花间女郎只斗草，赢得珠玑满斗归。

襜(chān)：系在衣服前面的围裙。《诗经·小雅·采绿》："终朝采蓝，不盈一襜。"据刘斧《青琐高议》卷九记载：范文正《采茶歌》为天下传诵，蔡君谟暇日与希文聚话。君谟谓公曰："公《采茶歌》脍炙士人之口久矣，有少意未完。盖公方气豪俊，失于少思虑耳。"希文曰："何以言之？"君谟曰："公之句云：'黄金碾畔绿尘飞，紫玉瓯心翠涛起。'今茶之绝品，其色甚白，翠绿乃茶之下者耳。"希文笑谢曰："君善知茶者也，此中吾诗病也。君意如何？"君谟曰："欲革公诗之二字，非敢有加焉。"

公曰："革何字？"君谟曰："绿、翠二字也。"公曰："可去！"曰："黄金碾畔玉尘飞，紫玉瓯心素涛起。"希文 喜曰："善哉！"又见君谟精于茶，希文服于议。议者曰：希文之诗为天下之所共爱，公立意未尝徒然，必存教化之理，他人不可及也。于嗟：叹息声。天产：言茶叶乃天地之生产者。荚：即蓂荚，传说中的瑞草。据《白虎通·封禅》，蓂荚从初一到十五，每天生长一荚，从十六到月底，每天落一荚。故看荚数则可知天数。商山丈人：指秦末汉初隐居于商山的东园公等四位老人，谓之"商山四皓"。茹芝：以芝兰芳草为食。首阳先生：指因不食周粟而隐居于首阳山以采薇为生的伯夷与叔齐。成都药市：唐宋时代兴盛于成都的药材市场。陆游《老学庵笔记》卷六云："成都药市，以玉局化为最盛，用九月九日；《杨文公谈苑》云七月七日，误也。"

此诗写得生动形象，大气磅礴，挥洒自如，脍炙人口。宋人蔡正孙《诗林广记》引《艺苑雌黄》云："玉川子有《谢孟谏议惠茶歌》，范希文亦有《斗茶歌》，此二篇皆佳作也，殆未可以优劣论。"蔡氏以二首茶诗比肩，余今日读之，亦有同感，以为二诗皆中国茶文化史上的里程碑之作。此诗为斗茶而歌，是宋代社会斗茶之风的产物。一般学者认为：北宋前期士人斗茶，承唐五代之习，以绿茶为贵，一斗茶味，二斗茶香。直到北宋后期，宋徽宗以白茶为茶瑞，宋人方以白茶为贵。然而如刘斧《青琐高议》卷九记载蔡君谟与范希文所论，则北宋前期品茶已经崇尚白茶矣。所谓"今茶之绝品，其色甚白，翠绿乃茶之下者耳"。宋徽宗以白茶为茶瑞，只是使宋人斗茶"尚白"之习宗法化而已。这正是此诗的茶学价值与历史意义之所在。而"众人之浊我可清，千日之醉我可醒"的诗句，正是千古茶人遗世独立、严以自律、

追求理想完美人格之美的自我宣言!

【千两茶茶艺】

现代茶艺表演的程序化,其缺陷是套路化、格式化,多是大同小异的,缺少个性化,但能体现中国茶道的文化精神者并不多见。观赏多了,也令人乏味。于是需要改革,大胆创新。我们对安化千两茶茶艺予以改造,设计出如下《千两茶茶艺解说词》:

1. 第一道:花卷迎宾

"伟哉中华兮,万里茶香;妙哉花卷兮,千秋名扬。玉叶金枝,吸天地之精气;花格篾篓,聚日月之灵光。"俗话说:"千金易得,一茶难求。"各位朋友,诸位嘉宾,今天您喝到的是被誉为"世界茶王"——中国茶叶国宝的千两茶。

2. 第二道:世界茶王

千两茶,最富有文化内涵,是当之无愧的世界茶王。

千两茶的形状是圆柱形,如《周易》八卦之首的"乾"卦"一"。一者,天也,道也。天为阳,具有阳刚之气;道为自然法则,《老子》曰:"道生一,一生二,二生三,三生万物。"世间万物,皆为"一"所生。千两茶长165cm,重量36.25公斤,是世界茶叶包装中最大最重最具特色的茶,因而千两茶最有资格称"老子天下第一"。

3. 第三道:阳刚之美

千两茶,最富有男人的魅力。其形如张家界的镇海神针,貌如顶天立地的擎天柱,威力如孙悟空巨大无比的金箍棒。

千两茶经过千锤百炼，日晒夜露，电闪雷鸣，吸取天地之精气，聚集日月之灵光，如猛虎气吞万里，如雄狮呼啸千载，是自然界一切神奇力量的汇集，是阳刚之美的表现，是男人气派的荟萃，是文明之师、威武之师的象征。

4. 第四道：泰山北斗

泰山为五岳之首，北斗是星宿之魁。千两茶制作有其神秘的"七星灶"，七星灶里，运转乾坤。七星，就是北斗七星，是茫茫夜空中的指路明灯。千两茶的制作工艺，必须经过七星灶的烘烤，将日月星辰纳于灶里，将天地山川容于茶叶，吸天地之精气，聚日月之灵光。因此，千两茶乃是世界茶叶中的"泰山北斗"。

5. 第五道：花格篾篓

千两茶的包装，既有浓郁的地方特色，又有粗犷博大之美。它如肃穆的崇山峻岭，如奔腾呼啸的大海，出自中国楠竹之乡的益阳地区安化县，以竹篾为表，以篾篓而装，花格篾篓，是其外包装的古朴原始之美，是茶叶与大自然的融合为一，显示出中国男人的粗犷与大气，豪放与博力，成熟与完美，是中华民族文化性格、完美人格与奋发精神的象征。

6. 第六道：汤泉沸玉

千两茶的冲泡，一般经过七道工序：一是锯饼，而成三厘米厚；二是取适量茶块切散，投入紫砂壶；三是润茶，以沸水洗尽凡尘；四是冲泡茶叶，三起三落，如凤凰点头；五是闷茶10秒钟，茶汁溢出，如汤泉之沸玉；六是滤茶，将茶汁倒入公道杯；七是斟茶，请君共品共饮千两茶。

7. 第七道：黑美人分

美人捧茶。千两茶，是中国黑茶之王。我们把千两茶比喻为黑美人，一是著名诗人苏轼早就将茶比喻为佳人，说是"从来佳茗似佳人"；二是出于闻名遐迩的美人窝，出自美丽的桃花江畔，人们唱着"桃花江上美人多"的歌曲，喝着美人捧着的千两茶；三是"湘女多情"，茶缘万里，而今美女捧黑茶，风情万种，笑媚百态，代表着多情湘女的脉脉情愫。

8. 第八道：色泽千秋

千两茶之汤色，水色光滑，明净亮丽，无沉淀，无浑浊，茶色淡者橙黄，浓者橙红，周边呈现金黄色圈，如同镶着黄色金边。如蛋黄，如琥珀，如咖啡，红浓明艳，不是洋酒，胜似洋酒。这种色泽之美，富贵而不豪华，亮艳而不妖丽，朴实中呈现高雅，醇厚中显示甜润，是桃花江美女的姿色容颜，是安化松竹的魅力无限。千两茶分，色泽千秋。

9. 第九道：香飘四海

千两茶之香，纯厚醇和，具有十一种不同于绿茶的香气成分，来源于竹篾之竹香、棕叶的棕香、箬叶之清香、茶叶经过渥堆之后的发酵香、七星灶松柴明火烘烤之后的松香，经过七七四十九天日晒夜露的天地自然之香，加之西北少数民族掺牛奶煮之而成奶茶，使它又富有了新的奶香。千两茶之香，集自然界一切香气之大成，是香气的渊薮，是香味的海洋。请君闻一闻千两茶之香，香溢四海，神奇飘逸，沁人心脾。

10. 第十道：美意延年

"美意延年"，是饮茶的终极目的。千两茶之饮，为茶，亦为药。其药理功效奇特之美，主要表现在医治肠胃炎、降血压、降血脂、降血糖、治疗糖尿病等方面，可以瘦身，男人更健康，女人更漂亮，是当今世界防治都市富贵病的最佳保健饮料。长期以来，千两茶等安化黑茶，是古丝绸之路上的神秘之茶，因被列为"官茶"与"边销茶"，而鲜为内地人所知晓。而今揭开千两茶的神秘面纱，一个东方黑美人亭亭玉立在我们面前。追求她、珍爱她、钟情她，因为她奉献给您的是健康长寿，是美意延年。

这种茶艺，没有套路，没有程式，却清新自然，将千两茶的品质、特征、功效、地位表述得淋漓尽致，再配合以《千两茶舞》，茶艺表演融音乐、舞蹈、解说词于一体，大气，豪放，男子汉的舞蹈与茶艺师细腻温柔的茶艺表演结合在一起，阳刚阴柔，阴阳调和，如同天地之合，是茶美学"阳刚阴柔"两大审美范畴集于一身的体现，属于中国现代茶艺表演中的一支奇葩。

茶艺表演，承载于茶道，却是一种无言艺术，如哑剧之于观众，全凭动作手势表达茶道的丰富内涵，观众与茶艺师之间的交流是茶艺，是以心会心，是心灵的碰撞，是对茶道的共同感悟。优美深邃的茶艺表演，我们称之为"无言之美"。

无言之美，是一种高雅的审美形态。中国先人特别注重这种审美形态，从《论语·卫灵公》的"言不及义"到《周易·系辞》的"书不尽言，言不尽意"，从《庄子·外物》的"得鱼而忘筌""得意而忘言"到严羽《沧浪诗话·诗辩》的"不涉理路，不落言筌"，从魏晋玄学家荀粲、王弼、嵇康等的"言不尽意"论到白居易《琵

琶行》的"此时无声胜有声",既为无言之美奠定了哲学基础，也为茶艺表演中的"无言之美"提供了学术文化依据。1924年著名美学家朱光潜的《无言之美》一文，使"言有尽而意无穷"之论上升到一个新的美学高度。

茶道的茶艺表演，就是这种美学意义上的"无言之美"。这种"无言之美"，如诗如画，如梦如幻，犹如大地之载物，蕴涵深邃，而又博大精深；犹如日月之运行，春风化雨，而又丽泽千秋；犹如河岳英灵，肃穆沉静，而又流韵高雅；如绝代佳人，其醉态笑影，教人倍觉倾城倾国之感；如千古韶乐，其韵律声情，令人顿生如醉如痴之叹。

"此时无声胜有声"，茶艺表演的无言之美，是茶道艺术普遍追求的一种比语言之美更为高妙的审美境界。

如果说茶艺是茶道的外在形式之美，那么茶道之"道"在于"无言"，茶道是"无言之美"的完美体现者。《周易·系辞上》云："是故形而上者谓之道，形而下者谓之器。"朱熹解释云："阴阳，气也，形而下者也。所以一阴一阳者，理也，形而上者也。道，即理之谓也。"

茶艺的主体是人，而茶的载体是茶壶。茶艺是人与茶的艺术之美，故于茶而言，茶道无形，是形而上者也；茶艺有形、茶壶为器，是形而下者也。茶道之"无言"，是"大象无形，大音希声"。

第十二章

茶礼：茶与礼仪美学

　　礼，原是宗法社会的一种礼仪制度，是宗法制度下的等级观念的产物，而后演化为一种人际关系，一种生活方式，一种行为规范。

　　中国是礼仪之邦。注重礼仪，是中华民族的传统美德和行为规范。以礼待人，以礼处事，以礼持家，以礼治国，"礼"成了一个人的生活方式和行为规范的重要准则，也成了一个国家制订经济方略和处理国际关系的基本原则。

第一节　茶礼之美

茶礼，是行为美学，属于中国礼仪美学范畴。

以礼仪美学论茶，中国人饮茶，中国茶道，都特别注重茶礼。

这种在历史上闪耀着亮丽光彩的礼仪传统，也鲜明地展现在中国茶文化上面。这就是所谓"茶礼"。

茶，以礼为尚。

茶礼，是日常茶事活动中的一种礼仪活动和规范化的礼节，也指订婚男子对女方所下的聘礼，是中国礼仪文化、礼仪美学在日常茶事和婚姻活动中的具体展示。

茶礼，在礼仪上重"敬"，在礼义上重"诚"，茶礼是对中国礼仪美学的具体实践。因此，茶礼一般性的礼仪文化规范与审美特征是：

其一，民族性。

茶礼，是属于一个民族的礼仪文化，具有鲜明的民族性特点。中国各民族均有各自的茶礼茶俗。如白族的"三道茶"，哈尼族的"土锅茶"，畲族的"三杯茶"，彝族的"女儿茶"，侗族的"见面茶"，壮族的"认亲茶"，瑶族的"打油茶"，傣族的"早晚茶"，回族的"盖碗茶"，哈萨克族的"乔迁茶"，土家族的"阴米茶"，藏族的"麦仁茶"，布依族的"苦酊茶"，维吾尔族的"轮班茶"，苗族的"祭祖茶"，普米族的"祭龙潭茶"，佤族的"敬客茶"，蒙古族的"敬奶茶"，拉祜族的"敬老茶"，裕固族的"摆头茶"，等等。各民族饮茶礼仪的差别性，是各民族在自我繁衍发展过程中长期形成的生活方式、审美情趣和民族文化性格的差异性造成的，是文化民族学乃至文化人类学的历史积淀。

白族的"三道茶"，乃是历史悠久的隆重的茶礼，颇具民族特色。这种茶"以椒、姜、桂和烹而饮之"（《蛮书》卷7），相传是唐代南昭王为强身健体而创制的，每天早晨喝三道茶。而作为一种茶宴，则盛行于明清时代。《徐霞客游记》记载这种茶时，说其"初清茶，中盐茶，次蜜茶"。后演变成白族的一种茶礼：头道茶，以沱茶为主料，以浓酽为特色，以清苦为佳；二道茶，以大理名茶"感通茶"茶汁为主，佐之以乳扇、核桃仁、红糖，以香甜为佳；三道茶，以"苍山雪绿"煎制的茶水为主，以蜂蜜加少许椒、姜、桂为佐料，给人以无穷的回味。据称三道茶的礼仪程式，有人总结为"十八序"："宾主就座，主客寒暄，品尝佳点，赏月观花，精心焙烤，佐料精作，汲泉煨煎，分道冲泡，进具盅杯，分盏冲茶，按客奉献，主客互敬，观其汤色，闻其香气，品其滋味，评茶述艺，祝福如意，躬身道谢。"茶礼的程序化过程，贯串着"敬""真""美"三德，以"敬"待客，以"真"待人，以"美"为礼仪规范。白族"三道茶"的礼仪规范，是中国各民族茶礼规范化的一个缩影。这"三

道茶"礼仪的十八程序，与其他民族的隆重茶礼也是大同小异，说明中国茶礼的基本规范是一致的。

其二，地域性。

不同的地域，有不同的茶礼。茶礼，也是不同的地域文化的礼仪化，是地方风俗在待客饮茶方面的规范化，一种历史沉积下来的礼仪文化传统。湘西苗族有祭茶神之习俗，基本仪式有三：早晨祭早茶神，午祭日茶神，夜祭晚茶神。传说茶神衣服褴褛，祭神时禁止嬉笑，否则茶神不会降生，白天在户外祭祀，须以布围遮，不准闲人进入；晚上在室内祭祀，须熄灭灯光。祭品，以茶为主，兼以米粑、纸钱、簸箕。云南祭狮子山女神茶，时间定于每年 7 月 25 日，青年男女盛装而至狮子山，围着篝火席地而坐，以茶、蜂蜜、酥油等为祭，祈求风调雨顺，万事如意。云南基诺山茶农祭祀茶树，每年正月各家祭祀，男子清早提一只雄鸡到茶树下宰杀，将鸡毛与鸡血涂抹在茶树干上，全家围着茶树，嘴里念着祝福吉祥的歌词："茶叶多多长，茶叶清又亮。树神多保佑，产茶千万担。"这念念有词，这喃喃自语，是祝福，是祈祷，是对茶树的颂歌，是对茶神的礼赞！

其三，民俗性。

茶礼是民俗文化的一种约定俗成，是共同认可、共同遵守的民间风俗习惯，是深深打上民俗文化烙印的饮茶礼仪，一种集体无意识。不同民族，不同地域，不同时空，就有不同的茶俗茶礼。

彝族，是一个重茶的民族，在长期的种茶、饮茶生活中形成了本民族自己的茶俗和茶规：

（1）各茶村设立"茶祭坛"，特备"祭茶"之用。

（2）严禁砍伐茶树，以免得罪于茶神。

（3）煮茶禁忌有：忌吐口沫，倒赃物于火塘；女人特别是经期妇女，不得跨越柴火荆棘，认为那会污秽火神与茶神；鸡狗猫之类，不得跨越火塘与茶具，否则为不祥之兆。

（4）饮茶礼仪：先敬祖先、神灵，次敬长辈，然后方可饮用。杯中茶渣不可倒掉，认为杯底倒光，会无茶无底，且视为无修养、不礼貌。

（5）早茶礼仪：彝族早茶，由男主人煮茶，全家人端坐火塘四周，一面烤土豆，一面候早茶。第一杯敬献家神，以手指蘸茶水弹指而出，以求祖宗保佑；而后烧出第一沸冲泡的茶要敬献给老人，第二三沸茶逐一递给其他家人，依辈分先后举杯。需续饮者，举杯请求续酌；长者及自烤者，可以自饮，不与他人共杯。

（6）待客茶：凡客人至，请让座于火塘上方，敬递一茶壶，请其自烤自酌，以尊重客人饮食习惯和口感滋味。

（7）饮茶姿势：饮茶须注意身份，身份地位不同，则饮茶姿势各异。一般人饮茶，如有长辈尊者在，则需起立弯腰，以双手捧杯饮茶，不可放肆不恭。彝族茶礼的规范化，足以说明茶礼的民俗性特征。饮茶习俗礼仪的民俗文化色彩是相当浓厚的。

其四，时代性。

茶礼是历史的积淀，是茶俗的传承，具有时空的延续性。但是，茶礼亦有其自身的时代特色，打上了特定时代的印记。如封建帝王与皇宫的茶礼，因喜庆功德而施，隆重热烈，是中国茶礼的宫廷化，也是中国茶文化的重要组成部分。

宫廷茶宴，肇始于中唐时代。唐德宗宫人鲍君徽，字文姬，鲍徵君之女。善诗，尚宫五宋若华、若昭、若伦、若宪、若荀五位女才子齐名。贞元中，并诏入宫，帝与侍臣赓和次韵。鲍君徽存诗四首，有《东亭茶宴》诗一首云：

闲朝向晓出帘栊，茗宴东亭四望通。

远眺城池山色里，俯聆弦管水声中。

幽篁引沼新抽翠，芳槿低檐欲吐红。

坐久此中无限兴，更怜团扇起清风。

此诗描写东亭茶宴，充分反映了唐代宫廷茶宴的盛况。在宋代茶礼中，有皇帝给侍讲、侍读和说书官赏赐茶和墨。《宋会要·崇儒》称皇帝"讲前赐茶墨，讲后赐香茶"。

宫廷茶宴，特别注重茶礼。这种宫廷茶礼，是中国宗法制度的礼仪化之一。直到清代，宫廷茶礼和宫廷茶宴，主要还有五种情况：

一、耕耤礼茶典

指每年三月，皇帝亲临先农坛举行扶犁三推之礼，以示劝农勤耕。礼毕，行赐茶礼。乾隆七年（1742），重订先农坛耕耤礼乐制：皇帝亲临三推三反，歌《三十六禾歌》；礼成筵宴：进茶、赐茶，丹陛清乐奏《春喜光》；进酒、赐酒，奏《云和迭奏》；进馔、赐馔，奏《风和日丽》。

二、经筵茶典

清代帝王重视经学，每年春秋二八月举行经筵讲学，先由

翰林学士主讲，然后皇帝发挥己见。礼成赐茶会宴，不设歌乐。自乾隆五十二年（1787）始设《抑戒》之章，并颁其古乐宫、商、角、徵、羽音律于乐部。

三、宫廷茶宴

如清宫庆典茶仪与为皇帝皇后举行的寿诞茶宴，有"千叟宴茶仪""万寿宴茶仪"和"千秋燕茶仪"：康熙五十二年（1713），康熙皇帝于畅春园宴请大臣、官员、士庶之65岁以上长者4240人；越三日，又宴请八旗、蒙古、汉军官中65岁以上者2605人；康熙六十一年（1722）元旦，于乾清宫宴请60岁以上文武官员及致仕者，御制七律一首，令与宴大臣赋诗纪盛，名之曰《千叟燕诗》。乾隆二十六年（1761），皇太后七旬寿辰，于香山宴请"三班九老"，与宴者合计2103岁，平均年龄77.8岁，时绘制《香山九老图》以纪盛。乾隆五十年（1785），依康熙成例于乾清宫宴请三千叟，命内务府筹办800席。茶宴礼仪先后为：乾隆升座，乐奏《隆平》之章；尚茶正（正三品）进茶，奏《寿恺升平瑞》之章。茶礼盛况之空前，被时人誉为"千载一时之嘉会"。

四、进茶之礼

清代宫廷茶礼，有奉献给皇帝的进茶之礼。昭梿《啸亭杂录》卷8记载清朝皇宫进茶之礼的基本程序：皇上升殿，大臣就席，行一叩礼，入座。"尚茶正升迓御筵，降乃进茶。丹陛清乐作，奏《海宇升平》之章，尚茶正率侍卫等举茶案由中道

（此处为装饰性插图）

进，至檐下正中北向跪，注茶于碗。进茶大臣奉茶入中门，群臣皆就本位跪。进茶大臣由中陛升至御前，进茶，退立于西。上饮茶，与宴之臣僚，咸行一叩礼。进茶大臣跪，受茶碗，由右陛降，出中门，众皆坐。侍卫等分赐予宴臣僚茶，皆于本位一叩，饮毕复行一叩礼。尚茶正沏茶案退，展席幂，乃进酒，如进茶仪。"如此繁复的进茶之礼，体现的乃是帝王至尊的宗法文化观念。

五、宫廷茶仪酬唱

清王朝宫廷茶仪，还有乾隆重华宫君臣联句茶宴。这是中国茶文化史上一次重大的宫廷茶事活动。以"三清茶"宴于重华阁者，终乾隆朝凡43次。三清茶，产于江西玉山，乾隆自谓其以松实、梅英、佛手三种烹茶，故谓之"三清"。乾隆皇帝于茶宴上与群臣赋诗联句，先有《重华宫集廷臣及内廷翰林等三清茶联句复得诗二首》，后有《三清茶联句》。这是中国诗歌史上最长的联句茶诗，远远超过了汉武帝的《柏梁台联句》。前有序文，君臣唱和，彼此呼应，一气呵成，其乐融融。此诗为七言诗，长达145句凡1015个字，除乾隆皇帝而外，和者多达28位大臣，他们对中国茶文化历史的烂熟与运用自如，令人惊叹不已。全诗内容丰富，大气磅礴，雍容典雅，帝王富贵紫薇之气溢于言表，不啻是古今茶文化故实之集大成者，堪称中国宫廷茶宴君臣柏梁体联句茶诗之最。

据英和《恩福堂笔记》记载，嘉庆元年（1796）正月，嘉庆皇帝又依照康熙、乾隆成例，于皇极殿以筵席、茶饮双宴

中华茶美学

三千叟，为记载此盛事，乾隆以太上皇身份又作《重华宫茶宴廷臣及内廷翰林等冰床联句复成二什》诗，其中有"一茶兼写心如水，三白同希雪压梅"之叹。

历代封建王朝宫廷茶宴特盛，这种宫廷茶宴礼仪，是封建宗法制度的产物，封建意识和时代色彩很浓郁，而今早已扫进中国茶文化的历史博物馆里去了。

六、婚庆茶礼

（一）婚礼与茶礼

中国 56 个民族的婚姻习俗，都与茶结下不解之缘。茶是婚姻家庭的纽带，也是爱情婚姻的和合象征。这是人类婚姻史上最为独特的文化现象，也是茶叶改变世界的明证之一。

古代婚俗中有所谓"行茶"者，指许婚后由男方下茶行聘，行茶礼品中必须有茶与盐，因茶产于山，盐出于海，依其谐音，即以"山茗海沙"之音比喻"山盟海誓"之意。所谓"下茶"，是指男方向女方行聘时，彩礼中必须有茶，因而得名。自唐宋时期开始而至于明清时代，凡女子受聘许婚者，则谓之曰"吃茶"。

清人崔颢《通俗编·仪节》云："俗：以女子许嫁曰'吃茶'，有'一家女不吃两家茶'之谚。"以茶为喻者，表示女儿为人贞洁不渝，一旦许嫁，则有一女不事二夫之意。明人郎瑛《七修类稿·吃茶》云："种茶下子，不可移植；移植则不复生也。故女子受聘，谓之'吃茶'。又，聘以茶为礼者，见其从一之义。"（按：古人不知茶树可以移植，故言。）宋人陆游《老学庵笔

记》卷四载："靖州民俗：男女未嫁时，聚而踏歌。其歌曰：'小娘子，叶底花，无事出来吃盏茶。'"历代文学作品亦有关于"吃茶"为女子婚嫁的描写，如汤显祖《牡丹亭·圆驾》云："俺俺俺，送寒食，吃了他茶。"《西湖佳话·断桥》云："[秀英]已是十八岁了，尚未吃茶。"清人金圣叹是著名的小说评点家，他有《三吴》诗云：

> 三吴二月万株花，花里开门处处斜。
>
> 十五女儿全不解，逢人轻易便留茶。

二月花开，十五女儿，天真无邪，不解"吃茶"寓意着"女子受聘"，故而闹出轻易留客"吃茶"的笑话。

（二）三茶六礼

"三茶"，一是提亲，二是相亲，三是迎亲，皆以茶为喻。女子开笄，待字闺中；媒人上门说亲，女子以糖茶敬媒人，此茶包含有美言之意。男子上门提亲，女子以茶相待，递上一杯热茶，两眼相对，情意绵绵；男子喝茶后，置钱币或其他贵重物品于茶杯之中，双手递给女子，若女子收受，则视为两心相许，即可正式进入谈婚论嫁阶段。迎亲茶，花样颇多。迎亲之日，男方派人送上三茶礼盒：其一层放置红枣、花生、桂子、龙眼和各色糖果，或桂子、莲子、瓜子、枣子、橘子等，含有"连生贵子"或"五子登科"之意；其二层放置金银首饰或房地产契、田契等；其三层放置各色布匹、绸缎、呢绒等。而洞房花烛之夜，男方以冰糖红枣、花生、桂子、龙眼等泡茶待客，包含着"早生贵子"之意。

云南出产一种"七子饼茶"，以为婚俗彩礼，旨在祝贺婚家多子多福、合家团圆之意。

"三朝茶"，指女子出嫁后三日，女方家送茶点、果品至女婿家，以馈赠男方公婆，表达男女亲家和睦之情。亦有女子出嫁后九日送茶礼者，称之为"九朝茶"。

婚姻茶礼，也是一种约定俗成。其"三茶六礼"，就是古代婚俗中的规范化茶礼，用于明媒正娶。所谓"三茶"，即以下聘为下茶与女子受茶、以男女定亲之茶为定茶、以结婚同房之茶为合茶。所谓"六礼"，是指从议婚到成婚全过程中的六道程序：即纳采、问名、纳吉、纳征、请期、迎亲。（见明人陈耀文《天中记》卷44《仪礼·士婚礼》）新婚三日内，新郎新娘每天晚上都要在堂屋里向亲友们敬茶，以示"甜蜜"之义，茶中须加红糖。敬茶过程中，客人多出茶令、茶谜、茶歌、茶诗、茶联等，来为难新郎新娘。答不出就处罚，弄得大家哄堂大笑，气氛热烈欢快，乐而忘归。

【彝族女儿茶】

彝族的婚俗茶礼。彝族女儿出生后，其父母在其房屋前后种植几株茶树；待女儿长大成人而出嫁时，即以这几株茶树作为陪嫁礼物之一，再种植在女儿婆婆家的茶园里，作为男女双方家庭联姻和亲情的象征。

【白族订婚茶】

白族少男少女未成年，即由父母为其选择对象，根据他们

的生辰"合八字"，八字相合者就订婚。男方送给女方订婚茶礼，有猪肉、糖果、米酒、糍粑、衣布、首饰、聘金、礼茶等，这就是"订婚茶"。从订婚到结婚，逢年过节，男方都要去送茶礼，一旦茶礼中断或女方拒绝接受茶礼，就意味着解除婚约。

【傈僳族红糖油茶】

傈僳族的婚俗茶礼。接亲时，女方要给前来迎亲的客人先喝一杯熬煎得很苦很浓的茶，然后献上一杯红糖油茶，寓示着新婚夫妇同甘共苦，苦尽甜来。

【壮族认亲茶】

壮族婚礼，新娘进门时，公婆要暂时回避，意在避免与媳妇发生"冲撞"，保持家庭和睦相处。待新郎新娘拜过天地祖先,公婆才被请上堂来接受拜见。婆婆赐给新娘一杯香茶，新娘一饮而尽，以示从此属于夫家，敬重公婆、丈夫和亲属；而后新娘双手端茶杯，逐一向公婆等夫家长辈敬茶，并接受长辈和宾客送的红包贺礼。这种婚俗茶礼，旧时汉族家庭依然流行。

【扣茶饭】

皖北地区的一种婚俗茶礼。凡新娘出嫁，举行婚礼之日，要从清晨梳妆哭到深夜闹洞房，新娘整天不能上厕所。故婚前几日即须减少饮食，只吃些含水量少、不易于消化的鸡蛋、白果之类。这种限制新娘饮用茶饭的婚俗，称之为"扣茶饭"。

中华茶美学

【畲族吃蛋茶】

浙南一带畲族婚俗茶礼。娶亲之日,在一片喜庆的鞭炮声中,男家派"接姑"二女引新娘进入中堂。此时,婆家挑选一位父母健在的年青姑娘给新娘递上一碗甜蛋茶。依照风俗,新娘只能低头饮茶,不能吃蛋;如果吃蛋,则被认为不稳重,会受到丈夫和亲友的歧视。待送亲客人吃完蛋茶后,新娘将事先准备好的红包放在茶盘上,称之为"蛋茶包",对端茶姑娘表示谢意。

【仡佬族三台酒宴茶】

仡佬族流行三台酒宴茶的婚俗茶礼,称之为"三幺台"或曰"三台宴席"。婚宴依次分为三台:第一台为茶席,以清茶为主,辅之以糖果点心,以及核桃、板栗、花生、白果、葵花子等干果之类;第二台为酒席,以白酒为主,佐之以凉菜、咸菜、盐蛋、豆腐干等;第三台为正席,吃饭菜。新郎新娘依次向客人敬茶倒酒。

【独龙族征婚茶】

独龙族征婚茶,是具有悠久历史的婚俗茶礼,至今仍然风行于独龙族居住的山寨。男女双方相爱,男方则告诉阿妈。阿妈先征得孩子舅舅同意后,则请媒人去女方家说媒。媒人带去的有茶叶、茶壶、茶碗和美丽的包袱,到女方家后,自己亲自提水、烧水、沏茶,向女方家父母和亲属献茶。若其父母与亲属将茶一饮而尽,婚事就算成功了;若无人喝茶,且茶凉了又换,换了又凉,媒人则次日再去;如此一而再,再而三,女方父母仍然不喝,则表示女方不同意这门亲事。若男方仍有诚意,

也要待明年再来提亲。

【畲族迎亲茶】

畲族迎亲茶，是一种历史悠久的婚俗茶礼，至今尚在继承应用。娶亲前二日，新郎和"当门赤郎"（厨师）等人来到新娘家，筹办婚礼酒席，举行迎亲仪式。首先男方"当门赤郎"向女方厨师唱"借锅歌"，借用女方一切炊具，以便做饭请客；歌罢，女方厨师送给当门赤郎一杯迎亲茶；当门赤郎接过茶不喝，开始点火烹调。而在旁看热闹的女方亲友却设法阻止当门赤郎的炊事，借以取乐；当门赤郎需巧妙地排除阻挠，点火下厨；饮过迎亲茶，当门赤郎送给女方厨师一个红包，还给他茶杯。

【裕固族烧新茶】

甘肃裕固族的"烧新茶"，民间婚礼茶俗，则表现女子的贤惠能干。按照裕固族的婚俗，婚礼次日天亮前，新娘早起下厨，第一次在婆家点燃灶火。新娘将事先准备好的干草用火镰点燃，再将干牛粪倒进灶里，在火上浇点酥油、炒面、曲拉，使火势更旺盛，既以之祭祀天地和灶神，又寓示着今后的日子红红火火，亦显示出新娘的勤劳能干。生新火后，新娘用新锅煮一锅新茶（酥油奶茶），新郎请来聚族而居的全家老小，依辈分、称谓向新娘一一介绍，新娘即一一敬茶。对婴儿小孩，新娘要亲自喂其一小口酥油。

【彝族茶礼】

彝族以茶和酒为聘礼，迎亲婚礼，即由新娘的舅舅、叔伯、

中华茶美学

兄弟陪送至夫家。夫家则选择亲戚邻里中一对年轻美妙、举止端庄的姑娘和小伙子迎亲，二人双手托茶盘，侧面躬身，按尊卑次序，一一敬茶。茶毕，新娘行分辫礼，将原来的单发辫子改梳成双辫，表示从此成为已婚之妇。之后，新娘由舅父等亲属送进新房，开始煮茶敬献公婆姑嫂。其敬茶的献词为：

> 一碗茶水献与翁，希望公公好教导。
>
> 一碗茶水敬与婆，希望婆婆常指点。
>
> 一碗茶水送给姑，希望姑嫂多宽容。
>
> 一碗茶水奉给夫，希望郎君会相处。

献茶歌词的现代意识，足以说明彝族迎亲茶礼的历史承继性和创造性。

【白族蝴蝶茶】

云南大理的白族同胞，则流行用"蝴蝶茶"迎亲。"蝴蝶茶"，即用松子和葵花子拼成一对蝴蝶，泡在红糖茶水中而成。新婚之日，新郎去女方家迎亲，女方伴娘向新郎新娘敬献蝴蝶茶和蜂蜜糖水，象征着夫妻生活如蝴蝶泉传说中的雯姑、雯郎一样，生活甜蜜，生死相依，白头偕老。

第二节　茶服之美

茶服，是指茶人的艺术服装，有男女制服之别。

茶服，是服装艺术，是服装美学，是服饰文化之历史传承，也是茶艺服饰之美的现代创意。

茶服的美学规范，可以用"雅致大方"四个字来概括。雅致，是指其高雅、优雅、淡雅、素雅、文雅、静雅、典雅；大方，是指其款式落落大方而不小气，飘逸潇洒而不俗气；着装得体、赏心悦目，而不另类。款款茶服之美，应该是鄰波荡漾的洛水女神，敦煌壁画中的群仙飞天，是蓬莱仙阁上的神女翩翩，是李白诗笔下的羽衣霓裳。

茶服之美，服务于茶艺，是茶艺之美的人文包装。当今之世，茶服设计有几种不良倾向：一是仿古复古，或汉服，或唐服，又三不像；二是世俗化，或村姑服，或采茶服；三是宗教化，或道士服、女冠服，或和尚服、或尼姑服，都显得俗不可耐，是最令人忌讳的。

茶服的美学原则：①因时而变；②因地制宜；③因人而异；④因茶类而变。

从审美传统来思考，茶服款式制作的现代要求：一是传统与现代相结合；二是文化与实用相统一；三是舞台表演与茶艺表演相融合；四是茶艺表演之美与茶服之美的一体化。

舞台茶服表演不同于一般性的名模服装表演，茶服表演的要求是：一是茶服表演者的文化涵养和气质之美；二是茶服款式之美，而非模特服装表演中婀娜多姿和奇装异服；三是茶服表演者的亲和之美，而不是服装模特的冷面秀。

第三节　茶馆历史沧桑

茶馆，是茶美学的一个社会窗口，是雅致香溢之美的荟萃之地。

茶馆，又名"茶铺""茶楼""茶肆""茶房""茶坊""茶社""茶苑""茶屋""茶亭"等，是供人饮茶、休闲的商业馆舍。

茶馆，始于魏晋六朝隋唐时代，而盛于赵宋时代。始作俑者，一是宫廷茶聚，二是寺院茶寮。

茶馆之兴，有三个必要条件：一是茶叶的产业化；二是佛教寺院茶寮的兴盛；三是民间饮茶的世俗化。茶馆茶坊的崛起，是中国佛教寺院茶寮的兴盛发达，是晋唐时代市井生活与商业经济繁荣发展的结果，是中国茶文化、佛教文化与市井文化相互结合的产物。

唐人封演《封氏闻见录》卷六"饮茶"一则记载："自邹、齐、沧、棣，渐至京邑，城市多开店铺，煎茶卖之，不问道俗，投钱取饮。"这种茶馆，是比较简单而粗俗的，是茶馆演变史的初级阶段。

唐人牛僧孺《玄怪录》卷三记载："长庆初，长安开远门外十里处有茶坊，内有大小房间，供商旅饮茶。"

北宋孟元老《东京梦华录》卷二记载："余皆居民或茶坊，街心市井，至夜尤盛。"南宋吴自牧《梦粱录》、洪迈《夷坚志》与周密《武林旧事》等宋人笔记，均记载有不少茶馆茶事。如《宣和遗事》前集记载宋徽宗前往周秀家茶坊会见东京名妓李师师，后集记载宋徽宗被金人北掳后在燕京茶寮受到胡僧献茶之遇的故事。

茶馆、茶楼，是天下品茶人汇聚之所，也是中国茶文化的荟萃之地与传播媒介之一。金代全真教的师祖王喆（字重阳）也有《题茶坊》一诗云：

> 已吃蟠桃胜买瓜，此般风味属予家。
>
> 直须换假全真性，指路蓬莱跨彩霞。

假者，借也。《左传·桓公六年》云："取于物为假。"全真，即全真教，是道教的一个派别。王重阳论茶，多以茶宣扬全真教义，希望茶坊成为以茶通"全真性"的桥梁，以至品茶后两腋生风，羽化登仙。

古往今来，茶馆、茶楼的设置，特别注重自然环境之美。其设置装饰与环境气氛，自然以雅致香溢为美。雅致，是其文化意蕴；香溢，是其茶美学所洋溢出来的蕴藉与独特韵味。元代倪瓒《题龙门茶屋图》诗云：

> 龙门秋月影，茶屋白云泉。
>
> 不与世人赏，瑶草自年年。
>
> 上有天池水，松风舞沧涟。
>
> 何当蹑飞兔，去采池中莲。

秋月，白云，清泉，瑶草，天池，莲花，松风，飞凫，构成一幅清静雅致、赏心悦目的美丽图景，这就是"龙门茶屋"，可与人间仙境媲美的茶屋。现代茶馆、茶楼，很难营造出这样的境界，但是追求清静幽雅的自然地域环境，应该是能够做到的。

中华茶馆，传承着中华茶文化的历史辉煌，也记录着中华茶人的凄苦人生与世事沧桑。其中现代著名作家老舍的著名话剧《茶馆》，集中展示了近代中国茶馆的千般辛酸和社会风貌。

《茶馆》，是中国著名作家老舍先生于1956年创作的一部三幕话剧，是中国当代戏剧创作的经典剧作，堪称中华茶馆的一部史诗。全剧展示了戊戌变法、军阀混战和新中国成立前夕三个时代近半个世纪的风云变幻，以老北京裕泰茶馆的兴衰变迁为背景，第一幕描写清末戊戌变法失败后的历史变迁；第二幕写北洋军阀的混乱局面对茶馆的影响；第三幕写抗战胜利后的民国社会腐败，每一幕写一个时代，北京各阶层的三教九流，出入于这家大茶馆，是一幅幅气势宏大的历史画卷，形象地说明旧中国走向灭亡和新中国必然诞生的历史趋势，是中华茶业走向衰落乃至中国近代社会的历史缩影。全剧通过茶馆老板王利发对祖传"裕泰茶馆"的惨淡经营，描写主人公精明圆滑、呕心沥血，但终于挡不住茶馆衰败的结局，从侧面反映了中国社会走向衰败的历史面貌，是旧中国茶馆业走向衰败的一面镜子，一个历史总结。全剧久演不衰，在现代中国社会引起巨大轰动。

第四节　现代茶馆之美

　　茶馆茶楼，是美的荟萃，是中国茶文化的主要载体与传播媒介之一。茶馆茶楼，又是大众化的公共交往场所，讲究的是一种古朴雅致香溢之美，古色古香，雅致优美，大多雅不避俗，俗不伤雅，雅俗共赏。

　　所以从茶美学的角度来看，现代茶馆、茶楼设置的美学标准，以北京老舍茶馆、长沙白纱源为代表，我们认为有如下几个方面：

　　其一，大方。现代茶馆茶楼的设置要求比较大气大方，开阔舒适，宽敞明亮，窗明几净，讲究有规模有气派；但并不追求奢侈豪华与富丽堂皇，切忌小家子气，如同小小阁楼，小小亭子间，空间狭窄闭塞，使人产生压抑封闭之感，自然无人问津。

　　其二，雅致。现代茶馆茶楼的装饰设计要求以雅致为基调，古朴而高雅，幽静而别致，富于个性，不同凡俗；切忌低俗、庸俗、猥琐，一些茶馆将品茶与洗脚、按摩、美容等服务混在一起，大煞风景。

　　其三，文化气息。古雅优美的文化气息，是现代茶馆茶楼区别于其他娱乐消闲行业的主要标志。这种高雅的文化气息，来源于古雅的陈设与古典茶诗、茶词、茶联、茶画、茶文化书刊。诗词联语、琴棋书画，是茶馆特有的文化点缀。茶馆茶楼必须

注重茶文化装点，但装点过度反而显其累赘臃肿。

其四，文明。茶叶是佳人；茶馆茶楼茶店，以茶会友，提倡"君子之交"，是现代商业文明的集中体现者。这种文明主要体现有三：一是文化气息浓厚；二是注重茶馆礼仪；三是强调以诚信为尚，杜绝假茶等欺诈行为。

茶馆是茶叶产业的窗口，也是中国茶文化的传播场所，是茶道与茶艺美学的荟萃之地。总体而言，中华茶馆具有与众不同的美学特征：

第一，茶馆美学环境之优雅。较之广州茶馆之热闹非凡，重庆与成都茶馆之热情粗犷，北京茶馆之豪放大气，长沙茶馆则显得幽雅宁静，没有茶博士的大声吆喝，没有茶客的拥挤与吵闹，也没有大碗茶具式的牛饮，唯有彬彬有礼，脉脉含情，一切都显得自然而安详，文明而沉静，环境之幽雅，风格之宁逸，以休闲会友为主，以品茶论道为尚，如同潇湘夜雨，润物无声；宛如多情湘女，含蓄蕴藉，文雅端庄。

第二，茶馆文化内涵之丰富。中国各大茶馆，承接着博大精深的中国茶文化，其文化内涵相当丰富而深厚。长沙茶馆独具一格者，是其最早沐浴着神农茶祖文化的雨露阳光，流淌着舜帝道德文明与"湘灵鼓瑟"的美妙乐章，闪烁着圆悟克勤《碧岩录》与"茶禅祖庭"的佛光禅韵，成为湖湘茶文化的一个重要载体与传播媒介。当你走进任何一家长沙茶馆，你看到那古色古香的建筑设计与陈设，既具有古典神韵之美，也富有现代气息；你看到那琳琅满目的茶馆楹联与书法绘画艺术，感受到那浓郁的文化熏陶，如同屈原贾谊之文采飞扬，李白杜甫之赋诗夜樯，如同马王堆出土的西汉美女，湘西里耶的秦简与长沙市走马楼的三国吴简。其文化内涵的丰富多彩，高耸入云的现

中华茶美学

代宾馆难以媲美。

第三，茶馆饮用茶类之多样。茶馆的茶类，有单一茶品，也有多类茶品。湖南地处北纬30度左右的中国茶叶生产黄金纬度带，是以武陵山为中心的优质生态茶叶主产区，红茶、绿茶、黑茶、黄茶、花茶，多种茶类并存。长沙茶馆既注重饮用茶类之多样化与品牌化，又特别注重沏茶之水之美，重在茶叶之美与水质之美的融合。长沙茶馆，受湖湘文化之熏陶，具有包容天下的博大气魄，从不排斥其他各地名茶，色彩斑斓的其他各地名茶，都是茶馆茶人的饮用品类。千百年以来，安化黑茶是官茶、边销茶，如同"养在深闺人未识"的绝代佳人，内地茶人并不相知。而今，长沙茶馆引其于茶杯，以其色泽、口感之美与养身健体之特殊功效，而倍受茶人青睐。

第四，茶馆茶道茶艺之精美。茶道与茶艺，最能体现茶馆的品位高下与茶文化的深厚浅薄。茶道属于美的哲学，茶艺属于茶美学的表演艺术。北京茶馆的大碗茶，茶博士的长嘴茶壶表演，大气而纯熟。长沙茶馆比较注重茶道茶艺的传播，几乎比较著名的茶馆与茶叶公司，都有一支训练有素的茶艺队，注重茶艺小姐的遴选与培训，举办省级茶艺表演赛，致力于打造独具特色的湘茶茶艺。如安化黑茶的《千两茶号子》一反此前茶艺表演的固定模式，将千两茶制作歌舞、朗诵与茶艺表演融为一体，开创了湘茶茶艺表演的新局面，使2008年的北京世界茶业博览会为之轰动。

茶馆礼仪，并不等同于茶道，但包含着茶道与茶艺，是艺术性与表演性的结合，是心灵之美与艺术之美的和谐统一，具有实用性与服务性的美学特征。

第五节　茶博士礼仪之美

茶博士，是指唐宋以来在茶馆、茶楼跑堂与煎茶、冲茶小伙计的一种戏称。

"茶博士"，是茶馆茶楼商业经济与商业文化的产物，茶博士是茶馆礼仪的直接实施者，是茶楼的主体形象之一。他们活跃在茶楼之中，服务于顾客茶人之中，与广大茶人面对面地接触对话。其形象之优劣，言行之雅俗，服务水平之高下，直接影响到茶楼的形象和声誉。因此，自古以来，茶楼茶馆都特别注重茶博士的形象和服务质量。

茶馆、茶楼礼仪，不同于茶道。茶道礼仪，带有表演性与艺术性；而茶馆礼仪则具有实用性的美学特征。故一般而论，茶楼茶馆礼仪的中心是茶博士。

以茶博士为代表的茶馆礼仪，其审美标准有三：

一则茶艺之美，泡茶、倒茶的技艺要求特别熟练，一根三尺长的铜制茶壶嘴尖，由茶博士老远地给客人茶杯里注入茶水，却滴水不漏，神奇、惊险、准确，功夫到家，富有刺激性，令茶客惊叹不已。

二则诙谐之美，茶博士不论其长相如何，其穿着打扮，其语言动作，其形态表情，都要求幽默诙谐，风趣热情，落落大方，利索活泼，能取悦于人，给茶人一种亲切感，而不能像茶艺小姐那样以无言之美取胜。

三则地域民俗风情之美。北京茶馆的礼仪以大碗茶为主，融入京腔京调，有京剧、评书、大鼓之类，富有阳刚之气，表现出北方地域文化粗犷豪放的艺术风格；而江南茶馆讲究茶具与茶艺，风格细腻柔美，以昆曲与丝弦等轻音乐为主旋律，富于阴柔之美，表现出江南水乡文化的风格特征。

茶博士，具有平民化的个性特点，是中国茶文化与市井文化的传播者，一举手，一投足，都是茶馆、茶楼的形象代表。一个茶馆、一座茶楼，倘若有一两个训练有素的茶博士，其茶业之兴旺，自不待言矣。

茶艺表演，属于表演艺术，应该以人为本，以审美为标准。故其成败得失，主要在于审美感受。具体而言有以下几个方面：

（1）审美主体是茶艺小姐之美，茶艺小姐的举手投足，让人赏心悦目，故其选拔的好坏是其关键之所在。

（2）审美客体是茶艺之美，是茶艺表演的程序化与规范化。

（3）审美方式是无言之美，解说词一般不应该是茶艺表演者，而是解说员。无言之美，是茶道茶艺表演的显著特点，要求茶艺小姐注重形态、表情、动作之美。

（4）审美手段是音乐之美，是音乐与解说的和谐统一，是茶艺表演与音乐、解说的三位一体。

（5）审美效果是茶具、茶水之美，是沏茶的质量，是茶的色香味，是品茶人的审美感受。

第六节　茶仙子礼仪之美

茶艺，是美学，是茶艺之美的传授者，是茶美学的集中展示者。

茶道茶艺以美为基本标准，讲究的是茶之美，水之美，器之美，人之美，程式之美，茶境之美。

茶道礼仪，以姣童季女为佳。我们称的"茶仙子"，借以比喻茶道茶艺礼仪小姐之美。

从来佳茗似佳人，茶艺界应该有一个"美人王国"。茶仙子青春靓丽，温柔文静，才艺双全，典雅大方。

古往今来，茶道礼仪都追求一种美女效应。然而，茶道礼仪小姐的形态容貌之美，只是茶道礼仪的一个必要条件而已。茶道礼仪美学，还要求礼仪小姐内在的心灵之美与茶艺表演的精湛之美。

与茶博士的粗犷灵活、幽默诙谐的"俗"不同，以茶艺师为代表的茶道礼仪以"和"为核心，以"美"为尚，以茶艺表演为基本形式。

从茶美学角度来看，与茶博士不同，茶道礼仪小姐的基本条件，集中在一个"美"字上面：

（1）温文尔雅，端庄大方，健康美貌，富有外表形态之美；

（2）姿态轻柔大方，茶艺熟练优美，具有举止行为之美；

（3）性格文静，心地善良，品行端正，突出心灵之美；

（4）热爱茶道，通晓中国茶文化，富有文化教养和艺术修养。

古往今来，茶道礼仪都追求一种美女效应。故前人多注重"美人捧茶"的审美效果。早在唐代，文人骚客品茶，就以美女奉献茶汤为"纤纤手"。如韩愈、张籍、孟郊、张彻《会合联句诗》诗云："雪弦寂寂听，茗碗纤纤捧。"宋代葛胜仲《谢通判惠茶用前韵》诗云："贫无列屋纤纤手，捧碗齐眉但市裙。"美女纤纤手捧茶待客，是主人的一种骄傲；而无纤纤手捧茶敬客，则深感贫穷羞涩愧疚。

美人捧茶，令古今茶人如醉如痴，如梦如幻，因而成为历代文人诗家歌咏的对象。明人王世贞、王世懋兄弟有《解语花·题美人捧茶》二词，皆写美人捧茶。王世贞之词云：

中泠午汲，谷雨初收，宝鼎松声细。柳腰娇倚，熏笼畔，斗把碧旗碾试。兰芽玉芯，勾引出清风一缕。鬒翠蛾斜捧金瓯，暗送春山意。

微裛露鬟云鬓，瑞龙涎犹自沾恋纤指。流莺新脆低低道，卯酒可醒还起。双鬟小婢，越显得那人清丽。临饮时须索先尝，添取樱桃味。

此词之题美人捧茶图，上篇写斗茶之景，下篇写美人捧茶，表现文人士大夫品茶斗茶的审美情趣。王世懋《解语花·题美人捧茶》词云：

春光欲醉，午睡难醒，金鸭沉烟细。画屏斜倚，销魂处，漫把凤团剖试。云翻露蕊，早碾破愁肠万缕，倾玉瓯徐上闲阶，有个人如意。

堪爱素鬟小髻，向琼芽相映寒透纤指。柔莺声脆香飘动，唤却玉山扶起。银瓶小婢，偏点缀几般佳丽。凭陆生空说《茶经》，何似侬家味。

此词与其兄王世贞《解语花·题美人捧茶》之作同题同韵同旨，似乎比其兄写得更好，更富有诗情画意。

美人捧茶，茶人欣赏的是美人，还是佳茗？其实是捧茶的美女和佳茗的融合，是美女的容貌、形态和姿态之美与佳茗之美的融合。然而，茶艺礼仪小姐的形态容貌之美，只是茶艺礼仪的一个必要条件而已。茶艺礼仪美学，还要求礼仪小姐内在的心灵之美与茶艺精湛之美。

第十三章

茶邮票：茶美学的美丽天使

　　邮票，是国家的名片，是连接世界的桥梁，是沟通心灵的天使，是传播信息的使者。一枚枚小小的邮票，如同殷殷青鸟，翩翩飞燕，飞遍五洲四海，走进千家万户，传递信息，播种友谊，慰藉心灵，成就事业，是一个国家邮政的标志，反映其国家的历史、文化、艺术、人物、品牌，是文化符号，民俗风情，山川形胜，河岳英灵，价值观念和审美情趣。

第一节　中国茶叶邮票

　　邮票之美，美在心灵，美在诚信。中国邮政有几千年的历史，从古代烽火台、驿站、军驿、兵符、飞鸽到鸡毛信、近现代邮政，从民间"柳毅传书"的信托到"鸿雁系书"的军情民意，从城乡信箱的普及到政权"国脉所系"的安全，中国邮政始终传承着中华文化"诚信"二字的精髓。"人在邮件在"，是历代邮政人恪守的最基本的职业操守。对中国邮政来说，"情系万家，信达天下"，乃是邮政、邮票之美最真实的表述；诚信、厚德、爱国是最真实的写照与人格魅力。

　　中国是邮票的国度，也是邮票设计艺术最为精工的国家之一。中国第一枚邮票，图案正中为一条腾飞的中国式团龙，衬以云彩水浪，称为"神龙戏珠"图，亦称大龙邮票。大龙邮票一套共三枚，面值分别为1分银（绿色），3分银（红色）和5分银（黄色）。全张25枚，背面刷胶，有齿孔。大龙邮票发行于1878年7月底到8月初，由于档案残缺，其确切的发行日期目前尚存争议。

　　中国是茶叶王国，是茶文化的发祥地。中国茶叶有诸多独具特色的文化载体和传播媒介，茶叶邮票就是其中之一。方寸盈尺,尺幅千里。亲情寄托,飞越五洲。这就是邮票的无穷魅力;茶叶邮票,属于实用美学的范畴,以茶叶、茶人与茶事活动为审美对象,以茶美学的基本原理为设计理念,以精美、细致、实用、具有地域文化特色为设计规范。

茶叶邮票,是中国茶叶的名片,具有很高的文化价值和审美价值:方寸之间见天地,平淡之中闻茶香,是茶叶历史的记忆,是茶文化的传播媒介。

1893年,中英天津条约之后,殖民者在汉口私自设立书信馆,发行过一套"茶担图"邮票,以茶担为主题,传递着百年茶业信息,展示晚清时期汉口茶叶贸易特色,见证着当时两湖茶人茶工的生活情景。

"茶担图"邮票

新中国成立之后,中国邮政大发展,茶叶邮票随着中国邮票事业的突飞猛进而繁荣昌盛。1981年发行的"红楼梦——金陵十二钗"邮票的第十二枚,其中"妙玉奉茶"邮票,采用中国画笔法,描绘出妙玉神情正色,双手擎一绿玉斗,为宝玉奉茶至门槛外时的画面,以其绘制设计精美,画面形态美妙,而盛行于世。

　　1994年，国家邮政局发行一套以宜兴紫砂壶为主题的邮票，共四枚。第一枚为"三足圆壶"，为明代紫砂壶艺大师时大彬创作，此壶是紫砂圆器中的珍品，专家们对它有"砂粗质古肌理匀"的赞誉。第二枚为"四足方壶"，为清初陈鸣远所作，塑镂兼工，造型巧妙，壶表光滑，且富有质感。第三枚为"八卦束竹壶"，据考乃出自清朝嘉庆年间制壶大匠邵大亨之手，该壶造型奇妙，巧夺天工，是紫砂壶中不可多得之佳品。第四枚为"提壁壶"，是现代紫砂大师顾景舟的得意之作，壶体成色均匀，壶表洁净，且造型精美、实用。

1994 年宜兴紫砂陶主题邮票

　　邮票设计者在每张作品中配以名人名句来衬托茶具之美。时大彬的三足圆壶配的名句是汪文柏的"人间珠玉安足取，岂如阳羡溪头"，配的篆刻是"圆不一相"。陈鸣远的四足方壶配的名句是汪森的"茶山之英，含土之精，饮其德者，心怡神宁"，篆刻为"方不一式"。邵大亨的八卦束竹壶配的名句是梅尧臣的"小石冷泉留早味，紫泥新品泛春华"，篆刻是"泥中泥"。顾景舟的提壁壶配的名句是欧阳修的"喜共紫瓯吟且酌，羡君潇洒有余清"，篆刻是"艺中艺"。这套邮票将陶壶、诗句、书法、金石融于方寸之中，真是珠联璧合，颇具中华文化的神韵。邮票上四把陶壶在型制上有圆货、方货、花货、提梁货，反映了紫砂陶艺的主要风格和造型。

1997年4月8日，中国邮政发行第一套"中国茶叶"主题邮票，共四枚，从茶树、茶圣、茶器、茶会四个画面，着重刻画中国茶文化的悠久历史和博大精深的丰富内涵，不啻是中华茶文化的历史再现。第一枚是"茶树"，生长于云南的一棵大茶树，树龄已逾千年，至今枝繁叶茂，是茶树原产中国的实证；第二枚是"茶圣"陆羽雕塑，陆羽著《茶经》，是世界第一部茶学专著；第三枚是"茶器"，展现陕西法门寺出土的一套鎏金银茶碾，茶具之贵重精美，是唐朝宫廷茶道兴旺发达的实物标志；第四枚是"茶会"，以明代画家文徵明的《惠山茶会图》（局部），展示中国茶会的历史辉煌。

2003年8月，山东日照首届中国日照茶博会暨茶文化旅游节期间发行过一套以茶文化为题材的个性化邮票。

鸡公山，是信阳毛尖产地，2004年这套邮票是信阳国际茶文化节发行的。

国家邮政局2004年5月1日发行的《丹霞山》特种邮票一套四枚，四枚分别是："僧帽峰""翔龙湖""茶壶""锦江"。丹霞山是国家级重点风景名胜区，国家地质地貌自然保护区，被誉为"中国红石公园"。方圆280平方公里的红色山群"色

如渥丹，灿若明霞"，故称丹霞山。茶壶峰，如同一把茶壶，有壶盖、壶嘴，唯独没有茶壶把手。传说古时候有姐妹二人，热情好客，争着给远方的宾客斟茶，一不小心扯掉了壶把，香茶溅入锦江，香溢 30 里。丹霞地貌在此峰表现得尤为明显。

《丹霞山》邮票上的"茶壶峰"

第二节　中国港澳台地区茶叶邮票

中国港澳台地区的茶叶邮票，是中国茶叶邮票家族之中的主要成员，内容丰富多彩，色彩鲜艳，特别注重中华茶叶邮票的祥瑞文化色彩和文化传播。

1989年台湾地区发行的《宜兴紫砂茶壶》套票，分别为宜兴紫砂茶壶、曼生十八式黄泥壶、束柴三友壶和黎皮朱泥壶。1991年还发行有《故宫名壶》邮票一套5枚，分别为明代青花壶和莹白壶、清代的山水壶、灵芝方壶和加彩方壶。1993年，台湾邮政也多次发行有关中国古代茶具的邮票，发行《古代珐琅器邮票》中的"乾隆花鸟壶杯盘"和"乾隆菊花把壶"。

1996年澳门地区发行一套以"中国传统茶楼"为题材的邮票，共四枚，每枚面值2元，四连印的格式，描画了一间茶楼大厅"赏鸟""戏童""卖报""品茗"的四种景象。邮票画面左上角是一方"茶楼风光"篆章，两位茶客边喝茶边观赏挂在正中上方的鸟笼；右上方店小二端出一笼热气腾腾的汤包，微仰着头，眼睛眯成一条线，神态可拘，旁边一位少妇抱着一男孩，小男孩正饶有兴趣地玩着两面鼓；右下方的餐桌上，一车夫打扮的男人显然已酒足饭饱，正一边剔牙一边看报，何其

395

自在悠闲，画面左下方一银发老太背着一个女孩，手上拿着报纸在吆喝。从这组风俗画面看，显然是一座市俗化、大众化的街巷茶楼，人们正在这里舒心地吃着茶点，喝着香茶，拂去一天劳碌的艰辛，让身心得到放松。

1997年澳门发行一枚名叫"幸运数字"的小型张邮票，主图是一幅颇具农家韵味的"茶肆"，前坪摆着一个四方小桌，"茶肆"一角竖起一面绿色"茶"字小旗，随风飘舞，旗杆上悬挂一串红红的灯笼，一位小二手提着冒热气的茶壶，正准备迎候茶客。值得玩味的是，邮票设计者别出心裁，用一组吉祥的幸运数字连成一幅大红对联，上联是"八四九八一六八"，下联是"三二二八八六三"，横批："三二二八"，以粤语谐音即可念为"发市久发一路发，生意易发发路生。"横批："生意易发"，可见设计者的构思之巧，且韵味十足。

1997年澳门"幸运数字"茶肆小型张邮票

2000 年 7 月 7 日澳门发行一套"茶艺"邮票,共四枚,分别以"红茶""普洱""龙井""寿眉"作为每一枚邮票的标题。邮票画面描绘的皆是三五人围坐一桌,悠闲自在地享受品茗之乐,或在公园,或在茶室。

2000 年澳门"茶艺"邮票

同时还发行一"茶艺"小型张,以茶馆的一个局部作为背景,身着旗袍的少女端坐桌前,正在给客人做茶艺表演。桌上依次摆放着茶炉、紫砂壶、茶盂、品茗杯、茶盘、茶巾、茶叶罐、盆景、蒲扇等,少女右手执壶,左手轻按壶盖,脸带 笑容,徐徐往杯中添茶。

2001 年,香港邮政发行一套以"香港茗艺"为题的特别邮票。邮票本身带有茶香味,只需在邮票表面轻轻一刮,便会发出茶的清香。这套邮票四枚,描绘了香港茶艺的不同特色:1 元 3 角一枚是"工夫茶艺";2 元 5 角一枚是以红茶、奶粉等

为原料特制而成的富有香港风味的"奶茶"；3元1角一枚是介绍盖碗茶，茶具通常是由茶盖、茶盏、茶托三件组成；5元一枚则介绍人们在饮茶时先将茶壶、茶杯烫洗备用的情景。最精彩处在于邮票套折内的立体图画懂得上下左右移动，一打开便能看到一名中式打扮的少女徐徐将水倒进茶壶中。

2000 年澳门"茶艺"邮票

第三节　域外茶叶邮票

　　茶叶改变世界，显示出中国茶叶魅力无穷。随着中国茶叶的传播，域外产茶国家，也模仿中国邮政，发行不同风格特色的茶叶邮票，显示出域外茶叶邮票的地域性、艺术性、民俗风情、茶叶事件和审美风格。

一、日本茶叶邮票

　　日本是最早从中国唐朝引进茶树的东亚国家之一。至于宋金时期，日本临济宗的初祖荣西禅师，两次求法于中国。第二次入宋求法，并停留四年零四个月之久，学习中国茶道。1191年回国并带回中国茶种，正式开启了日本的种茶历史。1211年，荣西禅师写成了《吃茶养生记》一书，在日本广泛推广中国茶和茶文化，被尊称为日本"茶祖"。

　　日本茶叶邮票，内容与中国茶叶邮票并无二致，但是艺术形式与中国相距甚远：一是画面设计中的人物、茶具、背景的日本化倾向。1990年，日本静冈地方发行了一枚，图案是采茶女、茶田和富士山的邮票。八十八夜，是指每年从立春以后88天，此时正值立夏前夕春夏交替的节点。气候开始逐渐趋于平稳，

在这之后的两三周内，是采摘茶叶的好时节。因此，八十八夜，通常被看作是采茶的基准时间。二是茶叶邮票形象的简单化、平面化，如其倭画一样，线条简单，人物着装、表情、动作乃至面部形象，单调、简略，毫无艺术性可言。例如1991年，日本政府为纪念日本茶800年，特别发行了一枚以茶为主的邮票，主图仅仅是茶花与茶具。静冈盛行种茶，日本百分之八十的茶叶产自静冈。而1997年日本静冈发行一枚介绍静冈茶女采茶的邮票，画面是茶园，采茶女构图简单粗糙，毫无美感。

日本茶叶邮票

二、斯里兰卡茶叶邮票

斯里兰卡，原名锡兰，位于印度次大陆的南端，是印度洋的一颗明珠。

十九世纪由英国殖民者引进中国茶树种植茶叶，以盛产锡兰红茶而名世，而今成为世界第三大产茶国，是英国立顿茶叶品牌的原料基地之一。

斯里兰卡发行了一些有关茶叶采摘的邮票，具有浓郁的地方特色。1967年，斯里兰卡为纪念茶叶100周年，发行一套有关茶叶的纪念邮票。

中华茶美学

斯里兰卡茶叶邮票

斯里兰卡茶叶邮票的艺术价值有四点：一是浓厚的英国殖民地文化色彩；二是以红茶为主的茶文化特色；三是反映斯里兰卡采茶女的艰难生活情景；四是茶叶出口贸易的西方文化色彩。其纪念的是英国在斯里兰卡种植茶叶的开创者——英国人杰姆·泰莱。

三、俄罗斯茶叶邮票

俄罗斯，历来是茶叶消费大国，以红茶、黑茶为主。直至清朝中叶的 1770 年，中国人刘峻周在格鲁吉亚开发茶园，俄罗斯黑海边上才出产茶叶。故俄罗斯茶叶邮票，具有一个明显特征，就是与采茶女的采茶生活为主体构图，以各种煮茶茶具为基本内容，很少大量的艺术独创。1951 年，俄罗斯发行了一枚展现采茶姑娘在农场采茶景象的邮票。

1981 年 11 月 5 日，俄罗斯发行了由格鲁吉亚画家绘画的邮票五枚，其中一枚是《采茶女工》。

俄罗斯茶叶邮票

1989 年，俄罗斯发行了一套以不同时期的茶炊为主题的邮票。这套邮票的主图，就是俄罗斯特制的饮茶工具——茶炊。

四、美国茶叶邮票

美国孕育在 1773 年波士顿茶党的摇篮之中，与中国茶叶结下不解之缘。因此美国的茶叶邮票，始终离不开波士顿倾茶事件这一历史主题。

1973 年，美国发行了一套纪念"波士顿倾茶事件"200 周年的纪念邮票。其主图记载着北美殖民地人民抗击英国殖民暴政的波士顿毁茶事件。

"波士顿倾茶事件"邮票

五、其他国家的茶叶邮票

1996 年，非洲的坦桑尼亚为纪念上海举办的国际茶文化节，而发行小型张茶叶邮票，画面的主体是茶圣陆羽画像。

茶圣陆羽画像邮票

一枚小小的邮票，蕴含着丰富多彩的茶文化，使茶叶邮票更加具有特色和收藏价值。看一枚邮票，就是在看一个国家的历史、文化。台湾现代著名诗人余光中《乡愁》写道："小时候，乡愁是一枚小小的邮票：我在这头，母亲在那头。"在这个电子微信盛行的互联网时代，写封书信邮寄出去，已经相当奢侈了，茶叶邮票，成为茶文明的文化符号，如同绿色的生命之树，也就愈发珍贵。

泰国工夫茶茶具邮票

非洲南部文达红茶生产的邮票

印度采茶女的邮票　　　　罗马尼亚 1992 发行的茶具邮票

第十四章

茶缘：茶与君子人格之美

　　中国人讲究缘分，讲究人际交往中的因缘、情缘、机缘；因茶而交友结缘者，世人谓之"茶缘"。

　　茶缘，是一种生活方式，是人际关系，是审美情趣，是禅理因缘，是人生造化，是古今机缘。

　　茶缘，特别讲究人际交往中的人品，讲究人格之美。

第一节　君子茶缘

中国人论人，以人格分野，有君子与小人之别。

君子与小人之别，始作俑者，是人类始祖女娲。中国神话有女娲抟土造人之说，《太平御览》卷七引用《风俗通》记载："俗说天地开辟，未有人民，女娲抟黄土做人，剧务，力不暇供，乃引絙于泥中，举以为人。故富贵者黄土人也，贫贱凡庸者絙人也。"是说女娲造人，事务繁重，一个人力不从心，应接不暇，于是就用粗糙的稻草绳索拌和着泥土，粘合为人。泥多者为君子，为富人；草多者为小人，为穷人。这就是说，女娲氏抟土造人之始，就造就了"君子"与"小人"两大类别。

君子与小人之别，最早出自《尚书》中的《无逸》篇，说："周公曰：呜呼！君子所其无逸，先知稼穑之艰难；乃逸，则知小人之依。"周公的意思是说：啊！君子所处的地位，是不可以自己享受安逸生活的，必须先知稼穑之类农事的艰难，才能过安逸的生活，因为稼穑之类农事是普通百姓生存所依赖的根本。

从《尚书》而言，君子与小人之别，只是地位之差异，而无人格之差别。这个"小人"，就不是贬义词，是指天下老百姓。"小人"作为贬义词，是无德者，缺德者。这个"小人"即出于《论语·颜渊》：“君子成人之美，不成人之恶，小人反是。”小人与君子相对，其本质特征不在于贫穷富贵，不在于地位之高下，而在于人品恶劣，行为卑鄙，心胸狭隘，品行低劣，无才无德，为君子所不齿。

明人屠隆《考槃余事》茶录论茶，则设立有“人品”一则，认为“茶之为饮，最宜精形修德之人，兼以白石清泉，烹煮如法”。因为茶缘不同于一般意义上的人际关系，更不同于世俗化的“酒肉朋友”。

中国人品茶交友，讲究的是“茶缘”，是人际关系中的“君子之交”。君子之尊贵，在于人格高尚、心地宽阔、行为磊落大方。

中国人讲茶缘，以茶喻君子之交，其文化内涵和基本审美特征有三：

其一，注重人格之美。

茶缘，是一种君子之交，以君子风度、君子品行、君子气质、君子人格、君子情怀为人际交往的基本准则。讲究诚信，以诚为本，以信为用，恪守诺言，不背信弃义。

其二，讲究清白淡泊。

茶，以清淡为美；茶缘，特别讲究人际交往和生活方式中的清白淡泊，重礼节之简约节俭，讲究礼轻情义重，破世俗功利性。重义轻利，以情义为重，不计较个人私利。

其三，强调高雅情趣。

茶缘，注重人际交往中高雅的生活情趣和行为规范，不俗气，不小气，不妖艳，不侈靡，不骄奢，不豪华，为人为世，诚实坦荡，实事求是，脱离了低级趣味，人品高尚，心地善良，行为磊落，遵守道德规范，自觉维护人际关系中的君子风范。

茶叶行业，也属于商业行业，生产茶饮料，关系着国计民生，关系着人类的身心健康和饮食安全。因此，必须提倡茶行业的君子风度，注重民生，不唯利是图，共同打击制假贩假的奸商行为。

第二节　君子之交淡如水

《庄子·山木篇》云："君子之交淡若水，小人之交甘若醴；君子淡以亲，小人甘以绝。"这是中国先哲的古训。

茶贵清淡，以茶水之清淡比喻君子之交，突出其"义"；以酒之甘甜比喻小人之交，突出其"利"。义者，成其事业也；利者，坏其前程也。淡者亲切，甘者易绝。故而《增广贤文》又称曰："君子之交淡以成，小人之交甘以坏。"因清淡而成功者，是君子之交也；因甘醇而坏事者，是小人之交也。

世事繁杂，最忌小人。势利小人"深文周纳"，炮制"乌台诗案"，将苏轼投入御史台狱，才酿成苏轼的人生悲剧。宋人岳珂《茶花盛放满山》诗云：

> 花容缜栗露冰肤，消得脂韦酪作奴。
> 叶底绽苞黄映玉，枝间著子碧垂珠。
> 洁躬淡薄隐君子，苦口森严大丈夫。
> 便合味言归隽永，移根禁籞比青蒲。

茶花冰肤，叶底映玉，枝间垂珠，由茶花，而茶子，而茶叶，而茶味。一句"洁躬淡薄隐君子，苦口森严大丈夫"，高度赞美茶的君子人格和大丈夫气派：即内在的"洁躬淡薄"与外在的"苦口森严"。

苏辙《次韵李公择以惠泉答章子厚新茶二首》之二诗云："性似好茶常自养，交如泉水久弥清。"以好茶比喻君子之交淡如水。

元人罗先登撰《文房图赞续》，以"叶嘉"为茶，字清友，号玉川先生。其赞曰："毓秀蒙顶，蜚英玉川。搜搅胸中，书传五千。儒素家风，清淡滋味。君子之交，其淡如水。"（引《说郛》本）"君子之交淡如水"，则认为茶的文化意蕴在于表达中国人的一种生活情趣、人格理想和审美境界。

茶与君子结缘，如清人杜濬作《茶丘铭》，视茶为"性命之交"，就因为茶具有君子风度。乾隆皇帝论茶，特别赞许茶所蕴涵着的君子风度和人格之美。其《虎跑泉》诗云：

> 溯润寻源忽得泉，淡如君子洁如仙。
>
> 余杭第一传佳品，便拾松枝烹雨前。

茶性之清苦、淡泊、洁静、高雅，"淡如君子洁如仙"，正是中国人共同追求的一种理想完美人格。

文人士大夫爱茶、嗜茶，把茶拟人化，人格化，审美化，尊称茶为"清苦先生""茶居士""茶苦居士"等，为之树碑立传。如晚唐皮光业以茶为"苦口师"（陆廷灿《续茶经》）。元人杨维桢以茶味清苦而作《清苦先生传》，明人徐爌作《茶居士传》，支中夫作《茶苦居士传》。这所谓"清苦先生""茶苦居士""苦口师"之号，集中突出了中国人对茶的人格之尊的无比推崇。

"与物无缘，唯茶为恩"。这种至情至性的饮茶情结，是中国人的生活方式与审美情趣的一种反映，是中华民族文化性格的一种历史积淀。

以茶喻君子者，是为茶道之尊；而以劣质茶喻刺小人者，早在宋代即成风尚。

政界势利小人，面貌如此可憎，是苏轼这般正人君子们难以描绘勾勒的。于是一场由阴险奸诈卑鄙的小人们炮制的"乌台诗案"出笼了，以茶诗讥讽世之小人的苏轼，一个大学者、大诗人，被小人们打入御史台狱，蔡肇等苏门弟子们亦难以逃脱这场政治劫难，被小人们一贬再贬，小人们的政治手腕与活动能量远远超过了君子们的人格道德力量。黄庭坚有《又戏为双井解嘲》诗云：

> 山芽落硙风回雪，曾为尚书破睡来。
> 忽以姬姜弃蕉萃，逢时瓦釜亦雷鸣。

此诗以嘲弄口吻写双井茶，以茶喻人事，将双井茶与龙凤茶戏做比较。前二句写双井茶之功力，认为出身山野、地位低贱的双井茶，其破睡之功力丝毫不比深受皇室宠幸的龙凤茶差；后二句用典，抒写自己对世俗以出身论人才的义愤不平。"姬姜"，春秋时代，姬为周姓，姜为齐国之姓；故以"姬姜"指代贵妇人和大国之美女。《左传·成公九年》云："虽有姬姜，无弃蕉萃。"蕉萃，即"憔悴"，比喻贫穷贱陋的女子。瓦釜雷鸣：比喻无才无德者进居高位，显赫一时。《文选·屈原〈卜居〉》："黄钟毁弃，瓦釜雷鸣。"李周翰注云："瓦釜，喻庸下之人；

雷鸣者，惊众也。"诗人以"忽以姬姜弃蕉萃，逢时瓦釜亦雷鸣"做比较，蕉萃毁弃，瓦釜雷鸣。这一生动比喻，包含多少怨愤！是不平之鸣，是愤世嫉俗之音！

君子生财有道，从来以正当交换从事商业活动。在茶叶生产和交换中，也有一些不法商贩以假冒伪劣产品牟取暴利。为此，也受到人们的谴责。

例如北宋邹浩有《与仲孺破兔饼色味皆恶同一绝倒既而述之又烹小团亦兔饼也作诗报世美》一诗云：

> 争携勤意烹春风，终焉臧谷同一踪。
>
> 莫言不落第二月，须知所好非真龙。
>
> 窃香安得青琐趣，效颦颇惭西子容。
>
> 此言虽小有大喻，凭君转达裨时雍。

"臧谷"：童仆。臧，奴隶；谷，童子。《庄子·骈拇》云："臧与谷二人相与牧羊，而俱亡其羊。"《荀子·礼论》云："君子以倍叛之心接臧谷，犹且羞之。"倍叛，乃欺诈之意。此以"臧谷"喻兔饼茶。"时雍"：时政雍正平和。时，是也；雍，和也。言天下众民皆变化从上，是以风俗大和。此诗因与仲孺破兔饼色味皆恶，又烹小团亦兔饼，以诗报世美而作，是对古代茶叶流通中制造假冒伪劣产品恶劣行径的一种揭露和抨击。作者与仲孺殷勤煎茶，然而兔饼茶色味皆恶，又以小龙团烹之，也是以兔饼茶冒充者。作者感慨万千，这种假冒伪劣产品犹如东施效颦一样，是一种欺诈行为，故以诗报告世美，希望他能补益时雍。

第三节 茶与婚姻家庭

中国的婚姻风俗，自古至今离不开茶。

以茶为媒，茶是中国人爱情与婚姻的信物，一种文化茶语。

首先，中国有"吃茶"之许，意味着女子以身相许。自唐宋时期开始而至于明清时代，凡女子受聘许婚者，则谓之曰"吃茶"。清人崔颢《通俗编·仪节》云："俗：以女子许嫁曰'吃茶'，有'一家女不吃二家茶'之谚。"

以茶叶比喻女子，谈爱结婚，就如同吃茶。

清人黄炳堃，字笛楼，广东新会人。曾任云南腾越厅同知四年，作《南蛮竹枝词》，其中《白窝泥》一首云：

> 头春茶细二春粗，郎若吃茶宜早图。
> 妾拣茶尖亲手摘，看郎心细似茶无？

白窝泥，是云南哈尼族的别称，分布于红河、元江两岸。诗人采用比喻手法，将头春茶比喻为多情女子，盼望吃茶郎儿去摘取。至于能不能摘取到上等的头春茶，还要看郎君是不是心细。

以茶为喻者，还表示女儿为人贞洁不渝，一旦许嫁，则有一女不事二夫之意。明人郎瑛《七修类稿·吃茶》云："种茶下子，不可移植；移植则不复生也。故女子受聘，谓之'吃茶'。又，聘以茶为礼者，见其从一之义。"（按：古人不知茶树可以移植，故言。）

宋人陆游《老学庵笔记》卷四载：湖南"靖州民俗：男女未嫁时，聚而踏歌。其歌曰：'小娘子，叶底花，无事出来吃盏茶。'"清人金圣叹是著名的小说评点家，他有《三吴》诗云：

> 三吴二月万株花，花里开门处处斜。
>
> 十五女儿全不解，逢人轻易便留茶。

二月花开，十五女儿，天真无邪，不解"吃茶"寓意着"女子受聘"，故而闹出轻易留客"吃茶"的笑话。

中国民间婚姻风俗对"茶"的认同，属于文化茶语，是中国茶文化的一种历史积淀，一种民间婚姻风俗中的约定俗成。

"三茶"，一是提亲，二是相亲，三是迎亲，皆以茶为喻。女子开笄，待字闺中；媒人上门说亲，女子以糖茶敬媒人，此茶包含有美言之意。男子上门提亲，女子以茶相待，递上一杯热茶，两眼相对，情意绵绵；男子喝茶后，置钱币或其他贵重物品于茶杯之中，双手递给女子，若女子收受，则视为两心相许，即可正式进入谈婚论嫁阶段。迎亲茶，花样颇多。迎亲之日，男方派人送上三茶礼盒：其一层放置红枣、花生、桂子、龙眼和各色糖果，或桂子、莲子、瓜子、枣子、橘子等，含有"连生贵子"或"五子登科"之意；其二层放置金银首饰或房地产契、田契等；其三层放置各色布匹、绸缎、呢绒等。而洞房花烛之夜，男方以冰糖红枣、花生、桂子、龙眼等泡茶待客，包含着"早生贵子"之意。

云南出产一种"七子饼茶"，以为婚俗彩礼，旨在祝贺婚

家多子多福、合家团圆之意。

"三朝茶"，指女子出嫁后三日，女方家送茶点、果品至女婿家，以馈赠男方公婆，表达男女亲家和睦之情。亦有女子出嫁后九日送茶礼者，称之为"九朝茶"。

婚姻茶礼，也是茶的文化符号，一种约定俗成的规范化。其"三茶六礼"，就是古代婚俗中的规范化茶礼，用于明媒正娶。所谓"三茶"，即以下聘为下茶与女子受茶、以男女定亲之茶为定茶、以结婚同房之茶为合茶。所谓"六礼"，是指从议婚到成婚全过程中的六道程序：即纳采、问名、纳吉、纳征、请期、迎亲。（见明人陈耀文《天中记》卷44《仪礼·士婚礼》）

这种规范化的婚姻茶礼，一般而言，既是中国宗法制度下的宗法文化体现在婚姻风俗中的一个烙印，说明封建家长制度对婚姻制度的一种巨大的约束力和程序化，也表现为中国茶文化对中国古代婚姻家庭关系的一种无形的干预与强大的渗透力。

婚嫁风俗与茶礼结下的不解之缘，这是中国茶文化的又一种独特现象，为婚俗礼仪美学提供了极其精彩的范例。

中国这种婚俗茶礼茶语，具有十分鲜明的审美特征：

其一，是民族性。

茶礼是民族性的，婚俗茶礼茶语，往往因民族的不同而有一定的差异性，几乎每一个民族都有自己的婚俗茶礼，诸如汉族的和合茶、畲族的吃蛋茶、回族的吃喜茶、德昂族的红白茶、傈僳族的红糖油茶、彝族的拜见茶等，反映出不同民族有所不同的风俗习气、价值观念和审美情趣。

女儿茶：云南新平彝族的婚俗茶礼。彝族女儿出生后，其父母在其房屋前后种植几株茶树；待女儿长大成人而出嫁时，即以这几株茶树作为陪嫁礼物之一，再种植在女儿婆婆家的茶

园里，作为男女双方家庭联姻和亲情的象征。

订婚茶：少数民族的婚俗茶礼。白族少男少女未成年时，即由父母为其选择对象，根据他们的生辰"合八字"，八字相合者就订婚。男方送给女方订婚茶礼，有猪肉、糖果、米酒、糍粑、衣布、首饰、聘金、礼茶等，这就是"订婚茶"。从订婚到结婚，逢年过节，男方都要去送茶礼，一旦茶礼中断或女方拒绝接受茶礼，就意味着解除婚约。而纳西族的订婚茶礼，即男方送给女方家一盘白米（两升）、一坛米酒、四盒红糖、两包礼茶。

红白茶：德昂族的一种婚丧茶俗礼仪。结婚前，男方要求提亲，便送去一大包茶；婚礼前，则给亲友送一小包用红线扎一个"十"字的茶叶，以示喜事请柬。如是白喜，则送去的茶叶小包用白色竹篾扎成"一"字。

红糖油茶：傈僳族的婚俗茶礼。接亲时，女方要给前来迎亲的客人先喝一杯熬煎得很苦很浓的茶，然后献上一杯红糖油茶，寓示着新婚夫妇同甘共苦，苦尽甜来。

认亲茶：壮族婚礼中，新娘进门时，公婆要暂时回避，意在避免与媳妇发生"冲撞"，保持家庭和睦相处。待新郎新娘拜过天地祖先，公婆才被请上堂来接受拜见。婆婆赐给新娘一杯香茶，新娘一饮而尽，以示从此属于夫家，敬重公婆、丈夫和亲属；而后新娘双手端茶杯，逐一向公婆等夫家长辈敬茶，并接受长辈和宾客送的红包贺礼。这种婚俗茶礼，旧时汉族家庭依然流行。

其二，是地域性。

茶礼是地域性的，婚俗茶礼茶语，往往因地域的不同而有一定的差异性。

扣茶饭：这是流行于皖北地区的一种婚俗茶礼。凡新娘出嫁，举行婚礼之日，要从清晨梳妆哭到深夜闹洞房，新娘整天不能上厕所。故婚前几日即须减少饮食，只吃些含水量少、不易于消化的鸡蛋、白果之类。这种限制新娘饮用茶饭的婚俗，称之为"扣茶饭"。

吃蛋茶：此乃流行于浙南一带畲族同胞的一种婚俗茶礼。娶亲之日，在一片喜庆的鞭炮声中，男家派"接姑"二女引新娘进入中堂。此时，婆家挑选一位父母健在的年青姑娘给新娘递上一碗甜蛋茶。依照风俗，新娘只能低头饮茶，不能吃蛋；如果吃蛋，则被认为不稳重，会受到丈夫和亲友的歧视。待送亲客人吃完蛋茶后，新娘将事先准备好的红包放在茶盘上，称之为"蛋茶包"，对端茶姑娘表示谢意。

三台酒宴茶：贵州等地仡佬族流行一种三台酒宴茶的婚俗茶礼，称之为"三幺台"或曰"三台宴席"。婚宴依次分为三台：第一台为茶席，以清茶为主，辅之以糖果点心，以及核桃、板栗、花生、白果、葵花子等干果之类；第二台为酒席，以白酒为主，佐之以凉菜、咸菜、盐蛋、豆腐干等；第三台为正席，吃饭菜。新郎新娘依次向客人敬茶倒酒。

扛茶扛酒：这是流行于福建上杭一带民间闹洞房时的婚俗茶礼。据《上杭县志》卷20《礼俗》记载："邑有闹房之俗。高年二人，提灯前行，鼓吹花爆，送入洞房，索新郎新娘扛茶扛酒。种种戏谑，有过伤雅者，是宜出以正矣。"

其三，是承传性。

婚俗茶礼是历史的积淀，一种民族性的和地域性的集体无意识，是民俗文化的重要载体。因而，这种婚俗茶礼茶语，一旦约定俗成则难以改变，具有一种明显的历史传承性。

征婚茶：独龙族征婚茶，是具有悠久历史的婚俗茶礼，至今仍然风行于独龙族居住的山寨。男女双方相爱，男方则告诉阿妈。阿妈先征得孩子舅舅同意后，则请媒人去女方家说媒。媒人带去的有茶叶、茶壶、茶碗和美丽的包袱，到女方家后，自己亲自提水、烧水、沏茶，向女方家父母和亲属献茶。若其父母与亲属将茶一饮而尽，婚事就算成功了；若无人喝茶，且茶凉了又换，换了又凉，媒人则次日再去；如此一而再，再而三，女方父母仍然不喝，则表示女方不同意这门亲事。若男方仍有诚意，也要待明年再来提亲。

迎亲茶：畲族迎亲茶，是一种历史悠久的婚俗茶礼，至今尚在继承应用。娶亲前二日，新郎和"当门赤郎"（厨师）等人来到新娘家，筹办婚礼酒席，举行迎亲仪式。首先男方"当门赤郎"向女方厨师唱"借锅歌"，借用女方一切炊具，以便做饭请客；歌罢，女方厨师送给当门赤郎一杯迎亲茶；当门赤郎接过茶不喝，开始点火烹调。而在傍看热闹的女方亲友却设法阻止当门赤郎的炊事，借以取乐；当门赤郎即巧妙地排除阻挠，点火下厨；饮过迎亲茶，当门赤郎送给女方厨师一个红包，还给他茶杯。

闹茶：云南滇南一带至今仍流行"闹茶"的民间婚礼茶俗。新婚三日内，新郎新娘每天晚上都要在堂屋里向亲友们敬茶，以"甜蜜"之义，茶中须加红糖。敬茶过程中，客人出自茶令、茶谜、茶歌、茶诗、茶联等，一一来难新郎新娘。答不出就处罚，弄得大家哄堂大笑，气氛热烈欢快，乐而忘归。

其四，是多样性。

婚俗茶礼茶语，具有多样性，因民族、因地域、因时代而别，五花八门，千差万别，呈现出一种多样化的特色。

同样是"迎亲茶"，畲族以"宝塔茶"的迎亲茶礼仪式出之：即男方特意挑选一名歌手和四名轿夫，抬着花轿去迎亲。女家鸣炮三响，然后方开门迎接。此时，女方嫂子用茶盘端着五碗"清明茶"出现在门口。这五碗茶叠成上下三层：上下两层各一碗茶，中间一层三碗茶，呈一个宝塔形。阿嫂站在门口唱歌问话，迎亲歌手答歌后，必须用口咬住宝塔顶上的一只茶碗，同时用双手端下中层的三碗茶，分别送给四个轿夫，自己喝下底层的一碗茶。阿嫂然后放他们进屋。邻里乡亲在旁边围观助兴，迎亲喜庆气氛十分热烈吉祥。

　　与畲族这种近乎耍杂技式的迎亲茶礼者不同，布依族的迎亲茶礼，则以"盐茶米豆"为媒介，寄托男女双方追求"荣华富贵，恩爱相亲"的美好意愿。按照布依族的婚姻茶俗，迎亲前，男方给女方送去若干钱物，让女方自己准备嫁妆。同时送去确定迎亲吉日的"期单"。女方接受这些钱物和"期单"时，以鸡、肉、酒等设宴款待男方送礼来的客人，称之为"吃鸡酒"。客人离开时，女方用红纸写上女方的生辰八字，回复男方的茶礼有一升米、一包盐、一两茶叶，称之为"盐茶米豆"，象征着"荣华富贵，恩爱相亲"。

　　与布依族这种祝福式的迎亲茶礼者又有所不同，流行于甘肃裕固族"烧新茶"的民间婚礼茶俗，则表现女子的贤惠能干。按照裕固族的婚俗，婚礼次日天亮前，新娘早起下厨，第一次在婆家点燃灶火。新娘将事先准备好的干草用火链点燃，再将干牛粪倒进灶里，在火上浇点酥油、炒面、曲拉，使火势更旺盛，既以之祭祀天地和灶神，又寓示着今后的日子红红火火，亦显示出新娘的勤劳能干。生新火后，新娘用新锅煮一锅新茶（酥油奶茶），新郎请来聚族而居的全家老小，依辈分、称谓向新

娘一一介绍，新娘即一一敬茶。对婴儿小孩，新娘要亲自喂其一小口酥油。

彝族以茶和酒为聘礼，迎亲婚礼，即由新娘的舅舅、叔伯、兄弟陪送至夫家。夫家则选择亲戚邻里中一对年轻美妙、举止端庄的姑娘和小伙子迎亲，二人双手托茶盘，侧面躬身，按尊卑次序，一一敬茶。茶毕，新娘行分辫礼，将原来的单发辫子改梳成双辫，表示从此成为已婚之妇。之后，新娘由舅父等亲属送进新房，开始煮茶敬献公婆姑嫂。其敬茶的献词为：

一碗茶水献与翁，希望公公好教导。

一碗茶水敬与婆，希望婆婆常指点。

一碗茶水送给姑，希望姑嫂多宽容。

一碗茶水奉给夫，希望郎君会相处。

献茶歌词的现代意识，足以说明彝族迎亲茶礼的历史承继性和创造性。

云南大理的白族同胞，则流行用"蝴蝶茶"迎亲。"蝴蝶茶"，即用松子和葵花子拼成一对蝴蝶，泡在红糖茶水中而成。新婚之日，新郎去女方家迎亲，女方伴娘向新郎新娘敬献蝴蝶茶和蜂蜜糖水，象征着夫妻生活如蝴蝶泉传说中的雯姑、雯郎一样，生活甜蜜，生死相依，白头偕老。

本来中国古代婚姻的下聘之礼，用的是雁，谓之"纳彩"；而大雁难得，自唐宋以降而改用为茶。以茶为婚聘之礼，除了这个因素之外，更有其深层的文化方面的原因。我们以为主要有三个方面：

首先，是出于中国人的"美人情结"。

古人以"荼荼"指代美女，而以"小茶"为少女的昵称。

这是中国人心目中的"美人情结"在中国茶文化中的一种折射。

苏轼以佳茗比喻美人，唐宋人即直接称呼美女或花季少女为"茶茶"与"小茶"，例如马致远《赏花时·掬水同在手》套曲云："紧相催，闲笃磨，快道与茶茶，嬷嬷宝鉴妆奁准备着。"元代无名氏《一锭银过大德乐·双姬》云："绣袄儿齐腰撒胯，小名儿唤作茶茶。"或为美妙女郎之泛称，而与唐代美女名妓关盼盼连用。如张可久《寨儿令·春情》云："媚春光草草花花，惹风声盼盼茶茶。"

其次，茶本身蕴含着极其丰富的文化内涵。

古代婚俗中有所谓"行茶"者，指许婚后由男方下茶行聘，行茶礼品中必须有茶与盐，因茶产于山，盐出于海，依其谐音，即以"山茗海沙"之音比喻"山盟海誓"之意。所谓"下茶"，是指男方向女方行聘时，彩礼中必须有茶，因而得名。

再次，是古人对茶的一种美丽误读，而取其象征爱情坚贞不渝之义。

古人以为茶树不可移栽，故用以比喻女性之忠于爱情婚姻，坚贞不渝，从一而终。明人许次纾《茶疏·考本》云："茶不移本，植必生子。古人称昏（婚），必以茶为礼，取其不移、置子之意也。"王象晋《广群芳谱·茶谱》序云："茶，佳木也。一植不再移，故婚礼用茶，从一之义也。"清人陈鉴《虎丘茶经注补》"八之事"引醉翁曰："茶树一种入地，不可移，移则死，故男女以茶聘。"

"茶不移本"，认为茶树不可移植，这是古人对茶的一种误读。其实早在苏轼时代，唐人以为茶树不可移栽，故以茶为媒，以茶为女孩名号，比喻女子对爱情婚姻的坚贞不二。苏轼破唐人陈说，开茶树栽培学之先河。

中华茶美学

第十五章

茶禅：茶与禅宗美学

　　禅是一朵鲜花，禅是一片白云，禅是一溪流水，禅是一轮明月，禅是一杯清茶。茶与禅宗的结缘，构建而成一个重大学说——茶禅论。

第一节　禅宗美学

禅宗美学，是以佛教禅宗为专门研究对象的一个学科，属于佛教哲学的一个重要组成部分。

禅宗美学的基本审美特征，是以妙悟为宗，以空灵淡泊为美，以静寂弥陀为最高审美境界。

禅宗主"悟"，南北有别：北宗主"渐悟"，以神秀为代表；南宗主"顿悟"，以慧能为代表。南北二宗，皆以"寂"为心境，以"妙悟"为思维方法。"妙悟"者，悟之高妙也，故能"无法不缘，无境不察"，达到"妙万物"的高妙境界。

禅宗美学在于一个"妙"字，妙万物，妙人生，妙境界。

禅宗美学涉及面极为广阔，中国的山水人文和高雅艺术，始终与禅宗美学结下不解之缘，如佛教禅院（包括建筑风格）、禅宗绘画（包括禅宗人物画、故事画、行藏画、山水画）、禅宗雕塑艺术、僧侣生活方式、禅宗活动、禅宗经典、禅宗著述、禅宗文字、人生哲学、涅槃境界、禅宗语言艺术、禅宗文化思潮、禅宗文化传播，等等。

禅为何物？禅，佛教名词，是梵文"禅那"的略称。禅宗的诸多解说，起源于释慧皎的《高僧传》卷十一：

> 禅也者，妙万物而为言，故能无法不缘，无境不察。然缘法察境，唯寂乃明。其犹渊池息浪，则彻见鱼石；心水既澄，则凝照无隐。

这种"禅"，是中国禅宗的一种思维方法。它以"妙万物"为内核，以"寂"为基本途径。其基本特征在于"缘法察境，唯寂乃明"，有如渊池鱼石，心澄而悟，则可凝照一切，妙观万物。

禅是一朵鲜花，禅是一片白云，禅是一溪流水，禅是一杯清茶，禅是一轮明月，禅是一首好诗。故禅又是一种境界，一种艺术境界，一种人文境界，是构成禅宗美学的基础。

荷兰汉学家许里和有一部《佛教征服中国》，其实是中国征服佛教。佛教传入中国，与儒家、道家文化融合，三教合流，使之而为禅宗，禅宗乃是印度佛教的中国化。

禅宗，是佛教的一个派别。相传印度高僧达摩东来，住在嵩山少林寺传授佛法，是为中国禅宗初祖。而后又以慧可为二祖、僧璨为三祖、道信为四祖、弘忍为五祖、惠能为六祖，皆奉行达摩大师"我法以心传心，不立文字"的基本教旨。

禅宗派别众多，有所谓"寺院禅"与"居士禅"之分，有所谓"无字禅"与"文字禅"之别，还有所谓"诗禅"与"茶禅"两大学说，而最常见的是其"一花五叶"，则以禅宗为"一花"，以沩仰宗、临济宗、法眼宗、云门宗、曹洞宗为"五叶"。

名称	创始人	创始地	师门	禅风特点
沩仰宗	唐禅师灵祐与弟子慧寂	湖南宁乡沩山与江西宜春仰山	六祖慧能门下南岳怀让一系	师徒唱和，互相契会主顿悟
临济宗	唐义玄和尚（？—867）	河北定州临济禅院	六祖慧能门下南岳怀让一系	痛快峻烈，以"棒喝"著称（德山棒，临济喝）
曹洞宗	唐良价与弟子本寂	筠州洞山（江西宜丰）与抚州曹山（江西宜黄）	六祖慧能门下青原（江西吉安）行思一系	回互细密
云门宗	五代文偃（864—949）	韶州云门山（今广东乳源）光泰禅院	六祖慧能门下青原（江西吉安）行思一系	锋辩险绝
法眼宗	五代文益（885—958）	金陵（今南京）清凉院	六祖慧能门下青原（江西吉安）行思一系	南唐中主李璟封文益为"法眼大禅师"，故为宗名。禅风兼云门曹洞之长。

湖南是中国禅宗的发祥地之一，是历史上的佛教胜地。

南岳衡山及其宁乡沩山，是佛教禅宗的策源地之一，在中国佛教历史上享有崇高地位。南岳与沩山，都是禅宗之首。七祖怀让所在南岳衡山是禅宗南宗的策源地，先后派生出沩仰宗和临济宗。而源于南岳的大沩山禅宗，即是禅宗第一大宗派沩仰宗的开创地，是佛教禅宗的摇篮。由于南岳一系的临济宗北上去了河北镇州的临济禅院，沩山实际上成为南岳怀让一系的主要弘法胜地。

大沩山，是中国著名的禅宗胜地之一，仅唐宋时代，这里方圆二百里，就集中有佛教寺院65处。其中最古老而又最富有影响者是密印禅寺。密印寺始建于唐代元和初年（806），与杭州灵隐寺齐名。

沩仰宗的开创者，是福州人灵祐和尚（771—853）。他是南岳怀让门下三世，23岁参谒百丈怀海，受其指点，于元和年间去宁乡沩山开法。此时的沩山，地势险峻，猿猴出没，人烟稀少，以野果为食。山下居民得知后，纷纷襄助，营造了寺庙一座。唐武宗会昌五年的"会昌法难"，他冒充成为农民，而躲过一劫难。大中初年(847)，唐宣宗曾赐"密印禅寺"御匾。寺名"密印"，出自印度佛教的"三密教旨"：口密（口传真言）、手密（手结契印）、心密（心作观想）。湖南观察使裴休请他进寺，与之论法，并将自己的儿子裴头陀送到灵祐和尚门下，法名"法海"。密印寺禅风大振，最兴盛时期寺院内有经书5408卷，田5408亩，钟5408斤重，僧众多达1500人。有《潭州沩山灵祐禅师语录》一卷。其弟子慧寂和尚，继承其"师徒唱和，互相契会"的"顿悟"禅风，执持门下，前后十五年，开创"沩仰宗"。

沩仰宗来去匆匆，并非因为它主"顿悟"的参禅方式，主要原因在于其内部寺风恶劣所致。据民间流传，寺院田土租种

给农民，农民交不起繁重的田赋，僧侣则烧杀抢掠，无所不为，丧失民心。后来弟子慧寂隶其心印，率徒至江西仰山等地，承传其法脉约150年。故名为"沩仰宗"。

唐五代湖南禅风极盛，据五代南唐禅师释静、释筠编撰的中国最早的一部禅宗史料《祖堂集》记载，比较出名的禅师，除南岳外，朗州有药山和尚、龙潭和尚、德山和尚，澧州有夹山和尚、韶山和尚，潭州有长髭和尚、石室和尚（攸县）、云岩和尚（醴陵）、道吾和尚（浏阳），等等。还有许多大禅师则出自南岳，出自沩山、德山、夹山，特别是德山，以"棒"著称，与赵州临济宗之"喝"相互呼应，形成"棒喝"禅风。后嗣者有雪峰和尚，他是南宗的代表人物，所谓"南有雪峰，北有赵州"，这是南岳一系的两座大山。

中国茶饮之习的发展和中国茶文化的传播，与佛教结下不解之缘。可以说，佛教禅院和广大僧侣，乃是中华茶文化及其茶美学的重要奠基者和传播者。一则寺院创建的茶寮，开中国民间茶饮之风；二则北宋大禅师圆悟克勤倡导的"茶禅一味"，成为中日茶道的"四字真诀"，提升了中华茶文化和茶美学的境界；三则南岳怀让弟子马祖开创的僧侣种茶的农禅之风，张扬了中国茶文化的佛光神韵。

第二节 茶与禅

禅为何物？禅，佛教名词，是梵文"禅那"的略称，意译是"思维修"，就是静思、静虑之意。禅家对"禅"的诸多解说，集大成于释慧皎的《高僧传》卷十一：

> 禅也者，妙万物而为言，故能无法不缘，无境不察。然缘法察境，唯寂乃明。其犹渊池息浪，则彻见鱼石；心水既澄，则凝照无隐。

这种"禅"，是心境，也是思维方法。它以"妙万物"为内核，以"静寂"为基本途径。其基本特征，在于静思寂察，在于一个"悟"字。所谓"缘法察境，唯寂乃明"，如渊池鱼石，心澄而悟，则可凝照一切，妙观万物。

悟者何也？吾心也。茶修与禅修，关键在于以茶、禅之修炼，感悟心灵，净化心灵。禅宗主"悟"，"悟"是禅修的基本方法，无论是北宗的"渐悟"，还是南宗的"顿悟"，皆以"静寂"为心境，以"妙悟"为思维方法。"妙悟"者，悟之高妙也，故能"无法不缘，无境不察"，达到"妙观万物"的人生境界。

茶禅者，以茶参禅之谓也。以茶参禅，以禅修身，修身养性的茶禅论，作为中国禅宗史上的一大学说，乃是以茶参禅的一种人文境界，一种人生境界。然而古往今来，人们并未予以全面阐释，直至2002年，石门举办首届茶禅文化研讨会，我发表长篇论文《茶禅论》才得以成立。此文原本正式发表于常德师院学报2002年第一期，而后广为流传至港台和海外。

以禅喻诗、以禅论诗，宋人有所谓"诗禅论"。以禅心、禅思、禅境、禅趣论诗思、诗境、诗趣者，苏轼、黄庭坚、魏泰、叶梦得、陈师道、徐俯、韩驹、吴可、吕本中、曾几、赵蕃、陆游、杨万里、姜夔、戴复古、刘克庄等，皆以禅喻诗、以禅论诗，"学诗浑似学参禅"之语，几成宋人的口头禅。严羽《沧浪诗话》乃是宋人以禅喻诗、以禅论诗的集大成之作，倡言"禅道唯在妙悟，诗道亦在妙悟。且孟襄阳学力下韩退之远甚，而其诗独出退之之上者，一味妙悟而已。惟悟乃为当行，乃为本色"者云云，认为诗道与禅道之相通，在于"妙悟"。

以茶参禅，以茶论禅，则有所谓"茶禅论"，即"禅道惟在妙悟，茶道亦在妙悟"者，即茶道之通于禅道者，亦在于"妙悟"，在于"本色当行"。

茶禅之所以"一味"，首先在于"妙悟"。品茶在于"悟"，就是品悟自然，品悟人生；参禅也在于"悟"，参悟佛理，参悟人生。因茶悟禅，因禅悟心，茶心禅心，心心相印，因而达到一种最高的涅槃境界。茶在品，禅在参，参禅如品茶，品茶可参禅，茶禅一味所寄托的正是一种恬淡清净的茶禅境界，一种古雅淡泊的审美情趣。以茶参禅，提倡"茶禅一味"，强调的是茶性、茶味、茶品、茶缘、茶情、茶心、茶境，是茶蕴涵着的文化心态、人文意识、审美情趣和茶禅境界。而要达到这种茶禅境界，自然在于"妙悟"。

其次在于"本色"。妙悟，是以茶参禅活动中的一种高妙悟性，

一种审美式的思维方法。这种思维方法，以"本色"为特征。所谓"本色"，是指本然之色。茶的本色，来源于天地自然，是绿色生命之饮，是人类的健康之饮，它是天地的赐予，自然的造化。禅的本色，在于自然，在于人的本然，是佛心，是善心，是菩提之心，是阿弥陀佛，是君子之心，慈悲之心，怜悯之心，普度众生的救世情怀。

第三在于"当行"。所谓"当行"，就是符合行业规则、规矩、规律。茶业，属于绿色产业，民生产业。绿色产业，必须道法自然；民生产业，必须以人为本，以民生为本，不可以违背自然规律，不可以违背人类饮食生活规律，大肆进行商业炒作。这些皆与佛教禅宗相符，与茶业、茶情相符，与社会人生真谛相符，一句话，当行就是品茶与参禅，必须符合茶道和禅道的基本规律和思维方法。品茶悟道，参禅悟道，茶禅一味，正是因为茶与禅的本色当行相通，在于以茶参禅注重"妙悟"之思维方式之高度融合性，在于品茶与参禅达到的人生境界的高度一致性。

第四在于茶性与佛性之统一。茶味与禅味之相通，佛性以苦，为释家苦、集、灭、道"四谛"之首。茶性者，清心也；佛心者，善心也。茶以苦为美，陆羽《茶经》指出："啜苦咽甘，茶也。"乾隆皇帝说："茶之美，以苦也。"茶的饮用之美在于口感。饮茶的最佳口感，多以为"清苦"。"苦"者，味也，良也，甘也，美也；甘美良味之谓"苦"。茶性之苦，与佛教"四谛"之苦，是完全一致的。孟子说："天将降大任于斯人也，必先苦其心志，劳其筋骨，饿其体肤，空乏其身"者也。人生多难，吃得苦中苦，方为人上人；人生苦短，先苦后甜。茶之啜苦咽甘，意味着先苦后甜的社会人生哲理。所以，才有习近平"品茶品味品人生"之论。

第三节　茶禅论的确立

禅宗的缕缕佛光，映照着缕缕茶烟，茶禅联袂，离合无限，妙境迭出，乃是中华文化史的一大奇观，为茶禅论的创立提供了得天独厚的自然生态环境。

何谓茶禅？茶禅者，以茶参禅之谓也。

茶禅，乃是以茶参禅的一种人文境界，一种艺术境界。茶禅论，因与诗禅论相互对应而出。

【诗禅论】

在中国学术文化史上，与佛教禅宗结下不解之缘的，一是诗，二是茶，成就了"诗禅论"与"茶禅论"两大学说。

诗与禅联姻，以禅喻诗、以禅论诗，宋代诗话创立了一个"诗禅论"。以禅思、禅境、禅趣论诗思、诗境、诗趣者，赵宋文化界比比皆是。苏轼、黄庭坚、魏泰、叶梦得、陈师道、徐俯、韩驹、吴可、吕本中、曾几、赵蕃、陆游、杨万里、姜夔、戴复古、刘克庄等，皆以禅喻诗、以禅论诗，"学诗浑似学参禅"之语，几乎成为宋人的口头禅。

严羽《沧浪诗话》乃是宋人以禅喻诗、以禅论诗的集大成之

中华茶美学

作，倡言"禅道唯在妙悟，诗道亦在妙悟。且孟襄阳学力下韩退之远甚，而其诗独出退之之上者，一味妙悟而已。惟悟乃为当行，乃为本色"者云云，认为诗道与禅道之相通者，在于"妙悟"。

【茶禅论】

茶禅联姻，以茶参禅，以茶论禅，一个可以与"诗禅论"媲美的"茶禅论"应运而生。与"诗禅论"一样，茶禅说的秘诀亦在于"禅道唯在妙悟，茶道亦在妙悟"者云云，即茶道之通于禅道者，亦在于"妙悟"，在于"本色"。

茶禅一味，首先在于"悟"，因茶悟禅，因禅悟心，茶心禅心，心心相印，因而达到一种最高的涅槃境界。

茶在饮，禅在参，参禅如品茶，品茶可参禅，茶禅一味所寄托的正是一种恬淡清净的茶禅境界，一种古雅淡泊的审美情趣。

以茶参禅，提倡"茶禅一味"，强调的是茶性、茶味、茶品、茶缘、茶情、茶心、茶境，是茶蕴涵着的文化心态、人文意识、审美情趣和茶禅境界。而这茶禅境界的达到，自然在于"妙悟"。

茶禅一味，其次在于"本色当行"。妙悟，是以茶参禅活动中的一种高妙的悟性，一种审美式的思维方法。这种思维方法，以"本色当行"为特征。所谓"本色"，是指本然之色。

茶与禅宗结缘，是中国茶文化史上一种蕴涵深刻的文化现象；茶禅论，是中国茶文化的精髓与天地人和的最高境界。

第一，茶禅联姻，首先是由于茶的本质特征和审美趣味所决定的。

茶为何物？茶，是一种植物。茶的审美属性，来源于植物。植物的基本属性，在于植物的生命。以茶的植物生命属性而言，

"茶以枪旗为美"（李诩《戒庵老人漫笔》）。所谓"枪旗"，是指茶树上生长出来嫩绿的叶芽，以其叶芽的形状如一枪一旗而得名。唐人陆龟蒙云："茶芽未展曰'枪'，已展者曰'旗'。"（《奉酬袭美先辈吴中苦雨一百韵》自注）

茶叶，是茶树的绿色生命；而"枪旗"，是茶的一种蓬勃旺盛的生命力的表现。茶是一种绿色食品。品茶则特别注重茶的天然本色，因为这种"本色"是茶具有绿色生命力的标志。嫩绿的茶叶，溶入泉水而重新获得了一种高雅的生命属性；人在品茶之中，将自己的生命意识融入茶水而饮，人的生命则又融注了茶的绿色基因。茶与品茶人融为一体，铸就了茶的绿色生命属性和饮茶的审美价值。

唐人陆羽《茶经》云："茶者，南方之嘉木也。一尺，二尺，乃至数十尺；其巴山峡川，有两人合抱者，伐而掇之，其树如瓜芦，叶如栀子，花如白蔷薇，实如栟榈，叶如丁香，根如胡桃。"这一连串形象化的比喻，显示了中国茶出自南方嘉木，是天地万物之精灵，是自然之美的荟萃。

所以，在中国人的心目中，茶乃是"灵草""灵叶""灵芽""灵物""琼浆""瑞草魁""甘露饭"。

第二，在于饮茶的心理机制和生理功能。

宋人的生活方式，与唐人很不相同。风流儒雅，乃是宋人追求的一种美学风格。宋人常云："俗人饮酒，雅士品茶。"一个嗜酒，一个嗜茶。一个主情，一个主理；一个重情趣，一个重理趣。

茶性即佛性。佛性以苦，为释家苦、集、灭、道"四谛"之首。茶，以清苦为美。"清"者，明也，净也，洁也，纯也，和也；

中华茶美学

清和明净、纯洁秀美之谓也。

茶的饮用之美在于口感。饮茶的最佳口感，多以为"清苦"。"苦"者，味也，良也，甘也，美也；甘美良味之谓"苦"。

陆羽《茶经》卷五云："其味苦而不甘，荈也；甘而不苦，槚也；啜苦咽甘，茶也。"茶"啜苦咽甘"的食用性审美属性，使人感到好茶入口时有清苦之味，而咽下时却生甘甜之美。

乾隆皇帝为"味甘书屋"题诗曰《味甘书屋》(二首)，谓"甘为苦对殊忧乐，忧苦乐甘情率然"；又谓"味泉宜在味其甘"；又作《味甘书屋口号》有"即景应知苦作甘"句，自注云："茶之美，以苦也。"

茶，以苦为美，与佛性之"苦"是完全相通的。"啜苦咽甘"，先苦而后甘甜，既是古今茶人品茶的一种共识，又是茶的食用价值和审美属性。

第三，在于禅门僧侣饮茶之习与文人生活方式的共通之处。

文人士大夫参禅论道，往往与高僧结友，以茶参禅，则成为文人士大夫的一种生活方式和审美情趣。

元初，南宋遗民林景熙游览姑苏虎丘山，看到的乃是茶圣陆羽剑池映照下的茶禅一味，因作《剑池》诗云："岩前洗剑精疑伏，林下烹茶味亦禅。"元人王旭《题三教煎茶图》诗之二云：

> 异端千载益纵横，半是文人羽翼成。
> 方丈茶香真饵物，钓来何止一书生？

茶成为寺院与文人联络的纽带，佛教诸多学说之所以能够流传千古，多得力于文人的支持，而方丈正是以茶香为诱饵来

433

吸引广大文人骚客的。然而，寺院茶香钓来的岂止是一介书生，更是中国茶禅文化的辉煌深邃，是中国茶文化与佛教文化的妙合无垠。

"茶禅一味"，乃是中国茶禅文化的四字真诀，是禅门僧侣饮茶之习与文人以茶参禅、以禅修心的产物，是禅门释家和文人骚客的一种生活方式，一种审美情趣。

自唐代以来，维系中国古代文人士大夫与寺院、僧侣、禅宗的密切关系者，一是茶，二是诗。茶是维系他们生活方式的物质纽带，诗为维系着他们精神境界的情感纽带。

乾隆皇帝爱茶爱诗，有茶诗200首，其中对赵州茶的咏叹，充分体现着"茶禅一味"的文化传统。其《三过堂》诗云"茶禅数典自三过，长老烹茶事咏哦"；《仿惠山听松庵制竹炉成诗以咏之》诗云"胡独称惠山，诗禅遗古调"；《坐龙井上烹茶偶成》诗云"呼之欲出辩才在，笑我依然文字禅"；《听松庵竹炉煎茶三叠旧韵》之一"禅德忽然来跐讯，是云提半抑提全"及其之二"茶把僧参还当偈，烟怜鹤避不成眠"；《三清茶》诗云"懒举赵州案，颇笑玉川谲"；《汲惠泉烹竹炉歌》诗云"卢全七碗漫习习，赵州三瓯休云云"；《烹雪叠旧作韵》诗云"我亦因之悟色空，赵州公案犹饶舌"；《东甘涧》诗云"吃茶虽不赵州学"。特别是《三塔寺赐名茶禅寺因题句》诗云：

积土筑招提，千秋镇秀溪。

予思仍旧贯，僧吁赐新题。

偈忆赵州举，茶经玉局携。

登舟语首座，付尔好幽栖。

中华茶美学

此诗与《三过堂》诗合而观之，最能体现乾隆皇帝的"茶禅"理念。而乾隆茶诗，多能以茶参禅，感悟"茶禅一味"的茶道机缘。"茶禅寺"，本吴越保安院，宋改名景德禅寺，俗名三塔寺。乾隆皇帝壬午南巡，以苏轼访文长老三过湖上煮茶咏哦，遂御赐"茶禅寺"之名。从赵州茶而至于赐名"茶禅寺"，中国的"茶禅一味"之说因此而成为一个正统而又完整的茶禅体系。

赵朴初题石门夹山寺"茶禅一味"碑

　　禅家平日注重"茶禅一味"，或对花微笑，感悟禅门真谛；或饮茶洗心，涤尽人世尘垢。这是禅门释家和文人骚客的一种生活方式，一种审美情趣。

第四节　茶禅一味

　　作为一大学说的茶禅论，与宋代的"诗禅论"相对应，其核心归纳为"茶禅一味"四字真诀。

　　从审美的角度来考察，"茶禅一味"具有四个明显的美学的规定性：

　　一则茶的清淡自然与禅的正法眼藏，本性自然，机缘弥勒，具有天然的契合点。茶禅一味是由于茶、禅自身所具有的本质属性决定的。茶是水，禅是云，水云相映；茶是叶，禅是花，红绿相衬；茶为饮，禅为参，以茶参禅；茶悟禅，禅修心，茶心禅心，心心相连。这就是"茶禅一味"。

　　二则品茶讲究心境，注重文化氛围；参禅要求心灵平和宁静，万念俱灭。无论僧侣或文人，其茶禅之心与茶禅之境，皆以平和诚笃为共同的文化心态与审美特征。茶禅一味乃是由于品茶人和参禅者内在的省心要求与外在的文化品位的一致性之必然。

　　三则茶禅一味，将中国茶文化的文化意蕴提升到了一个更高的文化美学层次上，是茶的流韵，禅的机缘，是人生的体悟，凡尘的洗涤，是心灵的净化，情感的升华。"茶禅"是以茶参禅、以禅修心之意；茶是参禅的物质载体与生活方式，是茶韵流香；

"一味"不能简单地理解为一个味道，茶味可知，禅味则难以感知矣。唯有以茶参禅，以禅修心，方能体悟个中真谛。茶禅之美，在于"一味"，在于茶与禅相互融合为一所呈现的心绪、趣味与审美境界，在于茶与禅所共同追求的古雅淡泊之美，如山寺之肃穆，田园之宁静，如秋菊之淡雅，修竹之疏影，如月色之柔美，白云之飘逸，如钟鼎之古朴，翰墨之流香，如诗文之雅致，辞赋之流丽。

四则茶禅是一种境界，一种人生境界，也是一种艺术境界。茶之妙处，正在于体味社会人生与宇宙万物。《景德传灯录》卷二十"池子稽山章禅师"下记载云："投子吃茶次，谓师曰：'森罗万象，总在遮一碗茶里。'师便覆却茶云：'森罗万象在什么处？'"一碗清茶，可盛可观"森罗万象"。这是怎样一种境界？这就是茶禅的境界，就是"这一碗是什么？"的真正含义。

以上四点美学规范性，才是"茶禅一味"四字真诀的丰富内涵。今人误读"茶禅一味"的茶禅，是并列关系，以为词序可以任意颠倒，导致观念性、诠释性的错谬，以为茶与禅都是一个味道。其实，圆悟克勤所书，赵朴初、吴立民等先辈所论的"茶禅一味"，属于以茶参禅悟道、以禅修身养性的一种修行方式与人生境界。一味是什么？你会说"一个味道"，如同夹山和尚问"这一碗是什么？"你可能回答"茶"，这就大错特错，同五祖拈花问徒"这是什么"，僧徒齐声回答"花"一样可笑；唯有慧能笑而不答。何谓"一味"？一味是纯一、专一，无兼味、无杂念的意思。茶禅一味，就是人们以茶参禅、以禅修心，必须纯一专注，无杂念，心无旁骛，才能达到无兼味的茶禅境界，即夹山和尚所说的"夹山境地"。古往今来，宗门大师授徒讲

437

经，所述所问，看似平常话语，若不从事物本质的奥区去思考，随便乱答，往往牛头不对马嘴。赵州和尚的"吃茶去"，夹山和尚的"猿抱子归青嶂岭，鸟衔花落碧岩泉"，日本珠光回答一休大师的"柳红花绿"，都是禅门开悟的典范。你如果从字面上去诠释，从概念上去归纳，只会越解释越糊涂。赵朴初有六言诗云：

阅尽几多兴废，七碗风流未坠。

悠悠八百年来，同证茶禅一味。

应该指出的是：当今之世，佛教界有些人将"茶禅一味"篡改为"禅茶一味"，打出一个"禅茶文化"的幌子，致使谬种流传，2012年第七届世界禅茶文化交流大会在韩国召开，2017年6月，北京大学政府管理学院课题组举办"寻找中国茶道的文化足迹"学术研讨会，从宗旨、发言到题词，均标榜"禅茶一味"，唯有石门夹山寺的明禅大法师坚持"茶禅文化"与"茶禅一味"之旨。茶文化界的这些错谬，不仅是对圆悟克勤大禅师的背叛，造成严重的思想混乱，而且大量贩卖的"禅茶"，助长佛教寺院走产业化、商品化、市场化之势，必须拨乱反正，正本清源，维护宗门先贤对"茶禅一味"四字真诀的实际规定性。

第五节　茶禅祖庭

"茶禅一味"是中国茶禅文化和日本茶道的四字真诀，然而其出处所自，乃是中国茶文化研究中举世瞩目的重大学术命题。

近几年来，日本方面认为日本茶道所广为传播的"茶禅一味"之说最早出自湖南石门的夹山寺，多以夹山为中日茶禅文化之祖庭，而夹山禅师所标榜的船子德诚大师的"猿抱子归青嶂里，鸟衔花落碧岩前"一偈语，普遍用之于日本茶馆的挂轴，成为日本茶道与茶馆的正法眼藏。

诗禅论与茶禅论，是禅宗美学两个重大的命题。应该说，茶禅一味肇始于魏晋时代，当中国佛教寺院兴起、中国士大夫饮茶之始，茶与禅的结合就开始了，至于隋唐佛学之繁荣发展，茶禅论到唐宋时期正式形成，因此中国禅宗的发祥地南岳衡山与沩仰宗的第一策源地沩山，乃是茶禅论得以诞生的摇篮。至于石门夹山寺，只能说是"茶禅一味"四字真诀的诞生地。

"茶禅一味"是茶禅论的核心观念之一，但"茶禅一味"并不等同于"茶禅论"。唐宋时期的茶禅论与诗禅论，是中国茶文化、中国诗文化与中国禅宗文化相互融合而产生的两大学说，其中茶禅论属于禅宗美学与茶美学的有机结合，而"茶禅一味"仅仅属于中日茶道的四字真诀。学说的严肃性和规范性，

439

是其学理性决定的，不可随意戏称。人们可以将"茶禅一味"或称为"禅茶一味"，而不可以将"茶禅论"或称为"禅茶论"，如同"诗禅论"不可戏称为"禅诗论"一样。

我们在茶美学研究中，有必要对"茶禅一味"出自湖南石门夹山禅寺之说加以考释论证。

一、夹山和尚善会与"夹山境地"

夹山境界的开山者，是船子德诚及其徒弟善会。晚唐时代，广州高僧善会，受其师船子德诚偈语"猿抱子归青嶂里，鸟衔花落碧岩前"在澧州夹山寺主持参禅。近人陈垣《释氏疑年录》考述：善会，广州岘亭人，姓廖氏。公元805年生，唐中和元年（881）卒，年七十七。又据《祖堂集》卷第七载：

> 夹山和尚自号"佛日"。师父问他："日在什摩处？"对曰："日在夹山顶上。"师令大众镬地次，佛日倾茶与师。师伸手接茶次，佛日问："醋茶三两碗，意在镬头边。速道，速道。"师云："瓶有盂中意，篮中几个盂？"对曰："瓶有倾茶意，篮中无一盂。"师曰："手把夜明符，终不知天晓。"罗秀才问："请和尚破题！"师曰："龙无龙躯，不得犯于本形。"秀才云："龙无龙躯者何？"师云："不得道着老僧。"秀才曰："不得犯于本形者何？"师云："不得道着境地。"又问："如何是夹山境地？"师答曰："猿抱子归青嶂后，鸟衔花落碧岩前。"

夹山和尚因茶悟道，得夹山境地，说明唐五代禅宗中的"夹山境地"，是最富有代表性和典范意义的茶禅机缘、茶禅境界。其实，船子德诚以"猿抱子归青嶂后，鸟衔花落碧岩前"之偈语为"夹山境地"，乃是一种意象化的比喻，以自然意象来比

拟茶禅境界。这种"夹山境地",具有以下三大禅宗美学特征:

其一,夹山境,以夹山顶之佛日为最高境地,故夹山和尚自号"佛日",表现出夹山禅对夹山顶"佛日"之自然崇拜;

其二,夹山境地与茶结缘,却与其物质形态无关,所谓"不得犯于本形""不得道着老僧""不得道着境地",都有此意;

其三,师父对夹山境地的直接解释,是"猿抱子归青嶂后,鸟衔花落碧岩前",乃是以自然意象来比拟茶禅境界。"猿抱子归"于青嶂岭后者,是其所归,归于青嶂,归于自然,归于绿色家园;"鸟衔花落"于碧岩泉前者,是其所向,向往自然,向往清寂,向往涓涓清泉。这碧岩泉与茶禅的机缘,就是茶禅境界。

二、圆悟克勤与"茶禅一味"

圆悟克勤,宋代高僧。《五灯会元》卷十九有《昭觉克勤禅师》传;《嘉泰录》十一及孙觌《鸿庆集》卷四二有《圆悟禅师传》。近人陈垣《释氏疑年录》称其为"东京天宁佛果克勤",四川彭州崇宁人,姓骆氏。生于公元1063年,宋绍兴五年(1135)卒,年七十三。赐谥"正觉禅师"。宋徽宗政和元年(1111),圆悟克勤禅师自川游荆湘,受寓居荆南而以道学自居的张商英之请,讲经说法于湘西石门夹山寺与长沙麓山寺,对云门宗雪窦《颂古百则》加以发挥解说,由其弟子结集其《垂示》《著语》《评唱》而成《碧崖录》10卷,流布于世,声名远播,是为石门文字禅,被称为"宗门第一书"。是时,日本留学僧学成归国,圆悟大师手书"茶禅一味"四个字以为印可证书,因而流传于日本,而被奉为日本茶道之魂。然而,这个日本留学僧是谁?据留日博士滕军《日本茶道文化概论》称其弟子为虎丘绍隆,现存于日本奈良大德寺的圆悟克勤墨迹是公元1128年写给虎丘

绍隆的印可证书。

三、日本高僧荣西、珠光与"茶禅一味"

金大定年间，日本高僧荣西（1141—1215）两次来中国：第一次为南宋乾道四年（1168）4月，至天台山等地学禅，历时5个月，回国后传播中国禅道与茶道。第二次为南宋淳熙十四年（1187），从天台山万年寺虚庵怀敞承袭临济宗禅法，历时两年零五个月，1191年归国，先后著有《出家大纲》《兴禅护国论》《吃茶养生记》，成为日本临济宗和日本茶道的开山祖师。

起初，日本人以茶为药物。村田珠光和尚入寺学禅，师从鼎鼎大名的一休宗纯禅师。然而珠光参禅念经，常打瞌睡。医生建议他"吃茶去"，结果立竿见影。就着手创制茶道规矩。一日，茶道法式即将完成。一休问珠光："吃茶应以何种心情？"对曰："以荣西禅师《喫茶养生记》，为健康而吃茶。"赵州和尚有一段"吃茶去"的公案，一休又问珠光："有一修行僧问赵州佛法大义，赵州和尚回答：'吃茶去！'你作何种理解？"珠光不语，接过修行僧云水递来的一杯茶，正要敬献给师父，一休气愤地把茶杯打落在地。珠光默然不动，一会儿才起身行礼，转身而去。一休大声叫道："珠光！"珠光应声，回头注视着师父，默不吭声。一休再次逼问着："刚才我问你以何种心情吃茶，你若不论心情，只是无心而吃，该又如何？"此时，珠光心情已经平静，轻声回答："柳红花绿。"一休一听，知珠光已由茶开悟，遂予以印可。珠光深感"茶禅本一味"，于是一个蕴含禅心的日本茶道，从此而与日俱进，故日本茶道以禅为核心。

中华茶美学

四、奈良大德寺与"茶禅一味"

据中国留日学者滕军《日本茶道文化概论》称,圆悟克勤大师手书"茶禅一味"墨迹,至今仍保存于日本奈良大德寺,早已成为日本茶道的稀世珍宝。

大德寺,在日本本州,兴建于奈良时代,是日本最负盛名的临济宗寺院。唐朝鉴真和尚曾在此驻足,日本著名禅师一休宗纯曾在此主持。据说村田珠光和尚就是在此处从一休禅师那里得到圆悟克勤写给日本弟子的"茶禅一味"印可手书的。

无独有偶,据石门人士称:在日本,石门夹山和尚的"猿抱子归青嶂岭,鸟衔花落碧岩泉"偈语,至今仍然是日本茶道场馆的挂轴。广大日本茶人都知道,这一偈语出自中国湖南石门县的夹山寺。

然而,我们尚有几点疑问:一是圆悟克勤的弟子虎丘绍隆,是和州含山(今属安徽省)人,并不是其日本弟子;二是现存于日本奈良大德寺的圆悟克勤墨迹并无"茶禅一味"字样;三是圆悟克勤写给虎丘绍隆的印可证书是怎样流传到日本去的。此三个疑点未解决,断定"茶禅一味"出自圆悟克勤写给虎丘绍隆的印可证书之说,尚待证实。清代学者钱大昕曾有《戏题赵州茶棚》一诗云:

> 宗门语录太纷拏,直下钳锤是作家。
> 公案古今难勘破,镇州萝卜赵州茶。

拏:同"挐"(rú),纷乱。此诗通篇以禅宗之语出之,批评禅宗语录的杂乱纷繁,牛头不对马嘴,使人们难以勘破"赵州茶"这一禅门公案的真谛之所指。《古尊宿语录》卷47载,有僧问赵州"亲见南泉否",赵州却回答说:"镇州出大萝卜

头。"因有《东林颂》偈语曰：

镇州出大萝卜头，师资道合有来由。

观音院里安弥勒，东院西边是赵州。

赵州和尚如此论答，如此牛头不对马嘴，说明其"吃茶去"的口头禅是不自觉的，缺乏理性思考的。"茶禅一味"与"赵州茶"这一禅门公案虽然早就成为千古之谜，一千多年以来，历代文人茶客甚至"直下钳锤"，都难以勘破，现在应该还其历史本来面貌。2003年4月8日，中国茶叶学会与石门县人民政府联合举办的"中国石门夹山茶文化研讨会"，与会专家们经过充分论证，一致确认了石门夹山作为"中国茶禅之乡"与"中日茶禅祖庭"的文化地位。

夹山禅寺，是中国文字禅的发源地，彻底改变中国禅宗唯有无字禅的历史。2015年10月，夹山千年茶禅文化论坛在石门县夹山寺隆重举行，全国十大禅寺高僧大德出席，圣辉大和尚和蔡镇楚教授先后主持上午下午两场高峰论坛，全面论述茶禅文化的哲学底蕴和文化内涵，集中反映出夹山千年茶禅文化的历史价值与现代意义。圣辉大和尚、楼宇烈、蔡镇楚教授，三人分别在软

蔡镇楚教授在2015夹山千年茶禅文化论坛开幕式发表致辞

泥模上为夹山千年茶禅文化论坛摁上手印，以资纪念。

茶入禅院，是因僧侣念经打坐的需要，以驱除睡魔，毫无功利性。中国石门夹山寺，根据圆悟克勤与赵朴初老的训诫，一直坚持"茶禅文化"与"茶禅一味"的信条，近几年来，佛教禅院为开发其"禅茶"，打造"禅茶"品牌，背离祖训，毫无敬畏之心，擅自将"茶禅一味"改为"禅茶一味"，如2012年在韩国召开的"世界禅茶文化学术研讨会"，竟然打出"禅茶文化"的旗号，中国茶界也有些人附和之。这是很不科学的。一则以"茶禅一味"为核心的茶禅论，与宋代的诗禅论相对应，是茶与诗与禅相互结合而成就的两大学说，不能随意将其核心改为"禅茶一味"；二则禅茶只是一种茶类，是佛教禅院开发的和尚茶、居士茶而已，并不代表大众茶；三则"茶禅一味"中的"茶禅"，并不属于并列关系，可以任意颠倒。汉语次序，具有严格的规范性，次序一旦颠倒，意义则不同。茶禅一味是以茶参禅、以禅修心，而"禅茶一味"则变成"禅茶"，怎么"一味"呢？和尚们对此"一味"误解为"一个味道"，根本不知其"味"之真谛。

【茶修与禅修】

禅修，是以禅修心，源于达摩初祖当年在嵩山寺庙面壁打座。禅修与茶修，皆以修身养性为目的，以清静平和为境地，是其共通之处。

修行方式不同：一以禅，是宗教式，一以茶，是生活情趣式，但皆以文化为宗。如白娘子之修行。

茶修，是茶人以茶修身养性的生活方式；禅修，是佛教禅宗信徒的一种修行方式，或北宗之渐悟，或南宗之顿悟，皆以

禅修心。

其一，茶修作为茶人的一种修行方式，必然是文化的，也是生活体验式的，不可能凌驾于文化之上。

其二，文化的独立性来源于民族性。只要民族还存在，文化则不可能全盘西化。

其三，宗教信仰在于人类共同追求的真善美，茶修既以善为崇尚，其崇尚不应停留在佛教禅宗，关爱的应是儒道释和基督教、伊斯兰教等。

其四，以茶修别于茶道，又将茶道归于日本茶道之宗教化程式，忽略中国茶道之哲学内涵和生活情趣，显然站不住脚。

其五，茶修属于以茶修身养性的个人行为，其价值取向应该超越于个体，普度众生，而不要自我封闭。

其六，茶修值得提倡，但要立足于文化的整体意志，着眼真、善、美三种境界，才可能去除假丑恶，铸造美好人生。

据此，被日本奉为"茶禅祖庭"的石门夹山境，不是禅茶之境，而是茶禅之境。故所谓禅茶文化研究会，完全属于佛教禅茶的一个团体，以寺院禅茶为研究对象，不属于茶禅文化研究。将禅茶与茶禅两个概念混为一谈，势必冲破圆悟克勤大禅师"茶禅一味"的文化规范性，将广大茶人对茶禅论的研究排斥于门外。众所周知，学术文化研究团体，有其独特的文化规定性，不可依据某种需要而随意。这是我当初坚持定位为茶禅文化研究会的一个重要学理基础，尊重文化，尊重学术原则，维护学术文化的尊严，乃是我们的责任。

第十六章

茶俗：茶美学的世界视野

　　茶叶是中国的灵芽，是绿色女神，是美丽的天使，中国茶叶与中华茶文明的世界传播，起了移风易俗的作用，改变了人类的生活方式与审美情趣。茶美学的研究，立足于中国，放眼于世界，在中国茶叶的流通与茶文明的传播之中，以中国为中心的茶叶世界赖以形成，以中华茶文化为核心的茶文明得以实现，茶美学的学科视野得以扩大，这就是世界各国或地区在历史长河之中逐渐形成的域外茶文化，即茶俗。

　　约定俗成的茶俗，因茶而成立，是历史的积淀，是饮食文化的传承，也是中华茶文明、茶美学传播的产物。其他域外茶俗，因地域而异，因民族而异，但都离不开茶，中国茶及其茶文化，乃是世界各国茶俗赖以形成的物质载体与传播媒介。

第一节　中国茶的传播之路

中国茶叶传播的主要途径，大致有四条道路：一是茶马古道，二是丝绸茶路，三是草原茶路，四是海洋茶路。

一、茶马古道

包括汉魏以来开辟的西南通往中国西藏以及缅甸、印度、孟加拉国的茶马古道要冲——永昌路，是中国历朝与西蕃实施茶马互市、以茶易马强军战略的战略通道和茶叶贸易最为悠久的边销茶通道，属于内地茶叶对西北地区的茶叶贸易，始于汉唐时代，盛于明代。张骞出使西域与文成公主出嫁西藏，都有茶叶礼品赠送，虽非贸易，也应该属于内地茶叶最早的出口。宋代在四川、陕西等地实行茶马互市，与西蕃以茶换马。咸平元年 11 月，宋真宗有《蕃部进卖马给绢茶事诏》云："蕃部进卖马，请价钱外，所给马绢茶，每匹二斤，老弱驴马一斤。"以后历代王朝为强兵计，一直延续着这种政策。明朝在陕西、西宁、成都设立西北茶马司，负责边茶贸易与茶马交易。据《明会典·凡易马》载，明朝成化十五年，令陕西巡茶御史招蕃易马。"以茶百斤易上马一匹，八十斤易中马一匹"；"正德十年，以每年招易，蕃人不辨秤衡，止订篦中马，篦大则官亏，小则商病，令均为中制：每一千斤定三百三十篦；以六斤四两为准，作正茶三斤，篦绳三斤"。万历年间，则定上等马一匹换茶三十篦，中等二十，下等十五。著名戏剧家汤显祖有《茶马》一首诗云：

> 秦晋有茶贾，楚蜀多茶旗。
>
> 金城洮河间，行引正参差。
>
> 绣衣来汉中，烘作相追随。
>
> 以篦计分率，半为军国资。
>
> 番马直三十，酬篦二十余。
>
> 配军与分牧，所望蕃其驹。
>
> 月余成百钱，岂不足青刍。
>
> 奈何令倒死，在者不能趋。
>
> 倒死亦不闻，军吏相为渔。
>
> 黑茶一何美，羌马一何殊。
>
> 有此不珍惜，仓卒非长驱。
>
> 健儿犹饿死，安知我马徂。
>
> 羌马与黄茶，胡马求金珠。
>
> 羌马有权奇，胡马皆骀驽。
>
> 胡强掠我羌，不与兵驱除。
>
> 羌马亦不来，胡马当何如！

此诗之写茶马者，无异于古代四川、陕西等地与西蕃"茶马互市"的历史简篇，可以与明代杨一清《为修复茶马旧制以抚驭番众安靖地方事》《为修复茶马旧制以抚驭边人安靖地方事》等《关中奏议》和杨时乔《马政纪》等相提并论，是明代茶马

政纪中的重要文献之一。以其为诗，故其中包含着诗人关注茶马互市和民生疾苦的爱国情怀。

二、古丝绸茶路

包括秦汉以来的"西域道"，是历史最悠久，线路最长远、环境最复杂的丝绸、瓷器、茶叶国际贸易通道，东起中原地带的洛阳、长安，途经河西走廊，跨越戈壁大沙漠，到达西域和中亚、西亚大陆，直至地中海与整个欧洲。古丝绸之路，创建于汉朝使臣张骞两次通西域，而盛极于李唐王朝。当长安与洛阳，成为东方中华大帝国的国际大都市之际，马帮驼铃，响彻戈壁，古丝绸瓷器之路成为古代中国与西方各国进行国际贸易、文化交流和友好交往的国际陆路大通道。中国古代的"四大发明"指南针、造纸术、火药和印刷术及其第五大发明茶叶，最早都是通过古丝绸之路传播到西方世界的。大西北游牧民族，以肉食牛奶为主食，少有蔬菜之类素食，行无定向，居无定所。中国黑茶特殊的制作工艺，消食、养胃、降脂、减肥、强身健体的特殊功效，使之成为大西北游牧民族饮食生活的必需品，广泛流传着"宁可三日无粮，不可一日无茶"的谚语。于是，元末明初以来，历代朝廷将以安化黑茶为代表的湖南、湖北、云南、四川黑茶定为官茶，实行黑茶专卖政策，专门供应大西北游牧民族做生活必需品。古丝绸之路，除了承担原有的丝绸、瓷器贸易功能，戈壁沙漠，马背驮茶，如戈壁清泉，沙漠甘霖，丝绸之路成为黑茶边销的主要通道，成为维系内地与大西北边疆安定、社会稳定的生命纽带，安化黑茶因此而被誉为古丝绸

之路上的神秘之茶、生命之茶。

三、万里茶路

又称"草原茶路"，属于边销茶贸易和中俄茶叶贸易的主要通道，始于元代，而盛于明清时代。这是陆路上最长的万里茶路，起点有二：一是湖南安化，属于中国黑茶贸易之路；二是福建武夷山，属于红茶贸易之路，两大起点在湖北汉口而交汇，利用船装马驮，由山西晋商，将茶叶销往内蒙古，再经蒙古大草原，到达俄罗斯的边境口岸恰克图，再由俄罗斯茶商运往莫斯科与圣彼得堡，直至西欧各国。万里茶路，是中国茶叶陆路传播的主要通道，堪与丝绸之路媲美。其特点有三：一是因为路途太远，时间太长，绿茶、乌龙茶不便长期积压运输，故中俄茶叶贸易以黑茶和红茶为主；二是以诚信为本，山西晋商在万里茶路的茶叶贸易之中担任着主导角色，大德诚、大德懋、大成为中国茶叶经销以诚信经商的茶商典范；三是万里茶路以开拓大西北和俄罗斯茶叶市场为目标，以舟船、马匹、骆驼为主要运输工具，以俄罗斯边境口岸恰克图国际茶叶市场为周转站，实现了中国茶叶由湖南安化和福建武夷山到达圣彼得堡和西欧各国的国际贸易和茶文化传播的历史跨越。

四、海上茶路

是中国茶叶出口海外的主要通道。中国茶叶贸易与中华茶文化外传的海洋之路。海上茶路，以宁波为起点，东南沿海各大古老港口，都是不定期的茶叶、瓷器、丝绸走向海洋的重要出口地。今宁波市政府在古码头，矗立着"海上茶路启航地"

的纪念巨碑，以启后人。

海上茶路，是航海之路。茶叶贸易，与航海业紧密结合，与丝绸、瓷器贸易风雨同舟。因航海方向不同，以宁波为起点的海上茶路又分为两条：

一是东海道，即东亚海上茶路，由此中国茶树与茶叶传播于朝鲜半岛与日本以至巴西。日本人饮茶，始于唐代。日本高僧空海与最澄大师留学唐朝，公元805年回国之际，最澄带去茶种，在日本吉神社旁边播种，成为日本最早的茶园，至今尚存吉茶园御碑。金大定年间，日本高僧荣西（1141—1215）两次来中国：第一次为南宋乾道四年（1168）4月，至天台山等地学禅，历时5个月，回国后传播中国禅道与茶道。第二次为南宋淳熙十四年（1187），从天台山万年寺虚庵怀敞承袭临济宗禅法，历时两年零五个月，1191年归国，也带去中国茶种，在九州富春院山上播种，而成石上苑茶园。200多年前，中国茶农远渡重洋，来到巴西传授种茶、制茶技术，使巴西成为南美洲第一个茶叶种植国。1915年参加巴拿马万国博览会，夺得仅次于中国茶叶的第二名的桂冠。

二是南海道，即南洋茶路，始于唐宋时代，盛于明朝永乐年间郑和七次下西洋，清朝中叶一以贯之。这是中国茶叶外销南亚、阿拉伯、非洲大陆和西欧的海上主要通道。明朝永乐年间，郑和下西洋列表：

次数	时间	出发地及所经国家地区	人数及所携带物品
第一次	永乐三年（1405）—永乐五年（1407）九月	苏州刘家港，最终到达印度古里（卡里卡特）	宝船62艘，27800人。丝绸、瓷器、茶叶、珠宝

第二次	永乐五年（1407）—永乐七年（1409）夏	苏州刘家港，最终到达印度古里（卡里卡特）	宝船62艘，27800人。丝绸、瓷器、茶叶、珠宝
第三次	永乐七年（1409）冬—永乐九年（1411）六月	苏州刘家港，最终到达印度古里（卡里卡特）	宝船62艘，27800人。丝绸、瓷器，茶叶
第四次	永乐十一年（1413）冬—永乐十三年（1415）七月	苏州刘家港，到达西域天方（阿拉伯），朝拜伊斯兰教圣地麦加。终点站是非洲东海岸的卜剌哇（今索马里）	宝船62艘，27800人。丝绸、瓷器、茶叶、珠宝
第五次	永乐十五年（1417）冬—永乐十七年（1419）七月	苏州刘家港，抵达非洲东海岸的卜剌哇（今索马里）、苏禄、沙里湾泥	宝船62艘，27800人。丝绸、瓷器、茶叶、珠宝
第六次	永乐十九年（1421）冬—永乐二十年（1422）	苏州刘家港，终点站是非洲东海岸的卜剌哇（今索马里）	宝船62艘，27800人。丝绸、瓷器、茶叶、珠宝
第七次	宣德六年（1432）冬—宣德八年（1433）七月	苏州刘家港，到达西域天方（阿拉伯），郑和病死于印度古里。遗体随船队回国，葬于南京牛首山	宝船62艘，27800人。丝绸、瓷器、茶叶、珠宝

郑和率领庞大中国船队七次下西洋，每次人数多达二三万人之众，前后二十八年之久，航行数万海里之遥，抵达红海天方和非洲东海岸，乃是世界航海史上空前伟大的壮举，也是中国外交史、国际贸易史、中华茶叶流通史和茶文化传播史的一大奇迹。

起初，中国海商开始将茶叶销售到东南亚地区，但数量很少。十六世纪后，葡萄牙人与荷兰人开始从澳门、广州，将中国茶叶大量销往欧洲。到明清时代，英国、法国、俄国、西班牙等纷纷参与中国茶叶贸易。英国皇室饮茶，是葡萄牙公主带进去的，中国茶叶的无穷魅力，使英皇室为之倾倒。特别是红茶，加进白糖、牛奶，变成皇室的高雅时尚的贵族饮品。英国工业革命期间，中国茶成为英国产业工人的生活必需品。威廉斯《英国扩张简史》指出："如果没有茶叶，工厂工人的粗劣饮食，则不可能使他们顶着活干下去。"

至于清朝，这种茶叶贸易，主要以海路为主。其中英国东印度公司，在中国茶叶贸易之中占着主要地位。十八世纪七十年代，英属东印度公司运输到西方的茶叶占中国广州全部外销茶叶的三分之一，直至八十年代增至54%，九十年代增加到74%，十九世纪前十年高达80%，几乎垄断了中国茶叶贸易，获得超过百分之百的高额利润，使英格兰成了世界茶叶贸易中心，也使英国财政收入获得了全国税收十分之一的茶叶税。茶叶征服了世界。欧洲市场上的中国茶叶热，使茶叶迅速成为与咖啡、可可并称的世界三大有机饮料之一。

第二节　世界七大茶区

中国茶树茶种，传播世界宜茶地区，奇迹般地出现世界七大茶区。根据茶叶生产分布和气候等条件的差异性，世界茶叶产区可分为东亚、东南亚、南亚、西亚、欧洲、东非和南美等七个主要区域。

一、东亚茶区

有中国、日本，两国产量约占世界总产量的 23%。

中国是茶树发源地，是茶叶主产国，也是茶文化的策源地；日本最早引进中国茶树，早在唐朝的日本留学僧最澄和空海和尚，就将中国茶树和茶种带回日本栽种，宋金时期的日本僧侣荣西两次来中国参禅学佛，回国时依然带去中国茶树栽种，于是日本率先在世界上有了自己的茶园——吉茶园碑，至今尚存。然而，就是作为茶叶故乡的中国和最早移植中国茶树的日本，其茶园面积和茶产量，在世界上却退居南亚之次。

二、南亚茶区

有印度、斯里兰卡和孟加拉三国，产茶约占世界总产量的 44%，总出口量的 50%。以其气候、土壤、雨量等自然生态环境之优越，南亚茶区一跃而成为世界茶叶的主产区。

三、东南亚茶区

有印度尼西亚、越南、缅甸、马来西亚，产茶占世界总产量的8%。

四、西亚、欧洲茶区

有欧洲的葡萄牙和亚洲的格鲁吉亚、阿塞拜疆、土耳其、伊朗等，产茶约占世界总产量的14%。

五、东非茶区

主要产茶地区有东非、南非、中非及印度洋中部分岛屿，其中产量以东非的肯尼亚最多，占世界产量的9%左右。

六、拉丁美洲茶区

主要有巴西、阿根廷、秘鲁、厄瓜多尔、墨西哥、哥伦比亚等。与其他地区合占3%左右。

七、大洋洲茶区

主要是巴布亚新几内亚，二十世纪五十年代从马来西亚引进茶种，试种成功，年产四五千吨。还有斐济，也在试种茶树，发展茶业。

中国茶叶的传播，引发西方世界十八世纪出现的中国茶热。这种中国茶叶热，刺激了以英国皇室为首的饮茶热潮和西方世界的中国茶叶贸易商潮，也激发了西方茶商和中国周边国家和地区普遍引进茶树栽培的积极性。于是世界各地大力栽种中国茶树，引进中国制茶技术，发展茶叶产业。经过将近一个世纪的努力，世界茶叶格局发生了巨大变化，茶叶产区由中国周边

中华茶美学

国家和地区，扩展到亚非拉美气候适应茶树生长的许多国家，形成了世界茶叶发展的新格局。

世界主要产茶区分布图

世界茶叶地图，受制于茶树生长的自然地理环境，其茶叶产区，较前有所变化，主要是产区纬度的变异。最北的茶区是北纬49°的俄罗斯，而中国严格遵守茶叶生产的自然规律，位于北纬40°的北京地区就不再开辟茶园。当今世界茶叶生产的最南端，是南纬33°的南非。但是一般来说，北纬30°左右，以中国武陵山地区为中心，是茶业生产的黄金纬度带。这里气候温和，土壤肥沃，雨量适中，阳光充足，高山秀峰，林木茂盛，云雾缭绕，茶园叠翠，是中国优质绿茶的主产区。

时至今日，世界上产茶国家和地区已经有60多个，主要还是集中在亚洲，中国、印度、斯里兰卡、印度尼西亚、土耳其、日本、越南等亚洲茶区，茶园面积之总和占据全世界茶园面积的89%以上，非洲占9%，美洲及其他地区占2%。全世界每年的茶产量大约有300万吨，亚洲占据80%左右。

457

第三节　英国饮茶皇后

凯瑟琳，一个美丽的葡萄牙公主，因为痴迷中国茶叶，以茶为嫁妆，嫁于英国皇室后，引发英国朝野饮茶热，改变了英国人的生活方式，被西方誉为"饮茶皇后"。

【中国茶叶入欧洲】

明人朱权《茶谱》指出："茶之为物，可以助诗兴而云山顿色，可以伏睡魔而天地忘形，可以倍清谈而万象惊寒。"

葡萄牙人捷足先登，明朝正德十一年（1516），葡萄牙马来亚总督指派佐治·阿尔伐力斯来中国，到达东莞县的屯门岛，佐治病故，葬于此岛。屯门岛成为葡萄牙人留居中国的屯驻之地。而后，又到福建泉州，设公房，与中国进行茶叶陶瓷交易①。

1517 年，葡萄牙人开辟了经大西洋，绕非洲好望角，过印度洋、马六甲海峡至广州的"黄金水道"，首次将中国茶叶带入欧洲。揭开了中国茶叶出口西欧国家的序幕。

英国人格林堡《鸦片战争前中英通商史》："葡萄牙人、

---

① 中国茶叶，犹如绿色使者，翩翩进入欧洲。其入欧途径说法与时间各异，本书记录者只是其一。

西班牙人、荷兰人和英国人，初次出现在中国沿海一带时，是群孜孜为利而不择手段的人。"

葡萄牙人抢占澳门，欧洲传教士的中国礼仪之争，中国茶叶、丝绸、瓷器、棉布等商品，大量西传，神秘的天国，魅力无限的东方文化，令西方人如痴如醉。

葡萄牙和荷兰人皇宫的茶饮，开了西欧各国茶饮之先河。一个世纪后，凯瑟琳公主陪嫁的中国茶叶、茶具，就是从澳门得到的。

1610 年，荷兰商船，经爪哇岛首航中国，利用其航海优势，大量输入中国茶叶。1734 年，茶叶进口量多达 885567 万吨，然后转手出口西欧各国，成为欧洲人饮茶的生力军。如今的荷兰，饮茶人占全国人口的 80％，茶叶年进口量 23500 吨，再出口 12700 吨，国内年均消费是 10800 吨，人平 0.7 公斤左右。

1668 年，英国东印度公司成立，自行经销其殖民地种植的茶叶，并且大量从福建、广东收购中国茶叶，致使海洋茶路成为中国茶叶传播的主要通道。

【葡萄牙占据澳门】

澳门，原属香山县，名叫香山澳。明嘉靖三十二年（1553），葡萄牙商人对海道副使行贿，借口海浪打湿货物，以曝晒水渍货物为名，请求登岛租用，从此赖着不走，修房屋，建城堡。后乘鸦片战争之机，光绪十三年（1887）强行霸占澳门、筑炮台，调军队，企图宣布自治。澳门成为葡萄牙在中国的贸易基地和文化传播窗口。葡萄牙从澳门得到的利益，激发了西欧殖民者来华通商谋利的欲望：西班牙人来了，荷兰人来了，法兰西人来了，英吉利人来了，俄罗斯人来了，西方传教士来了。

中国茶叶改变西方世界，是从葡萄牙开始起步的。起初，中国海商开始将茶叶销售到东南亚地区，但数量很少。16世纪后，葡萄牙人与荷兰人开始将中国茶叶大量销往欧洲。到明清时代，英国、法国、俄国、西班牙等纷纷参与中国茶叶贸易。英国皇室饮茶，是葡萄牙公主凯瑟琳带进去的，中国茶叶的无穷魅力，使英皇室谓之倾倒。特别是红茶，加进白糖、牛奶，变成皇室的高雅时尚的贵族饮品。

【葡萄牙公主凯瑟琳】

凯瑟琳（1638—1705），美丽而端庄，贤淑而大方，姿色出众，体态轻盈，嗜饮中国红茶，是西欧最早品尝中国茶的皇室公主。

1662年5月13日，14艘英国军舰驶入朴次茅斯海港。船上最尊贵的乘客，是葡萄牙国王胡安四世的公主凯瑟琳。那天晚上，伦敦所有的钟都敲响了，许多房子的门外燃起了篝火，而查理二世却在他的情妇、已经身怀六甲的卡斯尔·梅因夫人的家中吃晚餐。她家门外没有篝火。因为他并不在乎这桩婚姻，在乎的是葡萄牙国王承诺给他50万英镑。他要得到这笔钱，才能偿还他从英联邦政府那里接手的全部债务。

然而，他没有想到，爱茶的葡萄牙公主却以茶叶为嫁妆。6天后，他查理二世赶到朴次茅斯港迎接凯瑟琳时，得知凯瑟琳只带来葡萄牙承诺的嫁妆的一半，而且这一半的嫁妆也不是现钱，而是茶叶、食糖、香料之类生活用品，感到非常失望。但是木已成舟，查理二世体面地把凯瑟琳公主领进皇宫，举行盛大的结婚仪式，让葡萄牙公主名正言顺地成为皇后。她的陪嫁颇丰，包括221磅红茶和精美的中国茶具，那个时代红茶之珍贵，堪与银子匹敌。每当闲适，凯瑟琳公主与查理二世围坐茶桌旁

举杯品茶，其境悠悠，其乐融融。

新王后凯瑟琳高雅泡茶、品茶的表率行为，引得贵族们争相效仿，品茗风尚迅速风行，并成为高贵的象征。新皇后的品茗之风，逐渐感染着高傲的英国皇室，改变了皇室高层的饮食习气和生活情趣。从此以后，中国茶叶的美妙神韵，逐渐从英国宫廷传入寻常百姓家，改变了英国人的生活方式和审美情趣。然而，她并没有生育，留给英伦皇室的，只是开创了英国全民饮茶的一代风气，成为令西欧人奕代景仰的"饮茶皇后"。

1663 年，凯瑟琳 25 岁生日，也是结婚周年纪念日，英国诗人埃德蒙·沃尔特作了一首赞美诗《饮茶皇后之歌》献给她：

> 花神宠秋色，嫦娥矜月桂。
>
> 月桂与秋色，美难与茶比。
>
> 一为后中英，一为群芳最。
>
> 物阜称东土，携来感勇士。
>
> 助我清明思，湛然志烦累。
>
> 欣逢后筵辰，祝寿介以此。

这是欧洲茶文化史上第一首茶歌，并非单纯祝寿之歌，而是一首讴歌中国茶叶改变世界的杰作。

鼎中茶，杯底月。茶甫登场，则被诗人神化。但凯瑟琳以茶叶为嫁妆的故事，却被罗伊·莫克塞姆《茶：嗜好、开拓与帝国》一书当作英国茶传奇的开端：凯瑟琳将饮茶变成了宫廷的时尚，随后这一习惯又从宫廷传播遍了时髦的英国上流社会。

【饮茶与绅士风度】

英国人与茶结缘，饮茶的生活方式，是一种慢生活，优

雅而彬彬有礼，休闲而慢条斯理，中国茶特别是下午茶的生活方式，成就了英国人的绅士风度。1750年，英国诗人C·西伯作《茶颂》：

茶啊！

您是沁人的浆汁。

——使我清醒。

您是高尚的液体

——抚慰我不安的灵魂。

敞开您真诚的心怀吧，

让我拥有幸福宁静。

这种茶的赞颂一点也不为夸张，中国茶叶对英国人的生活方式和英国社会文化的影响，简直是一面镜子。

十八世纪英国文坛大家塞缪尔·约翰逊，以茶相伴一生，戏称自己是"顽固不化的茶鬼"。他唯愿自己一生"与茶为伴欢娱黄昏，与茶为伴抚慰良宵，与茶为伴迎接晨曦"。

饮茶之习在英国的普及，使英国社会文明程度显著提升，甚至改变了英国人的民族文化性格。英国人在饮茶之前，上层贵族可以享用咖啡、可可等饮料，而多数人主要饮用杜松子酒、啤酒之类酒精饮料，使许多男人养成了一种好斗的性格，举止粗鲁（欧洲的决斗传统可能与酒精作用有关）；习惯饮茶之后，英国人的性格气质逐渐从海盗文化的冲击、好斗、好战、寻衅、闹事，逐渐转变为较为安宁、温和，懂礼节，暴力倾向逐渐减少，"养成彬彬君子之风"的绅士风度。饮食改变了西方人的生活习性，中国人较为温和的性格和涵养，与长期饮茶有直接关系。

饮茶之习，还改变了英国人紧张的生活节奏和饮食结构。原来中上等人家早餐要吃很多的肉食和啤酒，而今改变为吃少

量的肉，伴之以面包、糕点和热饮，尤其是茶；以前晚餐时间较早，而今加入富有诗意和民族特色的下午茶，晚饭一般推迟到了七八点钟。深入人心的饮茶习俗，以及颇具特色的茶文化修养，使英国人的绅士风度，与欧洲大陆其他国家如此不同，正是饮茶的魅力之所在。

【茶叶促进英国工业革命】

英国工业革命如火如茶，中国茶叶成了产业工人的生活必需品，茶叶如同瓦特发明的蒸汽机一样，促进了英国工业革命的成功。

英国人类学家 Sidney Mintz 感叹说："英国工人饮用热茶，是一个具有划时代意义的历史事件。因为它预示着整个社会的转变以及经济与社会基础的重建。"

【英国下午茶】

历史悠久、风行至今的英国下午茶，从宫廷普及到民间，是英国人的一种高雅的生活方式，具有五大特征：

一是崇尚高雅的绅士风度。茶叶、茶点、包装、茶具、环境、人群结构，都充满着贵族气息和绅士风度。

二是女士对茶的痴迷。饮茶从贵族化转化为大众化，受到家庭主妇们的青睐。迷恋饮茶的主妇们，一个个爱茶如命，亲自烹茶，还经常弃家聚会，整天陶醉于品茶社交活动，引起男人们的反感和社会非议。

三是对三大高香红茶的青睐。茶叶以红茶为尚，少有绿茶，主要是祁门红茶、印度大吉岭红茶和锡兰乌瓦红茶，或伯爵红茶，添加牛奶、方糖等调制而成。

四是浓郁的中国气派与中国风格。园林、服饰、装饰、摆设、器皿、茶具、茶桌、茶几、屏风，及其设计与装饰，都具有中国气派与中国风格特色。

五是贵族式休闲慢生活。品茶场地选择严格，一般放在家里客厅或花园里，很少约在街市茶馆等大众场合，突出其饮茶规格与高雅的慢生活特色。可以说，这是当今世界慢生活联盟的最初渊源。

【中国茶叶热】

欧洲盛况空前的"中国热"，像瓦特发明的蒸汽机一样，更进一步激化了欧美国家的"中国茶叶热"。以茶为饮，以茶为礼，以茶为媒，茶叶进入欧美千家万户，中国茶叶如同一轮东方升起的朝阳，一阵阵茶叶王国吹来的春风，吹拂着欧洲大陆和海峤。这是中国茶叶西渐带来的新气象，也是中华茶文明影响欧洲文明的必然结果，于无声处改变了欧洲人的生活方式和审美情趣。

1650 年以前，亚洲以外还很少人知道的中国茶叶，一百年后成为英国人最嗜好的饮料。此时的英国经过工业革命，已经成为世界上最为强大的资本主义国家，形成了"日不落帝国"最庞大的殖民体系。美国人类学家西敏司（Sidney W. Mintz）感叹地说："英国工人饮用热茶，是一个具有划时代意义的历史事件，因为它预示着整个社会的转变以及经济与社会基础的重建。"

由此可见，中国茶叶，伴随着欧洲工业社会的到来，世界的格局和人类的命运也随之发生了根本性的转变。如果没有中国茶叶，人类社会和世界历史的进程也许会是另外一种面貌。没有中国茶叶输出和西方列强对中国茶叶的掠夺与垄断，也许就没有波士顿茶党案和鸦片战争，西方的"日不落帝国"和东方的中华大帝国也许不会如此衰落，世界的整体格局就不可能如此改变，世界的历史也许就不会这样书写。然而这一切的一切，都被中国茶叶彻底改变了，世界的格局就在"东方美人"舞动的石榴裙下重新定位了。

【茶颂与茶迷】

1658年，英国《信使政报》上出现一则前所未有的广告："这种美味的中国饮料在中国被称为'Tcha'，而在其他国家被称作'Tea'，这种饮料在伦敦皇家交易所附近的桑特尼斯·海德咖啡屋有售。"这是中国茶叶传入英国后的第一轮茶叶广告。

1712年，法国文学家马斯特，发表著名的《茶颂》，以虚设在奥林普斯山众神集会时辩论为契机，来赞颂饮茶与"葡萄酒交恶，饮茶是神人的甘露"，倡导人们戒酒而饮茶。

法国大文学家巴尔扎克，原来就有喝咖啡之瘾，因为中国茶叶，而患上"茶瘾"。他经常在自家花园举行茶会，以茶会友。所用的茶叶，呈现金黄色，装在精致的木盒里，还用白色的薄纸包裹着。打开后，先请茶友们闻香，说："这是中国皇帝赠送给沙皇的，沙皇送给法国大使，大使又转送给我。不可多得，不可多得啊！"他的介绍，令人如痴如醉，不时引来阵阵掌声与赞叹声。

1870年，苏伊士运河开通之后，欧洲人从中国运送茶叶的黄金通道，要比原先绕道非洲南端好望角减少了一半以上的历程和时间，大大促进了世界茶叶贸易和欧洲人饮茶市场的快速发展。此时的西欧，饮茶从贵族化转化为大众化，受到家庭主妇们的青睐。迷恋饮茶的主妇们，一个个爱茶如命，亲自烹茶，还经常弃家聚会，整天陶醉于品茶社交活动，引起男人们的反感和社会非议。18世纪初，欧洲上演了一部喜剧，剧名叫做《茶迷贵妇人》，描述上层社会贵妇人的茶社交活动，让人啼笑皆非。

为此，英国女作家简·奥斯汀的小说《傲慢与偏见》，特地描写主人餐后设置的茶席，开茶会，品饮中国茶，痴迷中国茶，几乎成了欧洲与英伦的一种社会习俗。英国当时流传着一首民谣："当时钟敲响四下，世上的一切瞬间，都为茶而停顿了。"

第四节 波士顿茶党案

中国的晚清帝国太富足了，庞大的封建大帝国，如同得了富贵病一样。当时的世界茶叶贸易，几乎被英国殖民者掌控的东印度公司所垄断。如何打破这种垄断格局，当时的中国没有这个能力，只能任人宰割。

英属东印度公司将中国茶叶出口到北美英国殖民地，如同石破天惊，促使了北美殖民地一个美利坚合众国的赫然诞生。自从西班牙航海英雄哥伦布发现"新大陆"以后，美洲的土地、黄金、矿藏、森林与劳力等资源，则成为欧洲人争夺的对象。美利坚人嗜好饮茶，然而英国殖民主义者实行茶叶垄断，激化了波士顿居民的反抗情绪。

二百多年以前，北美波士顿还处在英国殖民者的统治之下。为了反对殖民地繁重的茶叶税和东印度公司的茶叶贸易垄断，波士顿居民于1773年12月16日举行声势浩大的集会抗议活动。当晚，月黑风高，十三名波士顿茶党青年，化装成印第安人，爬上英国商船，将价值108万英镑的45吨共计342箱茶叶，统统倾倒于海中。波士顿海港，顷刻间变成一个偌大无比的大茶壶。这就是直接引发了美国独立战争的"波士顿茶党案"。

"波士顿茶党"因而得名，从此揭开了北美殖民地人民与英国殖民主义斗争的序幕。在华盛顿领导下，从1775年到1783年，经过八年独立战争血与火的洗礼，北美十三个殖民地脱离英国而独立，"美利坚合众国"这第一个新的资产阶级共和国在美洲大陆诞生。

波士顿茶党案的发生，是茶叶国际贸易引发出来的。茶叶的社会效应，甚至可以作为北美独立战争的导火线。茶叶为何物？在中国先哲心目之中，茶叶是灵芽、灵叶、灵草、嘉木英、瑞草英，茶是玉液，是甘泉，是生命之饮。然而，茶叶一旦成为人类生活必需品，就成为人类各个族群争夺的对象，为了自身的生存和发展。事实如此，一旦茶叶被英国殖民者所垄断，就爆发了波士顿茶党倾茶事件，由此引发出一场北美独立战争。茶叶影响人类的饮食生活，影响了一种政治取向，成为一个时代的发展历史。一个新生的美国，就诞生在北美人与欧洲人的饮食之争中。从某种意义来说，美国乃是波士顿茶叶事件的产物。

第五节　茶与鸦片战争

　　茶叶是灵草，是祥瑞，是饮料，是甘露，是生活必需品，是君子之交的媒介，是修身养性、延年益寿的佳品；然而，茶又是尤物，是美人，是佳丽，是交易，是疮痍，是战争，是掠夺，是历史的漩涡，是生与死的较量，是民族之间、国家之间利害冲突的引发之物。

　　1840年的鸦片战争，只因为中国茶叶出口英国，英国与中国出现巨大贸易逆差后，英国人为维持自身的利益，采取贸易保护主义政策，对清朝的中国采取两手策略：一是利用中国种茶技术，在印度大吉岭种植中国茶树；二是在孟加拉制造鸦片烟，大量向中国倾销鸦片。鸦片严重毒害了中国人，一场禁烟运动自然而起。林则徐临危受命，在虎门销毁鸦片，英国殖民主义者以此为借口，发动了侵略中国的鸦片战争。

　　茶叶贸易——鸦片输入——鸦片战争，构成了晚清时代中国社会发展趋势的基本格局。

　　中国茶叶的出口贸易，其社会文化价值远远超越了其经济价值，因为中国茶叶不仅改变了西方人的生活方式和审美情趣，甚至引发了一场世界性的饮食竞争与生存竞争。

中国近代史上著名的鸦片战争，改变了中华大帝国原有的社会形态，是中国历史由古代封建社会过渡到近代半封建半殖民地社会的分水岭。而鸦片战争的主要导火线就是风行英伦的中国茶叶。

清代中国的优质茶叶远销欧洲，改变了欧洲人的生活方式。特别是祁门红茶，质地精美，加上砂糖，变成上等饮料，如甘露，如灵丹，一时间轰动了英国皇室，也轰动了整个英伦。

英国人对中国茶叶的钟爱，缘起于1662年葡萄牙凯瑟琳公主嫁到英国之后。凯瑟琳公主在葡萄牙时，因皇室经常从中国澳门进口中国茶叶，从小养成嗜茶的生活习惯。嫁到英国后，饮茶之习未变，而且带动了英国皇室的饮茶之风，被尊称为"饮茶皇后"。根据文献记载，1700年英国的合法茶叶进口量约两万磅，1721年英国进口中国茶叶100万磅，1766年进口600万磅，1772年增至3000万磅。这样大批的中国茶叶进口，英国人都是用黄金白银支付的。大量的黄金白银源源不绝地流进中华茶叶帝国的国库里。

英国人的饮食结构与饮食习性，使其对中国茶叶的依赖性越来越大。英国人试图以玛瑙、珠宝、首饰之类奢侈品来支付茶叶贸易逆差，但是中国清朝对英国的纺织品、玛瑙首饰、陶器等不感兴趣，乾隆皇帝说是"可有可无的奢侈品"，因而坚持以黄金、白银来支付茶叶交易。中国茶叶的出口贸易，使英中两国的贸易逆差越来越大，从十八世纪初到十九世纪二十年代这一百余年，欧洲商人源源不断地向中国输入白银，其中英国支付的钱最多，从1760年到1824年的半个世纪，英属东印度公司输入给中国的白银平均每年达516700两，最高的一年接近150万两。这样巨大的茶叶贸易逆差，英国人无法用黄金白

银来弥补，于是中英之间因茶叶贸易逆差而引发的战争在所难免。这就是 1840 年英国殖民主义针对中国而发动的茶叶——鸦片——鸦片战争。

在中国历史上，茶叶是灵芽，灵草、灵叶，是嘉木之英，是瑞草之英。当朝廷为制作贡茶而扰民之际，茶叶演变成了尤物，苏轼之类关注民生的有识之士，就发出"我愿天公怜赤子，莫生尤物为疮痏"（《荔枝叹》）的呼喊。而到了清朝末叶，世界茶叶需求量越来越大，中国茶叶出口贸易，使英国的黄金白银大量流入中国之时，茶叶贸易逆差压得英国殖民者透不过气来。于是中国茶叶的贸易格局，也随着发生巨大变化。

为改变这种贸易逆差，也为抢占偌大的中国市场，英国在孟加拉国非法制造鸦片，将这种"特殊的商品"倾销到中国。据林昌彝《射鹰楼诗话》记载，1833—1838 年的六年间，孟加拉国生产的七万九千四百四十六箱鸦片，输入中国者就有六万七千多箱。中国的白银又倒流入英国人的腰包。问题的关键是毒害了中国人，一个优秀的中华民族被人谑称为"东亚病夫"。

鸦片为何物？

鸦片是艳丽的罂粟花，是相思中的妙龄女郎，是魅力无限的女妖精，是勾引人的灵魂出窍的毒品，也是一种致命的"特殊商品"。

晚清时代，福建举人曾世霖有《洋烟毒中国》一诗云：

> 黠哉英吉利，变幻似狐鼠。
>
> 洋烟毒中国，生灵付一炬。

前二句写英国人像狐鼠一样狡猾多变，后二句感叹鸦片流毒中国所造成的严重危害。

中华茶美学

邵阳人魏源《海国图志》指出："鸦烟流毒，为中国三千年未有之祸。"当时多少志士仁人，看到中华民族的空前危机，纷纷呼吁禁烟。中国人的禁烟运动触犯了帝国主义的利益，于是一场史无前例的鸦片战争爆发了。

中国人奉献给人类的茶叶，是灵芽，是玉液，是健康之饮，生命之饮；而西方人回报中国人的是鸦片，是毒烟，是惨无人道的摧残。那么，鸦片战争，对于中国人来说，是抵制鸦片、反对侵略、维护民族尊严的自卫；而对西方列强来说，乃是以恶报恩、以怨报德的侵略，是强盗的无耻和罪恶的狼烟。

英国殖民主义者，利用船舰大炮和鸦片，对中国连续发动的两次鸦片战争，清政府腐败无能，实行割地赔款，使中国社会沦为半封建半殖民地，沿袭几千年的封建帝国大厦轰然倒塌。长盛不衰的中华茶业，从此走上百年衰败之路。

茶叶战争，历史上早已屡见不鲜。[①] 早在唐宋时代，茶可敌西人，已经成为赵宋王朝对茶叶政治军事功用的一种共识，姚东升《惜阴居日钞》云："宋熙宁中，西人以善马至边，中国所利而敌所嗜唯茶，始运茶赴河西市马。"说明在中国历史上茶叶的需求甚至关系到国计民生和家国安危。

茶可敌西人，究其原因如谈修《滴露漫录》所云："茶之为物，西戎吐蕃，古今皆仰给之。以其腥肉之食，非茶不消；青稞之热，非茶不解。是山林草木之叶，而关系国家大经。"

---

① 可参考王重林《茶叶战争》等。

第六节　英国茶叶科技间谍

　　中国茶树茶种的外传,最先是日本与三韩的留唐僧带走的。欧洲人想移植中国神奇的茶树,瑞典人欧斯贝克来中国旅游,在广州买到一株茶树带回国。轮船起航,扬帆,起锚,点炮,人们欢呼雀跃,一不小心,茶树掉进大海里……

　　英国为扭转茶叶需求依赖中国的劣势,一则向中国大量输出鸦片,毒害中国人民,捞回失去的黄金白银;二则采取极其卑劣的手段,指派茶叶科技间谍秘密来华,盗取中国茶树。罗伯特·福琼(Robert Fortune,1812—1880),受英国皇家园艺协会和东印度公司派遣,从1839到1860年曾四次来华以调查植物品种名义,盗走中国茶树种子和制茶技术,是世界上最大的茶叶科技间谍。

　　第一次鸦片战争之后的1848年仲夏,正在中南半岛从事植物调查研究的英国著名植物学家罗伯特·福琼,突然接到一个来自英属东印度公司的密令,指令他从中国盛产茶叶的地区,挑选出最好的茶树和茶树种子,并将茶树和茶树种子从中国运送到加尔各答,再从加尔各答运到喜马拉雅山。

　　1848年6月20日,罗伯特·福琼从南安普敦出发前往香港。1848年9月,福琼抵达上海。当时的上海还只是一个根据《南

中
华
茶
美
学

京条约》向外国人开放的小港口，是"冒险家的乐园"。那时，鸦片渗入中国，近200万中国人沉湎其中。鸦片对中国来说是一场灾难，却是英国商人赚钱的好办法。形势很紧张，中国人对欧洲人很敌视。

罗伯特·福琼

福琼身高1.8米，英国白人肤色。他要伪装，混进中国人之中，谈何容易。但也只能这样，好在中国话还行。就弄来一套中国人穿的衣服，按照中国人的方式理了发，加上一条长辫子，打扮得让乡下农民认不出他是欧洲人。就这样，一个植物学家福琼，充当了英国茶叶科技间谍。

偷运中国茶种

化妆之后的罗伯特·福琼，在江南武夷山茶区的茶园和茶农当中厮混，获取大量中国茶叶科技情报。1848年12月15日，福琼写给英国驻印度总督达尔豪西侯爵，说："我高兴地向您报告：我已弄到了大量茶种和茶树苗，我希望能将其完好地送到您手中。在最近两个月里，我已将我收集的很大一部分茶种播种于院子里，目的是不久以后将茶树苗送到印度去。"福琼用这些院子来试验种茶树，而后千方百计租用三条船只，将这批茶树苗秘密送往加尔各答。

刺探中国茶类秘密

1849年2月12日，罗伯特·福琼途经香港，致函英国驻印度总督说：他想到著名的红茶区武夷山去考察。获准之后，他又与随从一起，返回到武夷山，住在寺庙里。他从和尚那里

打听到了一些茶道秘密，特别是茶道中对水质的要求。而后，他乔装成知识界名流，考察茶叶制作工艺，了解到了使绿茶变成红茶的过程：对茶叶进行发酵处理，使茶叶的颜色变暗。绿茶的制作则不经过轻发酵工序。当时多数欧洲人一般都喝红茶，因为绿茶运输过程中在船舱中发酵了。所以，绿茶和红茶都属于同一种茶。

招聘中国茶工

罗伯特·福琼在中国学到不少茶学知识，准备回印度去。福琼根据西方商人的中国顾问建议，招聘了 8 名中国茶工（其中 6 名种茶和制茶工人，2 名制作茶叶罐工人），聘期 3 年。1851 年 2 月，他通过海运，运走 2000 株茶树小苗，1.7 万粒茶树发芽种子。3 月 16 日，福琼和他招聘的茶工们，乘坐一只满载茶种和茶树苗的船，顺利抵达加尔各答，使喜马拉雅山南麓的山坡茶园，增加两万多株茶树。

1853—1856 年，罗伯特·福琼再次到中国呆了 3 年，目的是进一步考察福州花茶制作工艺，招聘更多的中国茶工到印度去，以帮助英属东印度公司扩大茶叶种植规模。

南亚茶叶崛起

也许科学没有国界。罗伯特·福琼，是个高级茶叶科技间谍，也是中国茶叶科学技术传播世界的功勋人物，起到英国殖民者的枪炮不可能达到的目的。当他这个中国通还在福州考察茉莉花茶活动的三年间，印度境内的喜马拉雅山南麓山坡，茶园叠翠，机器加工，茶叶产量不断增加。1866 年，英国人消费的茶叶，来自印度的只有 4%。不到 40 年功夫，1903 年这个比率却上升到了 59%。而中国茶叶销售英国的所占比率却步步衰退，竟然下降到10%。印度、锡兰茶业后来居上，几乎取代了中国茶叶的国际地位。[①]

中国人一直不明白：茶叶王国的茶叶机密是怎样泄漏出去的？如今真相大白于天下。这个英国茶叶科技间谍罗伯特·福琼，乃是中国茶叶改变世界的重要推手。是他一手推倒了茶叶王国的神圣大厦，也是使世界茶叶发展格局发生重大变化的一大有功之臣。福琼回到英国之后，将其在中国的一切经历，写成四本游记似的书：《漫游华北三年》《在茶叶的故乡——中国旅游》《居住在中国人之间》《益都和北京》。罗伯特·福琼晚年默默无闻，直到离世，英国王室既没有给他颁发勋章，也没有兑现每年提成550英镑的承诺，也无人知晓他作为高级茶业科技间谍的身份，而后默默地死去。

中国茶树、茶种与制茶技术的外传，有西方科技间谍，也有中国茶农茶工，他们有意无意之中成为茶叶科技外传的帮凶。加之内外交困的国家环境，南亚次大陆茶园的崛起，南亚茶叶制作技术的机械化生产，逐渐取代了中国茶叶的传统工艺，中国茶叶陷入了百年衰落的坎坷境地。

从世界茶叶大局来看，罗伯特·福琼这位植物学家，功过几何，历史自有公正的判断。如今看来，他既是茶叶科技间谍，又是茶叶改变世界的历史功臣。

---

① 本章节部分文献参考[英]艾伦－麦克法兰《绿金：茶叶帝国》与网络文章小山草木记：中国茶产业之殇——读[美]萨拉－罗斯《茶叶大盗：改变世界的中国茶》等。

第七节　东北亚茶俗

　　位于东北亚的日本与朝鲜半岛，与中国山水相连，人员交流比较便捷，是茶叶世界最早引进中国茶树品种而最早饮茶的地区之一。其饮茶的生活方式与审美情趣，大多出自中国。

日本茶风

　　日本人饮茶之始，茶叶来自中国，是中国茶叶改变了日本人的生活方式。弘仁年间（810—824），日本留学僧空海（774—835）回国，带回中国茶种和茶磨，向嵯峨天皇献《奉献表》，回报自己在唐朝的生活说："观练余暇，时学印度之文；茶汤坐来，乍阅振旦之书。"空海和尚要归山离去，嵯峨天皇设茶宴饯别，难分难舍，赋《与海公饮茶送归山》诗云：

　　　　道俗相分经数年，金秋晤语亦良缘。

　　　　香茶酌罢日云暮，稽首伤离望云烟。

　　日本高僧最澄（767—822）和永忠和尚回国，亦带中国茶种和茶饼进入日本，奉献茶叶给嵯峨天皇。天皇即席赋《答澄公奉献诗》云："经行人事少，宴坐岁华催。羽客讲席亲，山精供茶杯。"表彰最澄大师对日本佛教传播的贡献，抒写茶与仙道羽客的密切关系。

最澄比空海大七岁，仰于空海大师的学识，812年最澄及其弟子泰范一起拜师空海门下，接受空海大师灌顶洗礼。可后来，最澄弟子泰范私自投靠空海门下。两人关系疏远，为使泰范醒悟，回到自己身边来，最澄特意寄去10斤茶叶，以图徒弟回心转意。结果无用，泰范最终背叛了最澄师傅。这是日本茶文化史上的一段趣闻轶事。

最澄大和尚等将自己从中国带回的茶种，种植在京都比叡山的东麓日吉神社旁边，成为日本最早的茶园，至今仍然留有"日吉茶园"之碑。

弘仁六年（815）四月，嵯峨天皇游幸途中，经过崇福寺，永忠大禅师率众僧迎接。天皇拜佛之后又去梵释寺，永忠和尚亲自给天皇煎茶，天皇品茶赋诗，泛舟游湖。两个月之后，嵯峨天皇下诏京畿内与近江地区，大种茶树，以备进贡茶叶。

嵯峨天皇的弘仁年间，日本王宫贵族饮茶之习盛行。当时的日本茶俗，也都与中国唐朝略同，捣碎茶饼为末，以沸水冲煮，加入食盐、生姜等佐料，形成日本贵族饮茶之风。这就是史称的"弘仁茶风"。

日本的寺院茶风，是佛教禅宗在日本繁荣发展的产物，也是中国茶禅文化影响日本的必然结果。

镰仓时代，日本的茶园主要有两种：一是皇家茶园，二是寺院茶园。以茶为药，以茶为礼，以茶参禅，饮茶是一种身份，一种享受。

荣西（1141—1215），日本佛教临济宗的开山祖师，也是

日本的茶祖。27 岁，他到达中国天台山、育王山，学习禅宗，考察禅宗茶事。5 个月后带着天台山云雾茶种回国，在背振山、山城栂尾等地试种成功。1187 年，荣西再度来中国，先后在天台山和天童山学禅，进一步考察禅宗茶禅文化。1191 年回国，弘法于九州誓愿寺，著有《兴禅护国论》和《吃茶养生记》。这是日本茶文化史上第一部茶学著作。

荣西《吃茶养生记》卷首序云："茶也，末代养生之仙药，人伦延龄之妙术也。山谷生之，其地之神灵也；人伦采之，其人长命也。"

饮茶何为？一言以蔽之曰：养生健体，延年益寿。

茶叶中的儿茶素、茶多酚、咖啡因、脂多糖、氨基酸等，都具有明显的药效功能。科学分析证明，茶叶的医药功能，有"三抗""三降""三消"之效。"三抗"：即抗癌、抗氧化、抗衰老；"三降"，降血压、降血脂、降血糖；"三消"，即消炎、消毒、消臭。

镰仓时代出版的《沙石集》，记载和尚与牧牛童关于喝茶的有趣对话，说明镰仓时代的饮茶，只是贵族式的：一个放牛娃路过寺院，看到和尚们正在喝一种饮料，便问："师傅，您喝什么呀？"老和尚回答："茶呀！""喝茶有啥好处？""小伙子，你不知道，茶有三大功德。"放牛娃惊讶地说："哇！茶有功德？"老和尚说："一是喝茶不犯困。"放牛娃说："我白天干活累得要死，只有睡觉才舒服。要是睡不着，那才痛苦呢！我不想喝茶。"和尚又说："喝茶可以促进消化呀。""我每天都吃不饱，还要茶促什么消化？""喝茶可以远房事呀。"放牛娃哈哈大笑说："娶媳妇、生孩子，是我的愿望，我干吗

要远房事？"老和尚叹息道："看来，你与茶无缘了。"

书院茶风，是室町时代（1336—1573）的武士集团开创的，以《吃茶往来》为主要标志，宣布以茶为药的时代结束，以武士斗茶为中心，设置斗茶会，增强了茶艺的游戏化、程式化、系统化特性。三次胜出，则称冠军，获得的奖品是中国的文房四宝。

清朝初年的1666年，日本国史馆编纂梅洞林恕，退休闲暇，采集中古以降的文献史事而编撰《史馆茗话》。茗话者，本来是指茶的故事。然而此书，名不副实，实则在国史馆喝茶所收集的日本和中国的文史故实，取名为《史馆茗话》而已。全书收集故事一百件，寄托作者"一件一泣，泣而记，记而泣，谁知百话出自百忧"之叹，并非全是关于茶的故事。

日本汉诗集《经国集》有题为《和出云巨太守茶歌》，结尾诗云："饮之无事卧白云，应知仙气日氤氲。"

村田珠光（1423—1502），日本茶道的开山祖师。11岁出家，后到达京都，拜著名的一休和尚为师，在大德寺的一休庵学禅。在一休和尚那里获得北宋大禅师圆悟克勤的印可证书（墨迹），刊于神龛，顶礼膜拜，从此以圆悟克勤"茶禅一味"法语为宗旨，以茶为道，以茶参禅，以心为师，以珠光庵为茶室，以心无旁骛的心境点茶饮茶，独树一帜，门徒如潮而至，形成一种回归自然的草庵茶风。

村田珠光的茶道思想，集中表现在他写给大弟子古市播磨澄胤的信里，人称《心之文》，说："此道最忌自高自大、固执己见。嫉妒能手，蔑视新手，最最违道；须请教于上者提携下者，此道一大要事，为兼和汉之体，最最重要。"按：此道

之"道"，即日本茶道。

珠光参禅念经，常打瞌睡。医生建议他"吃茶去"，结果立竿见影。就着手创制茶道规矩。一日，茶道法式即将完成。一休问珠光："吃茶应以何种心情？"对曰："以荣西禅师《吃茶养生记》，为健康而吃茶。"赵州和尚有一段"吃茶去"的公案，一休又问珠光："有一修行僧问赵州佛法大义，赵州和尚回答：'吃茶去！'你作何种理解？"珠光不语，接过修行僧云水递来的一杯茶，正要敬献给师父，一休气愤地把茶杯打落在地。珠光默然不动，一会儿才起身行礼，转身而去。一休大声叫道："珠光！"珠光应声，回头注视着师父，默不吭声。一休再次逼问着："刚才我问你以何种心情吃茶，你若不论心情，只是无心而吃，该又如何？"此时，珠光心情已经平静，轻声回答："柳红花绿。"一休一听，知珠光已由茶开悟，遂予以印可。珠光深感"茶禅本一味"，于是一个蕴含禅心的日本茶道，与日俱进，成为日本茶道的核心。

千利休（1522—1592），法号宗易，日本茶道的集大成者。起初学习书院茶，而后转向研习草庵茶。他继承村田珠光的草庵茶道仪轨，33岁时，千利休接替日本茶道的先导者武野绍鸥，成为大茶人。52岁做了武士集团大将军秀吉的茶道教师，两人既是合作者，又是死对头。天正13年（1585），秀吉被天皇授予"关白"即执政助理的官衔，千利休以茶道侍从的身份，参加秀吉为谢恩特地在皇宫举办的御茶会。秀吉和千利休先后为天皇点茶，千利休茶道被天皇看重，御赐其"利休"道号，从而尊称"千利休"。

1587年，秀吉以武力统一日本，决定10月1日至10日，

中华茶美学

在北野神社松林举办规模空前的大茶会，千利休负责筹备。北野大茶会，参加人群不分地位高低，达官贵人，平民百姓，空前踊跃，多达 800 茶席，松树林里，座无虚席，少了榻榻米，就用凉席替代。秀吉与利休，都在走访茶席，体验民众茶风习俗。千利休名声越来越大。此前，千利休为大德寺捐献的山门——金毛阁，大德寺为感谢，在山门上悬挂着一幅木雕像：身穿袈裟，脚踏草鞋。秀吉一看，恼怒地说："利休！难道要让什么人都从你草鞋下经过吗？"日本茶道的一代宗师，千利休被秀吉的权势所逼，剖腹自杀，时年 70 岁。

1982 年，日本学者竹内实的《中国吃茶诗话》，由东京淡交社出版。竹内实（1923—2013），生于青岛张庄，1942 年回国，先后就读京都大学和东京大学中国文学系，为京都大学荣誉教授。他是东亚毛泽东研究的著名学者，1960 年曾随日本访华团，在上海受到毛泽东接见。他的《中国吃茶诗话》，采用中国诗话体式，专门辑录中国和日本茶诗和吃茶故事，是日本人撰写的第一部中国吃茶诗话，可与荣西《吃茶养生记》一脉相承。

朝鲜半岛茶风

中朝韩茶文化交流，肇始于先秦箕子入朝，而盛于唐宋时代。公元七世纪，韩国仿效唐朝的煎茶法，开始了饮茶的历史。主要在贵族、僧侣和上层社会传播，且用于宗庙祭祀和佛教茶礼。

韩国茶文化，以新罗统一初期的高僧元晓大师的和静思想为源头，经高丽时期文人李行、权近、郑梦周、李崇仁而发展，以李奎报而集大成之功，李氏朝鲜高僧西山大师、丁若镛、金正喜、草衣禅师而终结，以敬、和、清、俭、真、中正的儒家

思想为旨归。韩人《增补海东诗选》收录的历代诗歌，其中也有涉茶之作，如申从濩的《伤春》七言绝句诗云：

茶瓯饮罢睡初醒，隔屋闻吹紫玉笙。
燕子不来莺又去，满庭红雨落无声。

茶瓯，就是饮茶的器具。新罗旅居唐朝的学者崔致远，早在唐朝品茶成习。申从濩是李氏朝鲜诗人，说明此时的东国人饮茶早已成为社会风俗。新罗统一时期，接受了来自中国的茶饮。韩国每年初一、十五，重大节日和祖先生日，都举行茶礼，其中"五行茶礼"是国家级的最高茶礼，祭拜中华茶祖神农氏。韩国"茶礼"集儒、道、佛思想于一体，以"和敬俭真"为基本精神。"和"是要心地善良，和平共处，互相尊敬，互相帮助。"敬"是注重礼仪，尊重别人，以礼待人。"俭"是俭朴廉正，提倡朴素生活。"真"是真诚待人，为人正派。

中华茶美学

第八节　其他域外茶俗

其他域外茶俗及其茶文化，都是中华茶文明传播于世界的宁馨儿。

域外茶文化，有几个显著的特征：一是大多数产茶国，都是引进中国茶农茶工、茶种茶树而发展茶产业的。二是多数国家的茶文化都与茶俗结合在一起，以茶俗为主体，并未独立成文化范畴。三是东亚的朝鲜、韩国、日本三家，一衣带水，山川异域，风月同天，秉承与弘扬中华茶文化，与茶俗、茶道、茶文化一脉相承，发扬光大。

印度茶俗

位于南亚次大陆的印度，曾为英属殖民地，东部比邻中国云南，那里山林偶然也有几棵野生茶树。他们曾在大吉岭地区试种茶树，未能成功。为摆脱中国茶叶贸易逆差，英国殖民者千方百计从中国引进茶树、茶种和茶农，果然成功。一百多年来，印度茶业有几个明显特点：一是茶园面积大，产量高。印度茶叶是国民经济的重要支柱，全国 22 个邦均生产茶，其中阿萨姆地区是最大的茶区，产量约占全印总产量的 50% 以上。二是印度种茶技术精良，茶叶质量优良而稳定，其中大吉岭茶享誉世

界。三是以红茶为主，少量白茶与乌龙茶。大吉岭红茶，可与中国祁红媲美。四是茶叶销售以拍卖为主，大型拍卖公司有古瓦哈蒂、斯里古里、柯钦、古诺尔、科因巴托尔、姆利则等七家，通过拍卖而出口者高达85％以上，绝对保证茶叶出口贸易的质量优势。五是政府将茶产业列为国民经济支柱产业，设立茶叶局，指导和管理印度的茶业全局，实行科学管理与自由竞争相结合，统一商标，统一发证，统一检测，统一标签，确保印度茶叶的国际竞争力。六是严格推行全民饮茶，举办各种形式的茶饮活动，努力提高茶叶人平消费指数，刺激茶业发展。

斯里兰卡茶

斯里兰卡是印度洋的一颗明珠，世界产茶大国。1967年，斯里兰卡为纪念茶叶100周年，发行了一套有关茶叶的纪念邮票。1867年英国人杰姆·泰莱从印度引进中国茶树，在海拔1902米的诺瑞莉雅圆形山谷种植，满山翠色的茶叶，吸收弥漫着柏树和野薄荷、桉树的芳香，加工而成一种高香红茶——锡兰红茶，醇厚高雅、芳香宜人，被称为斯里兰卡的茶中之王，是当今世界三大高香红茶之一。锡兰红茶，分高地茶、中地茶和低地茶三种。乌瓦茶，出产于锡兰山岳地带东侧，色泽橙红明亮，茶面环有金黄色光圈，犹如"加冕"一样，滋味醇厚，香味浓重，最受青睐，也最适合泡制奶茶；努瓦勒埃利耶茶，属于高山茶，色清，味香，适合泡沏清茶；康提茶，生长在中海拔地区，口感不如乌瓦茶浓厚，但茶香与奶香交融后，则口味折中，恰到好处。康提是斯里兰卡的文化首都，曾有2500多年的历史文化繁荣。这里有98家茶厂，茶色纯正，

被定为高质量茶叶。

巴基斯坦茶俗

巴基斯坦是伊斯兰国家，民众绝大部分为穆斯林，禁止饮酒，崇尚饮茶。当地气候炎热，居民多以牛羊肉和乳制品为主食，缺少蔬菜，长期养成了以茶代酒、以茶消腻、以茶解暑、以茶为乐的饮茶习俗，茶是大众化饮料。巴基斯坦人饮茶，带有英国色彩，大多习惯于红茶，普遍爱好牛奶红茶，且喝得多、喝得浓。一般早、中、晚饭后各一次，甚至多达5次，起床后、睡觉前加一次。饮茶方法，机关、工厂、商店等，采用冲泡法，其他多采用茶炊烹煮法，即先将水煮沸，尔后放红茶，再烹煮几分钟，随即用滤器滤去茶渣，然后将茶汤注入茶杯，加上牛奶和糖，调匀即饮。此外尚有柠檬红茶，不加牛奶，而加柠檬片。其西北高原以及靠近阿富汗边境，牧民也有饮绿茶的，多数配以白糖，并加几粒小豆蔻；也有清饮，或添加牛奶和糖者。

土耳其茶俗

土耳其人喝茶很普遍，是世界上人均茶叶消费最多的国家。以红茶为主，崇尚苹果茶，并非纯粹的茶叶。土耳其人最早喝咖啡，后来因其国家变故，原属土耳其的种植咖啡的地区脱离土耳其，土耳其不得不进口咖啡，不得不在本土的黑海东南岸地区，大力种植茶树，开始喝本国出产的红茶。土耳其人好客热情，以请客人喝茶为传统礼俗。土耳其茶尝起来较苦，茶味浓浓。唯其盛行的苹果茶，酸酸甜甜，苹果香，加茶香，老少咸宜，男女皆爱，尤其秋日喝茶，格外舒爽。

东南亚茶俗

东南亚地区，主要包括越南、老挝、柬埔寨、缅甸、泰国、新加坡、马来西亚、印度尼西亚、菲律宾、文莱等。这些国家，由于地缘、人缘、历史文化渊源关系，受华人华侨饮茶风习影响，最早与茶结缘。饮茶方式也多种多样：既有饮绿茶、红茶者，也有饮乌龙茶、普洱茶、花茶的；既有饮热茶的，也有饮冰茶的；既有饮清茶的，也有饮调味茶的。平时可见到的几种特色饮茶方式有：①肉骨茶。盛行于新加坡、马来西亚。肉骨茶，就是人们一边吃肉骨，一边喝茶。肉骨，多选用新鲜带瘦肉的排骨，也有用猪蹄、牛肉或鸡肉的。烧制时，肉骨先用作料进行烹调，文火炖熟。还有放党参、枸杞、熟地等滋补名贵中药材，使肉骨更清香味美，补气生血。茶叶大多选自福建乌龙茶如大红袍、铁观音之类。规定吃肉骨时，必须饮茶。肉骨茶已成为大众化食品，更加注重肉骨茶的配料。②腌茶。盛行于泰国。腌茶，其实是道菜肴。与中国云南接壤的泰国人，喜欢吃腌茶。其制作方法，与中国云南腌茶一样，通常在雨季腌制。吃时将它和香料拌和，放进嘴里细嚼。因气候炎热，空气潮湿，吃腌茶，又香又凉，腌茶成了当地世代相传的饮食习俗。③冰茶。盛行于印度尼西亚。冰茶，又称凉茶，通常用红茶冲泡而成，再加入一些糖和作料，放入冰箱，随时取饮。印度尼西亚人认为，一日三餐，中餐比早、晚餐更重要，饭菜品种较多。依照其生活习俗，无论春、夏、秋、冬，中餐后，都要喝一碗冰茶。④代代花茶。盛行于越南。代代花，洁白馨香，越南人喜欢把代代花晒干后，放上几朵，和茶叶一起冲泡饮用，叫作代代花茶。越南毗邻中国广西，饮茶风俗与广西相仿，都喜欢饮代代花茶。代代花茶，有止痛、去痰、解毒等功效。一经冲泡后，绿中透出点点白花蕾，赏心悦目，芳香可口。

中华茶美学

澳大利亚茶俗

澳大利亚的茶俗，格外讲究，表现在于：一是沿袭英国下午茶。每个政府部门、机关单位都设有专门服务下午茶的"茶伺"，如同中国的茶博士、茶艺小姐，用于召集、备茶。每天 10：30 和下午 3：30 左右，茶伺推着装有点心、茶、咖啡的推车，召集大家聚在一起，品茶议事聊天，即使部门会议也需中断。与茶为伍，与茶同乐。二是"茶壶舞"，在偏僻农村，一种"茶壶舞"正在流行，自娱自乐。这种"茶壶舞"，是先把茶壶里的水烧沸，主人放进茶叶，提着茶壶，翩翩起舞，越舞越快，壶中茶汤没有溅出，博得在场人一片喝彩。然后速度渐慢，停止舞动。壶中的茶叶和沸水已充分搅匀，茶汤滋味香浓，主人按宾客顺序敬茶。澳大利亚人品茶，习惯于一次性冲泡，滤去茶渣，以糖、牛奶、柠檬或其他果汁调味。他们特别钟爱茶味浓厚、刺激性强、汤色鲜艳的红碎茶。三是澳大利亚注重茶科学技术研究，发现决定茶叶好坏的关键，是茶叶的采摘时间。昆士兰大学最新研究表明，最好的红茶来自夏季采摘的茶叶。他们研究不同品牌的袋泡茶，分析其茶黄素含量。茶黄素，是决定红茶质量的三种茶多酚之一。茶多酚含量越高，茶叶质量越好。而澳大利亚茶叶的茶多酚含量，一般比其他国生长的茶叶，低很多。专家们建议茶叶生产厂家，可以通过系统来确定最佳采摘时间，以获得最好口感。

巴西茶俗

巴西人喜欢喝茶，称茶叶为"仙草"，认为是"上帝赐予的神秘礼物"。巴西是继中国、日本之后，世界上第三个茶叶种植园，开创了在美洲大陆种茶的先例。二百多年前，首批中国茶农茶工，乘坐葡萄牙的船舰，跨越茫茫太平洋，来到南美

洲的巴西种茶授艺。中国人在巴西种茶获得成效，从里约热内卢市扩展到米纳斯吉拉斯、圣保罗、巴拉那和巴伊亚四省，中国茶树在巴西许多地方成林。中国茶工把种茶、制茶技艺传授给了巴西人民，使巴西成为当时世界上除中国与日本外第三个种茶国，开创了美洲大陆种茶的先例，中国茶树苗与茶种，又从巴西传到了欧洲葡萄牙与法国。在中国茶农指导下，巴西种茶业一度蓬勃发展，巴西生产的茶叶能满足其国内消费需求，还打入了国际市场。

巴西茶业发展分为三大阶段：一是十九世纪前期（1812—1822），葡萄牙王室负责招募中国茶农到巴西里约热内卢，开辟植物园种茶；二是中期（1824—1889）巴西由圣保罗省与米纳斯吉拉斯省一些庄园主种茶，中国茶农负责技术指导；三是十九世纪后期，1889年巴西独立至今，主要由巴西庄园主和华侨或日裔负责种茶。至今矗立在里约热内卢巴西蒂茹卡国家森林公园的"中国亭"，就是十九世纪初中国茶农在巴西传播中国茶文明的历史见证。1873年维也纳国际博览会上，中国茶荣登榜首，巴西茶荣获第二名。中巴两国茶文化，同宗同源、一脉相承。中国茶农在巴西试种茶成功，促进巴西茶业发展，功高千秋。

俄罗斯茶俗

俄罗斯与中国比邻，西伯利亚地区的俄国人，元末明初就品饮中国茶。但官方记载的俄罗斯王宫贵族第一次接触中国茶，是在明末的1638年。当时，作为友好使者的俄国贵族瓦西里·斯塔尔可夫，遵沙皇之命赠送给蒙古可汗一些紫貂皮，蒙

中华茶美学

古可汗回赠 4 普特 (约 64 公斤) 的中国茶，从此中国茶便堂而皇之地登上皇宫，随后进入贵族家庭。从十七世纪七十年代开始，莫斯科商人们则热衷于进口中国茶叶，而中俄边境的恰克图，乃是中俄茶叶贸易的进出口基地。

清康熙皇帝十八年（1679），中俄两国签订关于俄国从中国长期进口茶叶的协定，中国茶成了俄罗斯的"城市奢侈饮品"。直到十八世纪末，茶叶市场才由莫斯科扩大到少数外省地区，如当时的马卡里叶夫，如今的下诺夫哥罗德地区。到十九世纪初饮茶之风在俄国各阶层始盛行。

俄国人喝茶，则伴以大盘小碟的蛋糕、烤饼、馅饼、甜面包、饼干、糖块、果酱、蜂蜜等"茶点"。饮茶功能，中国人多为解渴、提神抑或消遣、敬客；俄罗斯人把饮茶当成交际方式，饮茶之际达到一种沟通效果；饮茶品类，中国人喜喝绿茶，俄罗斯人则酷爱红茶、黑茶，喜喝酽茶，喜欢喝甜茶，在茶里加糖、柠檬、牛奶。喝甜茶有三种方式：一是把糖放入茶水里，用勺搅拌后喝；二是将糖咬下一小块含在嘴里喝茶；三是看糖喝茶，既不把糖搁到茶水里，也不含在嘴里，而是看着或想着糖喝茶，如同"望梅止渴"。

格鲁吉亚茶俗

格鲁吉亚位于外高加索中西部，西临黑海，属亚热带地中海气候，温暖、湿润、多雨，年降水量 1000 至 2500 毫米，生态环境优良，茶叶种植条件得天独厚，茶叶在其传统农业中占有重要地位。

格鲁吉亚茶叶的历史比较悠久，1770 年，中国茶叶最早出

现在格鲁吉亚，当时俄罗斯沙皇叶卡婕琳娜二世将茶炊和茶叶作为礼物赠送给格沙皇伊拉克利。1848 年，茶叶首次作为植物由乌克兰引入格鲁吉亚。1893 年，俄罗斯茶商波波夫看到茶叶的巨大潜力，从中国广东聘请茶师刘峻周并带领一批技术工人赴地中海东岸的格鲁吉亚试种茶树，传授种茶、制茶技术，历经三年，成功种植出第一批茶叶。刘峻周在波波夫庄园工作 7 年，其培育生产的茶叶在 1900 年的法国巴黎世界工业博览会上获得金质奖章，刘骏周也被俄国政府称颂为茶的创始人，1911 年沙俄政府授予其"斯坦尼斯拉夫三级勋章"。1924 年 11 月 13 日，当他在俄工作满 30 周年之际，苏联政府为表彰他在高加索地区发展种茶事业所做出的贡献，授予其"劳动红旗勋章"。

二十世纪三十年代，是格鲁吉亚茶叶产业的重要发展时期，茶叶种植面积达 4.7 万公顷，建立了 37 家茶叶加工厂。八十年代末，格鲁吉亚茶业发展进入鼎盛时期，种植面积 6.7 万公顷，年产 40 ~ 50 万吨茶叶，占苏联茶叶产量的 95%，加工成 10 万余吨成品茶，产量位居世界第四位，满足了苏联 90% 以上的市场需求并出口到部分欧洲国家。主要茶叶品种有：散装茶、砖茶、板状茶、速溶茶、干茶、浓缩茶、鲜茶饮料等。

美国茶俗

北美英属殖民地饮用的中国茶叶，大多数是从英属东印度公司转手倒卖而来的，就是说，英国殖民者始终控制着北美殖民地的茶叶销售。

美国诞生在茶叶贸易引发的茶叶战争之中，1784 年，美国诞生才 8 岁，就派出一艘名为"中国皇后号"大型三桅商船，

经过六个月的航行，远渡重洋，首航中国，将中国茶叶直接从福建厦门运回美国，开创了中美茶叶直接贸易的先河。

清朝咸丰八年（1858），美国购置中国茶苗万株，之后岁发十二万株，分发给农民，在美国南部种植茶树。

美国人爱茶，嗜茶，发动一场饮茶革命，将中国和西欧的热饮改变为"冰茶冷饮"，成为世界第四大茶叶消费国。中国茶叶出口在世界饮茶大国之中，美国的茶叶进口后来居上，一度出现红茶英国、绿茶美国、黑茶俄国三足鼎立的消费新格局。

【美国以陆羽为国父】

陆羽，是中国的茶圣，以其《茶经》而名世。陆羽是中国湖北天门人，以茶为生命，崇尚经典，注重人格尊严。所著《茶经》，是中国乃至世界第一部茶科学与茶文化的经典著作，使茶叶王国的中国，走向茶科学与茶文化的理论体系，影响世界。1773 年美国发生的波士顿茶党案，成为北美独立运动的导火线。经过八年独立战争，一个美利坚合众国得以诞生。可以说美国实际上是中国茶叶的宁馨儿，故为了纪念中国茶圣陆羽的开创之功，2018 年 3 月 31 日，美国众议院高票通过《陆羽美利坚合众国历史地位认定法案》（简称"陆羽法案"），将中国茶圣陆羽正式确定为美国国父，规定美国中小学课程中必须增加《茶经》及陆羽生平介绍等相关内容，要在每年的独立日纪念陆羽。

一个国家的独立，总会伴随着一场场刀光剑影和血雨腥风的战争洗礼，这几乎是社会历史的基本规律。美国也同样诞生在中国茶叶贸易引发的北美独立战争的硝烟烽火之中。战争是

暴力，是血腥的杀戮，是残酷的掠夺，是违反中国茶叶的本质初心的反叛。美国诞生二百多年历史，却先后发动了 200 多次对外战争，几乎平均每一年发动一次战争。2018 年，意大利的一个网站《24 小时消息网》，刊登有一篇《有一个国家酷爱战争：美国 239 年，竟然打了 222 场战争》的文章，历数美国发动的对外战争，从华盛顿到现代美国总统，几乎每一任总统都在对外发动战争，给人类制造了罄竹难书的战争灾害。网站得出一个结论："从人类历史来看，从来没有任何一个制造的杀戮，能比得上美国的。"君子听其言而观其行。我们衷心期望美国政府能够遵循茶圣陆羽的茶文化精神，以"和"为贵，与世界人民和平共处。

【主要参考书目】

1. 陆羽《茶经》（袖珍本 2006 年）

2. 陈彬藩、余悦等编《中国茶文化经典》（1995 年）

3. 陈宗懋主编《中国茶经》（1992 年）

4. 陆松侯、施兆鹏主编《茶叶审评与检验》（2001 年）

5. 中国茶叶总公司《中国茶叶五千年》（2001 年）

6. 余悦主编《中国茶文化大观》（1995 年）

7. 陈彬藩《茶经新篇》（2009 年香港本）

8. 徐海荣主编《中国茶事大典》（2000 年）

9. 陈宗懋主编《中国茶叶大辞典》（2000 年）

10. 朱先明主编《湖南茶叶大观》（2000 年）

11. 陈香白《中国茶文化》（1998 年）

12. 林治《中国茶道》（2000 年）

13. 刘枫《茶为国饮》（2005 年）

14. 蔡镇楚、施兆鹏《中国名家茶诗》（中国农业出版社 2003 年）

15. 蔡镇楚《中国品茶诗话》（湖南师大出版社 2004 年）

16. 蔡镇楚、曹文成、陈晓阳《茶祖神农》（中南大学出版社 2007 年）

17. 蔡正安、唐和平主编《湖南黑茶》（湖南科技出版社 2006 年）

18. 黄仲先主编《中国古代茶文化研究》（科学出版社 2010 年）

19. 蔡镇楚《茶美学》（福建人民出版社 2014 年）

20. 蔡镇楚《茶禅论》（常德师院学报 2003 年）

21. 刘峰《静品心法及其解读——中国茶道品茗之法与老子〈道德经〉》（北京科技大学学报 2016 年）

22. 蔡镇楚《世界茶王》（光明日报出版社 2018 年本）

23. 张维华主编《中国古代对外关系史》（高等教育出版社 1993 年本）

24. 王河、虞文霞《中国散佚茶书辑考》（世界图书出版公司 2015 年）

25. 王钊主编《道家思想史纲》（湖南师大出版社 1991 年）

26. 晚唐柳珵《上清传》传奇（见《太平广记》卷 275）

27. 美国梅维恒等《茶的真实历史》（北京三联书店 2018 年本）

【后记】

使命在肩

茶香飘万里，茶道通古今。

古往今来，从茶马古道到"一带一路"，茶始终是和平的使者。一杯中国佳茗，承载着包容、开放、传承、创新的时代精神，成为与世界链接的纽带。这片神奇的东方嘉叶，汲日月精华，融古今智慧，跨越国界、跨越宗教、跨越种族，早已成为中国优秀传统文化的互联网，使古老的东方文明释放出强大张力。在与世界的交流互鉴中充分展示了中华民族深厚的人文底蕴，也彰显了它作为中国传统文化有机载体的独特魅力，成为与世界链接的桥梁。中华茶文化走向世界，对于打造人类命运共同体，意义深远。

茶树之根在中国，茶道之魂在华夏。

2019 年 12 月，联合国大会宣布将每年的 5 月 21 日确定为"国际茶日"，以肯定茶叶的经济、社会和文化价值，促进全球农业的可持续发展。2020 年 5 月 21 日，在首个"国际茶日"，国家主席习近平向"国际茶日"系列活动致信表示热烈祝贺，他指出，联合国设立"国际茶日"，体现了国际社会对茶叶价值的认可与重视，此举对振兴茶产业、弘扬茶文化意义重大。实现中华民族伟大复兴，是一代又一代炎黄子孙的共同心愿，亦是笔者写作此书的目的。希冀以茶为媒，尽平生所学，在传承中华文明方面贡献自己的力量。

后
记

近两百年来，因国运衰微而致茶文化式微，但中华文脉赓续，焉有缺乏茶文化之理？长期以来，国内茶学界一贯重自然科学、轻人文科学，茶文化缺乏系统的疏理，茶文化学科近乎空白。当今国人有责任传承中华优秀传统文化，弘扬华夏人文精神，重拾茶人尊严，创新茶文化内涵！为此，中国茶文化泰斗、湖南师范大学资深教授蔡镇楚先生付出了艰辛的努力。

蔡先生一生博闻强识、著作等身，曾受教于国学大家钱钟书先生，为当代著名学者、唐宋诗词专家、诗话学专家，被誉为"中国诗话第一人"，中华茶祖神农文化研究奠基人，中韩文化交流友好使者。庚子岁末，幸与先生结缘，拜入门下，自此追随先生，亦以弘扬传播中华茶文化为毕生之使命，孜孜求索，无一日懈怠。

湖南师范大学是茶美学的策源地，中国乃至世界第一部《茶美学》专著曾由蔡镇楚教授执笔付梓，现已绝版。此部《中华茶美学》是在《茶美学》的基础上反复修改润色，融合先生新的理论创见，结合笔者担任2020迪拜世博会"中华茶文化全球推广大使"期间对中国传统文化的当代思考与中华茶文化的全球推广实践写就而成，以满足创办"茶美学与艺术研究"硕士学科教学与研究之需要，先生作为茶道新学科首席顾问，一直为茶文化的发扬光大、推动学科的建设和发展奔走呼号。中华茶文化要复兴，职业茶道要发展，必须打破茶文化学科建设的"空白状态"，先生为此付出了毕生心血。

岁月不居，时节如流，历史的长河奔腾不息，每个人都是时代的见证者，也是参与者，就像那过去的千百年，以及即将到来的明天。

"一杯香露暂留客，两腋清风几欲仙。"陆羽之所以被后世称为"茶圣"，在于他最先感知、挖掘并向世人揭示了茶中的人文之美，茶与美学交相辉映、相得益彰。此部《中华茶美学》，凡十六章，兼顾域外，概述中华茶美学之前世今生，内涵丰富，为当代茶文化研究之扛鼎之作，必将为爱茶之人开启一扇与茶相识相知的方便法门。此次与先生携手著述，为中华茶文化的传播推广尽绵薄之力，实乃人生幸事！

没有比人更高的人，没有比脚更长的路。中华茶文化的复兴之路任重而道远，展望未来，以茶载道，和融天下。我真诚地希望越来越多的爱茶人和研究者参与到这项伟大事业中来，共同完成这个中华文明的重大课题。在本书创作过程中，参阅了施兆鹏、林治、刘仲华、余悦等诸多名家的书籍和网络资料文章，亦得到了林靖坤、若然亭、时延延等茶人的帮助和黄金茶事的推广支持。在此，向所有支持本书写作和出版的朋友们表示衷心的感谢！

刘峰记于北京师范大学

2022 年 2 月 22 日

作者简介

　　蔡镇楚，号石竹山人，湖南师范大学资深教授，古代文学原省级重点学科带头人，文艺学博士点"文化批评与文化产业研究方向"研究生导师，东方诗话学专家，唐宋诗词专家，文学批评家，中国茶文化泰斗，中华茶祖神农文化理论奠基人，湖南卫视茶频道创始人之一。1990 年经外交部特批，应邀首访韩国国立汉城大学，为中韩建交推波助澜；1993 年获全国普通高校优秀教学成果二等奖；1996 年联手中韩日等国学者创立"国际东方诗话学会"，2018 年荣获"创会元老奖"。曾受教于钱钟书先生，衣钵相传，著作等身，代表作有《中国诗话史》《诗话学》《比较诗话学》《中国文学批评史》《茶美学》；长篇小说《白沙溪》《出城》（《围城》子弟篇）、《世界茶王》等。

作者简介

　　刘峰，宁夏银川人，著名文化学者，研究员，北京师范大学哲学博士、茶学博士后，中国国际茶文化交流中心首席专家，中国匠人大会特别理事，国家高级评茶师，茶文化学科带头人，中国匠人大会"中国茶美学与茶科技"匠星论坛发起人。2020年3月担任2020迪拜世博会"中华茶文化全球推广大使"，入选中宣部"学习强国"文化栏目，受邀担任华为"全球精英人物"DIGIX-TALK演讲嘉宾，荣登共青团中央主管、全国青联主办国家级人物期刊《中华儿女》2020年（总第703期）封面人物。长期致力于中华茶文化的国际传播和茶道美学的全球推广，倡导及时而优雅的行善，先后在中国人民大学、清华大学、北京师范大学、华东师范大学、湖南师范大学等全国著名学府举办数十场"中华茶道美学"全国巡回公益讲座，是中华茶道公益美学与现代雅生活方式的倡导者与践行者。